航天技能人才操作实践案例

（机加、焊接）

中国航天科技集团公司 组织编写

中国宇航出版社

·北京·

图书在版编目（CIP）数据

航天技能人才操作实践案例. 机加、焊接 / 中国航
天科技集团公司组织编写. 北京：中国宇航出版社，
2014.3

ISBN 9787515906386

Ⅰ.①航… Ⅱ.①中… Ⅲ.①航天器机械加工技
术工人操作案例②航天器焊接技术工人操作案例
Ⅳ.①V4

中国版本图书馆 CIP 数据核字（2014）第 034261 号

责任编辑　曹晓勇　杨　洁　　**封面设计**　文道思

出　版
发　行　**中国宇航出版社**

社　址　北京市阜成路 8 号　**邮　编**　100830
　　　　　(010)68768548
网　址　www.caphbook.com
经　销　新华书店
发行部　(010)68371900　　(010)88530478(传真)
　　　　　(010)68768541　　(010)68767294(传真)
零售店　读者服务部　　　　北京宇航文苑
　　　　　(010)68371105　　(010)62529336
承　印　北京画中画印刷有限公司

版　次　2014 年 3 月第 1 版
　　　　　2014 年 3 月第 1 次印刷
规　格　787×1092
开　本　1/16
印　张　21.5
字　数　496 千字
书　号　ISBN 9787515906386
定　价　68.00 元

本书如有印装质量问题，可与发行部联系调换

《航天技能人才操作实践案例》

编审委员会

主　任　陈学钏

副主任　王文国　邓宁丰

委　员　《机加、焊接》分册

刘宪力　舒荣辉　邢一红　黎月明　刘军生　张和平
吴成洪　穆英娟　徐爱杰　叶启付　付天厚

《电装》分册

赵凡志　尹西霞　周　澄　高伟娜　鄢　力　丁颖洁
刘双宝　王春兰

办公室　渠宝珠　董俊廷　曹晓勇　边　宽　丁治国　赵　阳
李测亮　李　强　尹丽巍　林　岚　安会刚　彭　玲
王华平　朱明民　崔修利　代灵宁　相丽艳　刘　娟

出 版 说 明

近几年，随着集团公司型号科研任务的日益繁重，航天生产加工制造面临新的挑战，广大技能人员在生产实践中积累的绝技绝招需要继续总结提炼，使个人的隐性知识转变为组织的显性知识，通过推广传承，来促进生产效率和效益的提高，同时更好地满足当前技能人才培训的需求。

在各院人力资源部、有关厂所和高技能人才的大力支持下，经过近一年时间的努力，我们完成了《航天技能人才操作实践案例》培训教材的编写工作。这套教材的主要内容为近5年来高技能人才在一线生产中积累的绝技绝招、创造的典型加工技术、创新的加工工具和工装等技能实践案例，其中机加40个案例，焊接15个案例，电装54个案例，分为"机加、焊接"和"电装"两分册。教材里的案例来自生产一线颇有成绩的高级技师、特级技师和工艺人员，集团公司人力资源部组织相关工艺专家和高技能人才组成的教材编审组，对案例进行了筛选、修改和审查，定稿后由宇航出版社编印出版。

在此，向教材编审组、案例作者和提供帮助的单位、同仁表示衷心的感谢。在教材的使用过程中，肯定还会存在一些疏漏，请随时反馈，以便我们进一步完善。

中国航天科技集团公司人力资源部

2014 年 3 月

目　录

机　加

焊　接

机 加

控制深孔加工振颤实例

卢成林

航天一院 211 厂

摘　要　作者结合多年的实践经验，介绍了深孔加工的特点和防止刀杆振颤的措施，提出了克服长悬臂刀杆刚性差、影响加工质量的工艺方法。

关键词　深孔　振颤　镗加工

1　引言

本文针对深孔加工易发生振颤的问题，对刀具的选择、切削参数、加工方法、加工工艺流程等工艺环节作了分析研究，并通过多年的实践验证，提出了克服长悬臂刀杆刚性差、影响被加工孔的质量的工艺方法，解决了深孔加工振颤的问题。

2　技术难点

孔的加工是机械加工生产中最常见的加工类型。对于一般的孔，可以根据精度需求，通常采用钻、铰、磨、镗等工艺方法实现，以满足精度需求（加工要求）。但是如果遇到长径比较大的孔时，采用一般的加工方法将难以保证精度要求，镗削加工便成一种较为常用的工艺方法[1]。

然而，在镗削深孔时，易发生刀具振颤，导致加工面质量差，甚至崩刃、折断等现象，大大影响了加工质量和加工效率。通过分析，主要存在以下三方面问题[2-3]：

1）刀具伸出长度过长，长径比过大，导致刀杆刚性不足，极易引发振颤，导致刀具崩刃、折断等现象。

2）由于孔较深排屑不畅，操作者无法观察孔内部的实际加工情况，容易产生缠屑、起刀瘤等现象，导致孔加工表面质量下降。

3）刀具本身的特性。镗刀是由单个切削刃参加切削，相比于两个切削刃参加切削的钻头，受力较不均衡，易诱发振颤。

3　技术方案

为了抑制振颤的产生，在实际生产中通常采取以下措施：

1）尽可能缩短刀具的伸出长度，增大刀具的横截面积。

2）降低切削速度，加大进给量。

3）采用大前角，降低切削力。

4）减小刀尖圆弧半径 R，降低吃刀抗力。

在实际的生产中，往往受到特殊条件的限制，即使采取以上四条措施，振颤仍存在，难以消除，特别是在深孔加工时，振颤现象更为明显，加工难度大。如何消除振颤，成为保证加工质量的关键。采用防颤刀头，优化加工方法等措施成为解决这类问题的有效手段之一。

4 实用范例

下面以某焊接胎中心轴的内孔加工为实例，说明防止粗、精加工深孔时振颤的加工措施。

图 1 所示为焊接胎中心轴，材料为 45♯钢，硬度 30～35HRC，内孔直径 $\phi120$，深1 760 mm，其中内孔 $\phi120$ 为本次加工的难点。在该实例的实际加工中，按镗削加工的一般方法，需采用刀杆直径 $\phi90$、长度 2 200 mm 的刀具，在加工中刀具伸出长度 1 800 mm 方能满足要求，且刀具伸出长度（L）与刀杆直径（d）之比（L/d）=20。

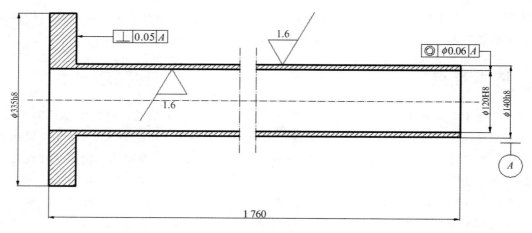

图 1 某焊接胎中心轴

作者结合自身多年的实际工作经验，采用自制的加长刀杆及镗刀头，通过加工方法的优化，在 CW61100B 卧式车床上实现了该产品内孔的加工。具体操作如下。

4.1 自制加长刀杆及刀杆找正

4.1.1 自制刀杆

根据实例中产品的特性，需自制刀杆直径 $\phi90$、长度 2 200 mm 的长刀杆。

4.1.2 防颤镗刀

镗刀结构示意图如图 2、图 3 所示。

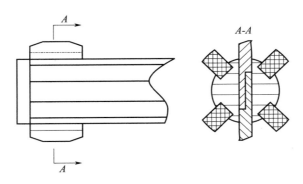

图 2 粗加工镗刀示意图

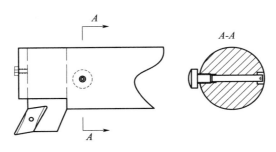

图 3 精加工镗刀示意图

4.2 刀具的选择

粗加工时，单刀选用 YM10 的机夹刀片，该刀片硬度高、耐磨性好。

浮动镗刀选用 YT15 刀片。

加工外圆时，选用涂层刀片。

4.3 采取的加工措施

主要加工流程为：刀杆找正→对头粗镗内孔→单刀粗镗→浮动粗镗→浮动精镗。

4.3.1 刀杆的找正

由于刀杆直径小，伸出过长，刚性差，受自身重力作用具有一定的挠度，易形成低头现象，为此在加工前，需先将刀杆找正。

如图 4 所示，具体操作过程如下：

1) 将刀杆 2 装入刀架上；

2) 在工件 1 的右端放一块磁力表架，使百分表的触头与刀杆 2 接触；

3) 将刀杆 2 逐渐伸入工件 1 中，找正刀杆的上表面和侧面，保证精度控制在 0.5 mm内。

找正时可采取在刀架的前端加垫片的方法，让刀杆头部抬起来，使刀杆在有效的范围内呈水平状（在精镗时尤为重要），同时刀杆的侧面也要拉直。也就是说，在不受力的状态下安装刀杆为最佳状态。

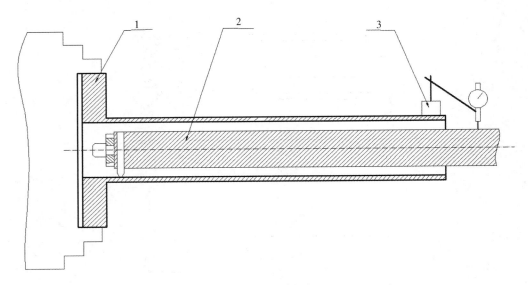

图 4　刀杆找正示意图

1—工件；2—刀杆；3—百分表

4.3.2　加工步骤

（1）第一步：对头粗镗内孔

如果原料为管料，直接转下一步（单刀粗镗）。原料为棒料时，考虑首先对头粗镗内孔，去除大余量。

由于工件较长，操作者无法观察到内部加工情况，因此采取对头粗钻内孔。粗镗时可采用类似钻头形式的刀具，即双刃刀正反切削，这样切削力相对较平衡，切削效率较单刃提高 5～6 倍。当内孔余量小于 5 mm 时，采用单刀自左至右的加工方法去除余量；直至余量为 2 mm。采用单刀的目的是为了防止孔的轴线与机床回转轴线不重合。

（2）第二步：单刀粗镗

为防止刀杆低头和振颤引起内孔粗加工时超差的现象，首先选用短的内孔刀在工件口部车加工 30 mm 左右，将刀具与车好的内孔相切。然后，调整刀杆头部下方的调整块（调整块的材料选为青铜 QSn9-4，头部为球状 SR5.5，用 M12×1 的螺钉与刀杆连接），使其也与内孔相切，调整好后紧固。需要注意的是，调整时用力不宜过大。这样就可以降低在车削时因刀杆刚性不足引起的低头和振颤，提高内孔粗加工时的精度和粗糙度要求，为精加工作好准备。其中调整块相当于车外圆时的跟刀架，其作用就是作为辅助支撑，增加刀杆的刚性，这是解决振颤的关键，如图 5 所示。

（3）第三步：浮动粗镗

浮动粗镗时，首先将粗加工刀杆上的调整块卸掉，在刀杆头部的四个预留槽内加装卡布胶木条，将胶木条固定，见图 6。同时车加工到所需尺寸，外径略大于内孔 0.05～0.1 mm。此时，将刀杆和定位胶木条按图 2 方法找正，胶木条应找在 0.03 mm 内。再用短

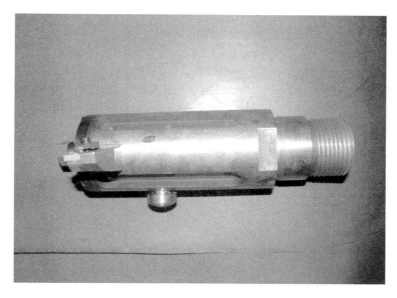

图 5　具有防颤功能的粗镗刀

的内孔刀将内孔先预车加工一段（约 40 mm），工件内孔不要倒角（目的是利用孔口的锐边将胶木条切削至与内孔一样大，这样成为无间隙配合，便于更好地定位。）。将浮动镗刀调整好，与预车加工的一段尺寸一致，先粗镗一次，留不小于 0.5 mm 加工余量，粗浮镗后的表面粗糙度应小于 1.6 μm。

图 6　浮动镗刀

　　由于镗刀刀刃较宽，可将镗刀主切削刃磨成 45°，刀尖过渡半径 R1，便于切削较大的加工余量。同时可采用 0.8～1 mm/r 的走刀量，切削速度控制在 20～30 m/min。

　　（4）第四步：浮动精镗

　　重复上一步工序进行精加工。将走刀量调整为每转 3～5 mm（因为浮动镗刀的主切削刃长约 20 mm），切削速度为 30 m/min，加注足够的冷却切削液，表面粗糙度可达 1.6 μm以上。

加工外圆时，调整好机床尾座，控制外圆精度比内孔容易得多。此工件是在车床上一次装夹加工而成，加工后零件的同轴度、垂直度均在 0.02 mm 以内，完全满足要求。

4.3.3 加工工艺参数

加工参数如表 1 所示。

表 1 加工参数对照表

项 目	粗加工	精加工
切削速度/（m/min）	20～30	20～30
走刀量/（mm/r）	0.8～1	3～5

5 结论

作为单件或小批量加工，此方法成本低、质量容易控制，是一种解决深孔加工的有效方法。目前，在实际生产中，采用此办法加工过内孔直径 $\phi25H7$、长 300 mm 的铝质零件，效果很好，满足设计要求。

参 考 文 献

[1] 王俊. 现代深孔加工技术. 哈尔滨：哈尔滨工业大学出版社，2005.

[2] 孟少龙. 机械加工工艺手册(第一卷). 北京：机械工业出版社，1998.

[3] 张红卫，吴伏家. 深孔镗削振动机理研究. 机械管理开发，2007(2).

某壳体零件沉孔加工方法改进实例

王志嵘

航天一院 18 所

摘　要　本文针对一级伺服机构某壳体安装沉孔在加工中质量难以保证、生产效率低的问题，对以往加工方法及定位方式进行了综合分析，通过反复摸索论证和试验，最终摒弃了旧的加工方法，开创了反向拉镗的加工方法，全面提升了产品质量和生产效率。

关键词　沉孔　反向拉镗

1　引言

CZ-2F、CZ-3A 一级伺服机构某壳体在现有批产零件的生产中属于大型壳体类重要零件，其外形及图样如图1、图2所示。该壳体的最大内径为 $\phi120$，壳体壁厚 4 mm，壳体总长 380 mm；壳体安装面设计有 16 个不同孔径的安装通孔，分别为 $\phi12$、$\phi12.5$、$\phi13$，在对应位置有 14 个沉孔，直径为 $\phi20$。

图 1　壳体外观

多年来，该壳体安装沉孔一直沿用由钳工以加长刀杆配装切削刀具在立式钻床上正向切削的加工方法，加工示意图如图3所示，刀具如图4所示。

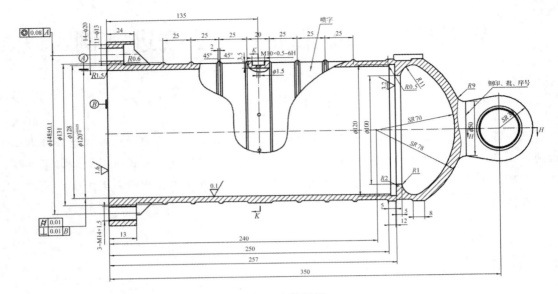

图 2 壳体图样

图 3 加工示意图

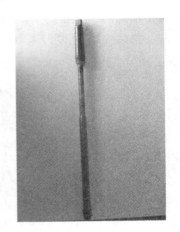

图 4 刀具

近些年，随着发射任务量的增大，该壳体的投产数量也成倍增加，达到批产近百台；零件材料也由普通合金结构钢变更为沉淀硬化不锈钢。生产量的大幅增加，加上材料加工难度的增大，使原有的加工方法更加不能适应形势的需要，迫切需要开创一个新的加工方法，改变生产现状，提高效率，减轻劳动强度，降低生产成本。在单位领导的组织下，车间成立了技术攻关小组，经过近两年、三个生产周期的摸索改进，分阶段解决并验证了改进后加工方案，包括专用工装的设计制作，新型刀杆及刀头的设计制作，配套的刀具调整，以及刃磨所需要的专用工装等问题，最终放弃了旧的加工方法，使壳体沉孔的加工方法得到改进。

2 技术难点

1）受零件结构尺寸限制，刀杆的工作部分长度达到 350 mm，为了避让壳体上充气压力传感器安装凸台和壳体上的加强筋，刀杆的最小直径为 $\phi10$，最大直径 $\phi13$，刀杆整体刚性非常差。

a）刀杆前端的导向部分深入该壳体已加工通孔内，受切削距离的限制，深入孔内尺寸不能过大，所起的导向支撑作用有限，受断续切削径向力的影响，加工 $\phi20$ 沉孔后极易出现与已加工通孔不同轴的现象。

b）加工过程中操作者无法使用机床的自动进给系统，只能手动以极慢的切削进给加工，效率非常低，操作者劳动强度很大。切削示意图如图 5 所示。

图 5　切削示意图

2）切削时刀杆需接触零件筒壁与安装凸台颈部衔接处 14 mm 的过渡圆弧，使刀具处于较大的断续切削状态，刀杆需承受一定的径向抗力。在这些不利条件下，刀杆经常出现弯曲、扭转变形，轻则刮伤零件表面，重则刀杆断裂。刀杆刚性的薄弱，增加了刀头切削时的振动，加剧了刀具的消耗磨损。

3）刀头由操作者自行手工刃磨完成，技术水平要求较高，刀具几何形状及刀具角度不易控制。

3 技术方案

通过分析及实践经验可知，影响加工质量及效率的原因在于刀杆的刚性差。解决刀杆刚性的问题可以从以下几方面着手：

1）更换刀杆材料以提高刚性。此方案已经过多次试验，试验效果无明显改进，此方案不可行。

2）在现有加工条件基础上加粗刀杆直径，或减小刀杆长度。此方案受零件外形结构尺寸限制，此方案不可行。

3）改进加工方式，将零件安装面由加工沉孔时的水平向下装夹改为水平向上装夹，刀具对材料形成水平向上的拉镗切削方式，是可能的途径。改进后的装夹方式如图6所示。

图6　在摇臂钻床上加工的装夹方式

进一步分析发现：在数控机床上加工，新刀具的设计难以实现，会引发更严重的刀具强度不足；在电火花机床上加工，效率会更低；只有在摇臂钻床上加工是可以考虑的试验解决方案，此方案的实施将面临零件的装夹工装以及刀具的设计制作。

4　解决途径

确定改进的方案之后，分阶段完成了该方案，过程中逐步补充完善了细节上的技术措施，具体实施途径如下：

1）改进方案的可行性试验是方案整体实施的第一步。借用零件在前工序加工外形及制孔时的组合夹具，以零件筒壁外表面定位，实现了壳体主孔安装平面水平向上的装夹方式。将一把废旧的加长铣刀进行改制，同时与机床钻套配制了一个穿销孔，实现了刀具与机床的连接。加工时先将机床主轴通过一个芯轴与已加工通孔找正，然后从待加工孔下方穿入改制铣刀，与机床主轴钻套上的配制孔相接，插入连接销后可以开始切削加工零件。装夹及加工示意图如图7所示。

试验结果表明：零件装夹方式改变后，结合刀具的改制，在摇臂钻床上利用机床可以反向切削自动进给的功能，实现了壳体安装沉孔反向拉铣加工的方案。加工中刀杆受力情况由切削扭矩＋轴向压力，变为切削扭矩＋轴向拉力。图8为改进前后的刀具对比，刀具长径比由之前的29：1缩短为9：1，从根本上改变了原加工方法存在的刀杆刚性差的问题。

图 7　组合夹具方式装夹及加工示意图

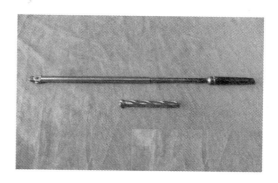
图 8　改进前后刀具对比

2）根据先期的验证结果，我们正式投入了专用工装的设计制作。首先依据改制铣刀（外协）定制了一批专用三齿反向切削拉铣刀，如图 9 所示。

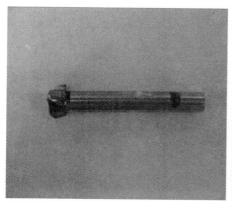
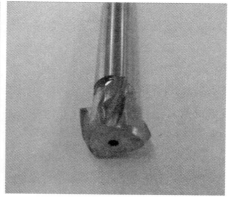
图 9　专用三齿反向切削拉铣刀

图 10 为新设计的该壳体夹具工装。夹具由本体、定向芯轴、定向压板、定向销等零

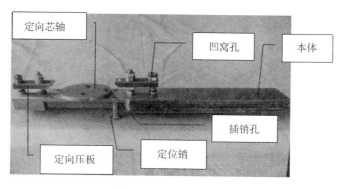
图 10　新设计的夹具

件组成。使用时夹具应使定位芯轴水平向下安装在钻床工作台上。零件以主孔与夹具芯轴定位后，再以定位销经过夹具本体上的 4 个定位孔中的任意一个，插入零件安装面上已加工出的 16 个通孔中的一个，完成零件在夹具本体上的定位、定向。此时，旋紧定向压板螺母，使特制的叉口型压板定向压向零件表面。夹具本体上加工出的插销孔和用来确定压板支撑点位置度的凹窝孔相配合，保证了压板可以准确地在合适位置接触零件，将零件压实在夹具本体平面上，同时保证零件表面不被损伤。加工中，零件 16 个沉孔不能一次装夹全部完成，零件需调整一次方位，因此零件最下端应有一可调千斤顶作辅助支撑，千斤顶与零件轻微接触即可，如图 11、图 12 所示。夹具的设计满足了零件沉孔加工的合理定位，可以保证零件后期装配中螺栓的安装精度。

图 11　装夹方式

图 12　加工示意图

采用以上专用夹具和拉铣刀进行沉孔加工，完成了一批 50 件壳体的加工任务，操作者反映非常好，劳动强度大幅降低，可以放心使用机床自动进给功能，单件壳体加工时间缩短将近 50%。

3）在后续的加工实践中发现，外购整体式拉铣刀存在重新刃磨性差、消耗大的问题，一旦刀具外径磨损或切削刃损坏，整个刀具即报废，无法调整。为了降低生产成本，进一步对刀具进行改进，将整体式拉铣刀具改进为分体式拉镗刀具。图 13、图 14 所示为新设计的刀杆和刀片图样。

刀杆材料选用 CrWMn，热处理硬度 48～52HRC，刀体上 5 mm×6 mm 的方孔需与刀头中部 5 mm×6 mm 矩形以不大于 0.06 mm 的间隙配合安装，以方便对刀调整及加工中刀头夹紧可靠。刀杆如图 15 所示。

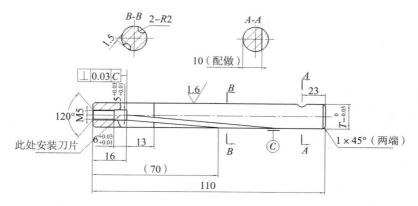

技术要求：1)外圆圆柱度不大于0.02
　　　　　2)48~52HRC

序号	1	2	3
T	$\phi 12$	$\phi 12.5$	$\phi 13$

图 13　刀杆图样

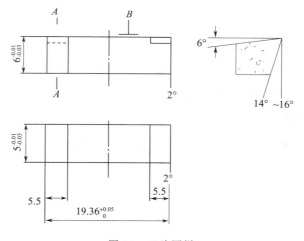

图 14　刀片图样

图 15　刀杆

刀头采用适合加工不锈钢材料的白钢加工而成。设计成双切削刃制作，单刃工作切削，以提高使用效率，一侧刀刃磨损或损坏，可以随时调整对刀，利用另一侧切削刃继续加工。刀头如图 16 所示。

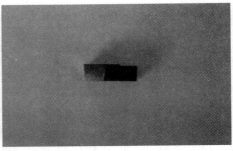

图 16　刀头

为了方便调整对刀尺寸，配套设计了对刀块。将刀头装入刀杆方孔后，刀杆前端伸入对刀块中心小孔内，轴、孔配合间隙不大于 0.015 mm，通过对刀块一侧的小孔对刀头进行调整，使刀头工作刃刀尖紧密贴实对刀块 φ20 的内孔侧壁，然后以刀杆端部一个 M5 的螺钉将刀头紧固，这样就完成了刀头的更换调整，整个过程仅需十几秒钟的时间，如图 17 所示。

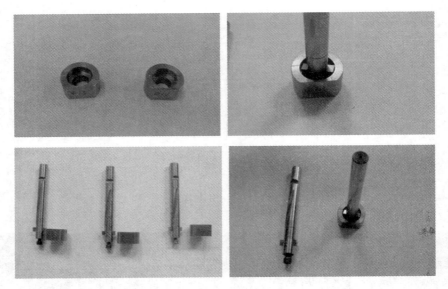

图 17　分类对刀块及对刀示意图

为方便刀头的刃磨，配置了刃磨工装。刀头在刃磨工装方孔安放，只外露需刃磨部分，利用工装上两个 M5 螺钉锁紧。将工装夹持在可调角度工具钳上，调整工具钳角度，即可根据需要刃磨刀头各个切削角度，如图 18 所示。这样既方便了批量刀头的制作刃磨，同时满足了刀头的设计要求。

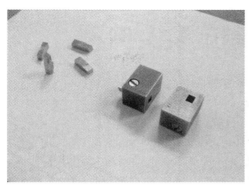

图 18　刃磨工装

5　结论

通过对壳体零件沉孔加工方法的改进，解决了加工中由于刀杆刚性差导致的产品质量难以保证、生产效率低等问题，提高了产品质量和生产效率，进一步降低劳动强度，提高刀具耐用度，降低了刀具成本，达到了预期效果：

1) 提高加工效率，达到以往钳工加工的 2 倍。

2) 保证一次交检合格率为 100%。

3) 通过补充自制工装、刀具，减少外购专用刀具，降低刀具及生产成本近 50%。

4) 在保证批产零件质量的同时，降低了操作者的加工难度，大幅降低了操作者的劳动强度，也为后续大规模批产奠定了坚实的基础。

参 考 文 献

[1]　华南工学院,甘肃工业大学 . 金属切削原理及刀具设计 . 上海 :科学技术出版社,1979.

[2]　戴生寅 . 机械基础 . 北京 :科学普及出版社,1982.

数控车床自制工装实例

王勇　霍亮　贾静雅　张帆

航天一院 211 厂

摘　要　211 厂生产的活门类产品具有形状复杂、加工难度高等特点。尤其是外形不规则的零件加工存在一定难度，以往采用普通车床搭建组合夹具的方法进行车加工，但该方法重复定位次数高，生产效率低，产品质量不稳定，不适用于数控机床，无法满足生产需求。本文通过研究与实践，设计出能应用于数控机床的专用工装，该工装装卡快速、方便，定位基准统一，极大地提高了加工效率。

关键词　异形零件　数控车加工　专用工装

1　引言

目前 211 厂正处于保证高密度发射时期，对活门产品的需求量与日俱增，仅靠普通车床与组合夹具相配合的传统方式来加工外形不规则的零件已远远不能满足当前对活门产品的需求。在数控机床非常普及的今天，只有充分利用其高效性才能解决任务量大的难题，然而我们所面临的问题是如何实现数控机床的高效性。数控机床加工效率高，在拥有硬件设施的同时，还要有相应的专用工装才能完成加工任务。因此设计出具有结构紧凑、操作迅速、方便、省力，可以保证较高加工精度和生产效率的专用工装是生产中非常重要的环节。

2　技术难点

外形不规则是活门零件的结构特点，其加工难点是加工部位不在零件的回转轴线上，因此必须通过工装的装卡、校正将零件需要加工的部位偏移到回转轴线，才能实现对该零件的车削加工。专用工装的设计必须根据零件的形状而定，由于每个零件的外形结构不规则，故工装设计存在一定难度。首先，操作者必须对要加工零件有全面的了解，针对零件的结构特点构思出夹具的结构；其次，对精度要求较高的零件相应地对夹具的要求也较高，夹具上的孔、沟槽等必须与零件紧密贴合，垂直度与同轴度等形位公差应高于零件要求，这样才能保证定位的准确性。

3　技术方案

3.1　原因分析

活门产品一般具有多个侧向管嘴，且多为偏心结构，管嘴分布呈不规则分布，给加工过程带来了很大的难度。管嘴孔加工精度及形位公差要求较高，因此为满足产品的加工需求，工装设计过程必须充分考虑产品装卡定位基准。以往加工此类零件需搭建组合夹具，组合夹具的使用对机床局限性较大，且组合夹具搭建周期较长，对于车间单件、小批量的产品特点，组合夹具的性价比不高，故我们需开拓思路，设计出适合当前产品的专用工装，以满足任务需求。

3.2 方案选择

根据活门零件结构特点，针对无复杂型面，装卡面易于选择的零件，可采用包裹定位法；针对结构复杂的异型零件，采用空间定位法。

3.3 工装设计

（1）包裹定位法工装设计

将工装主体做成与机床主轴轴心一致的回转体，再将中心部位掏空装卡零件，选择零件合适的锁紧定位面进行定位、夹紧，然后进行加工。如图1所示为典型包裹定位法工装装卡示意图，该工装操作简便、装卡迅速、定位基准统一。

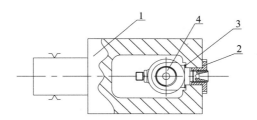

图1 典型包裹定位法工装装卡示意图
1—工装；2—锁紧螺母；3—垫片；4—零件

（2）空间定位法工装设计

针对异型零件采用空间定位法进行装卡定位，异型零件一般具有多个不规则管嘴，每个管嘴均需进行孔及外圆的加工，且形位公差要求较高。由于零件外形特殊，即便用组合夹具也很难实现装卡，且每个管嘴之间有一定角度，需要多套夹具才能完成加工。

根据以往经验，通过多次空间翻转，以零件各定位基准为设计原点，尽量实现基准重合，满足各管嘴的加工需求，从而实现一个工装，多种功用的效果。自制工装在实际加工过程中，尤其是零件批产过程中，在满足产品尺寸公差及形位公差的前提下，充分发挥其高效性。

3.4 注意事项

因自制专用工装加工完成后可调整性较差，故自制专用工装设计过程中，必须与活门产品设计基准一致，以满足产品的各形位公差要求。

4 实用范例

4.1 典型范例 1

侧管嘴加工在活门壳体加工中比较常见，图 2 所示为工装、零件爆炸图，首先对零件外形进行分析，零件本身为不规则形状，且两侧均有管嘴。结合产品图纸可知：侧管嘴内孔精度要求非常高，且与螺纹的同轴度要求也非常高，为保证侧管嘴内孔的精度要求，故需自制工装，在数控车床上进行加工。

如图 3 所示，将零件装入工装镂空处，用管嘴外螺纹根部圆柱段定位，用管嘴外螺纹锁紧，锁紧螺母以铜为材质（壳体本身为 1Cr18N9Ti，为了防止螺纹互相咬合选用磨性材质较好的黄铜为工装原料），将二者与壳体固定即可。

图 2 工装及零件爆炸图

1—零件；2—锁紧螺母；3—工装

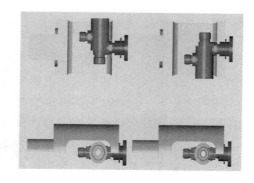

图 3 零件装卡示意图

本工装设计的优点是，工装中部为镂空状态，在两端侧管嘴中心距不同的情况下可通过左右移动找正中心位置，将两套工装能完成的工作在一套工装上实现，简化了流程，节省了工装材料成本。

4.2 典型范例 2

针对外形较小、结构清晰、装卡面易于选择的零件，根据零件的外形特点用包裹定位法设计出可广泛应用于小型零件数控加工的专用工装。图 4 所示为工装装卡示意图。

工装结构如图 5 所示，工装制造首先根据零件尺寸选取 2A14T6 材料的棒材，车外圆及卡头，反取零件外形尺寸，利用数控铣床在棒料上铣出凹陷的零件外形，最后根据需求在工装侧壁攻螺纹孔，工装的制造到此结束。

对于一次投产数百件的小型壳体类零件，此类工装在数控机床上的应用大大节省了反复找正、定位的时间，降低了操作者的劳动强度，生产效率提高了近 50%。

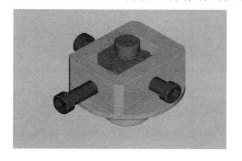

图 4　工装装卡示意图

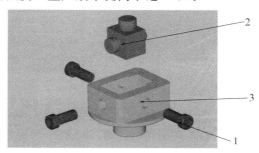

图 5　工装结构爆炸图

1—工装；2—零件；3—紧固螺钉

4.3 典型范例 3

"y" 型零件为异形零件中的典型零件，该零件外形与小写 "y" 类似，三侧均需进行钻孔和车外圆的工序。由于零件外形特殊，三个管嘴之间有一定角度，即便用组合夹具也很难实现装卡。通过初步构思发现，"y" 的另一侧延长线即是 "x"。"x" 的特点是角度与零件相同且 "y" 通过三次空间翻转便能实现不同管嘴的加工。图 6 所示为工装示意图。如图 7 所示为典型 "y" 型零件，该零件有三个管嘴，每个管嘴都需要进行车削加工，装卡时将零件按压在沟槽内，用压板及螺母固定，车完一端后将零件翻转再加工另一端，以实现不同管嘴的加工。装卡示意图如图 8 所示。

该工装的巧妙之处在于 "以一当三"，利用零件的外形特点 "以型借型"，将三套工装才能完成的工作，用一套工装解决。工装看似简单，实则需要丰富的加工经验和充分的想象力，才能将复杂零件加工的难题用简单工装解决。

图 6　工装示意图

图 7　零件示意图

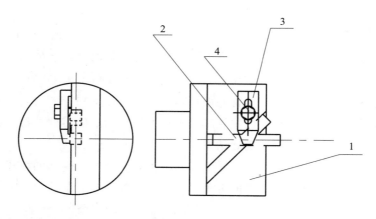

图 8 装卡示意图

1—工装主体；2—零件；3—压板；4—紧固螺母

5 结论

1）通过不断地实践与摸索，外形不规则零件的数控车加工难题基本可采用空间定位法、包裹法等方法解决。

2）专用工装的制造和应用提高了产品的生产效率，解决了批产带来的压力，降低了劳动成本和人员的劳动强度。

3）通过对当前产品专用工装的设计，为其他产品的后续生产提供了技术参考。

参 考 文 献

［1］ 北京第一通用机械厂．机械工人切削手册．北京:机械工业出版社．2004.

［2］ 沈建峰,虞俊．数控车工．北京:机械工业出版社．2006.

碳纤维防热套高精度车加工实例

王俊江

航天一院 703 所

摘　要　碳纤维增强复合材料是典型的难加工材料，碳纤维防热套悬臂端面的加工因碳纤维的分层、撕裂、对刀具的磨损，导致产品加工表面质量低，且防热套外形面相对金属壳体形位公差小。作者在多年实践中总结出了防热套端面的双向相对切削法、多种刀具结合切削技术、装夹应力补偿方法，能够解决碳纤维防热套加工表面高质量及高精度外形尺寸要求，对同类型产品高精度加工具有借鉴意义。

关键词　碳纤维　车加工

1　引言

碳纤维增强复合材料（CFRP）作为一种先进的复合材料，具有质量轻、弹性模量高、比强度大、热膨胀系数低、耐腐蚀、吸振性好等一系列优点，在航空、航天等领域得到了广泛应用。根据各种需要，碳纤维增强复合材料制得的零件一般需与其他零部件进行装配连接，所形成的产品需进行二次机械加工，此时的加工质量往往会影响到最终产品的使用性能。在复合材料的加工领域，碳纤维复合材料加工以其极易出现的分层、撕裂、对刀具的严重磨损等特点，位列难加工范畴。我国所生产的某产品部段采用碳纤维防热套与金属壳体套接成形再加工方式，由于该类型产品技术条件要求高，对于产品的加工精度要求高，如何实现某部段防热套的高精度加工显得尤为重要。

2　技术难点

在某型号部段的二次机械加工中，为满足防热套与金属壳体的套装需要及导弹外形的高精度要求，需对碳纤维防热层进行外表面及大小端端面的车加工。

如图 1 所示，产品后段的外形一般为圆锥筒状，大小端直径比远大于 1，长度约 1 200～1 600 mm，在套装完成后需对碳纤维防热套的外表面厚度方向进行加工，保证产品大小端直径、防热套外圆锥面的圆度、直线度及相对金属壳体同轴度满足设计要求。碳纤维防热套外表面的加工对于刀具的磨损剧烈，加工成本居高不下，表面加工质量差等问题急需解决，同时产品后段碳纤维防热套高出金属壳体端面，属悬臂端面加工，使得碳纤维的分层及撕裂更易出现。

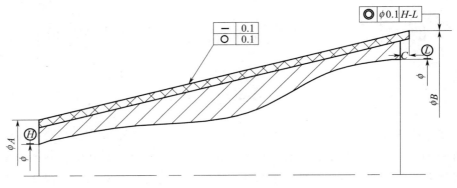

图 1　产品后段示意图

3　技术方案

3.1　难点分析

碳纤维防热套外表面车削：产品后段碳纤维防热套为三维编织类复合材料，外表面的车削方向与编织的层间方向一致。碳纤维自身硬度高、强度大且导热性差，若选择的刀具材料、刀具结构、切削参数及加工方法不合理，切削区温度高且集中于刀具切削刃附近很窄区域内，且防热套外表面尺寸大，在车削过程中，刀具处于大面积、长时间、连续多次加工的环境下，刀具磨损严重，后刀面产生沟状磨损，耐用度低，严重影响产品的质量、加工效率及生产成本。

碳纤维防热套悬臂端面车削：一般防热套在套装前在长度方向大于金属壳体，需在套装完成后对两端多余防热套进行车削加工至与金属壳体端面齐平。某产品大端防热层延伸出金属壳体端面，即防热套处于悬空状态进行切断。在刀具由外表面向内表面切断加工过程中，即便将进给速度降低到很小，也无法保证靠近内表面一侧不会出现防热层分层现象。这是由于在径向切断过程中，随着刀具的逐渐进给，防热套厚度逐渐减少，布层间承载能力也随之减小，在切削过程即将完成之前，层间承载能力最终小于刀具径向切削力而导致防热层分层、撕裂现象。

3.2　加工方案选择

针对某产品后段碳纤维防热层的加工特性及高精度加工要求，可选择数控卧式车床或立式车床。但是由于部段呈圆锥筒状，长径比达 6，在立式车床上装夹后不方便操作和对加工过程质量进行监测，建议选择数控卧式车床。数控机床加工精度一般可达 0.008～0.010 mm，利用数控机床本身加工精度保证防热套外表面的锥度及圆度的相关要求。

由于产品加工精度要求较高，产品尺寸较大，需要进行相应的工艺装备的设计和制作。在传统防热套车端面工艺中，普遍采用的工装以分体式工装为主，即在部段两端进行装夹固定。但若存在装夹间隙或夹紧程度不同的情况，就可能造成同轴度或直线度不能满足产品设计指标要求，找正加工后仍会出现质量精度问题。因此对于高精度加工要求的产品后段来说，优先选用整体式工装（见图 2），整体式工装能首先保证自身前后端较高的同轴度，且工装的高精度尺寸能减少装夹过程中所带来的偏差，因此整体式工装的选用可大大减少上述问题的出现，提高产品加工后的精度。

碳纤维防热套外表面车削：难加工的碳纤维复合材料若采用硬质合金刀具进行切削加工，刀具磨损严重，加工后产品表面粗糙度大，但刀具成本低。根据上述碳纤维复合材料的加工难点进行分析，金刚石车刀具（见图 3）有较高的硬度和耐磨性，经试验验证刀具磨损较小且加工精度高，但不适合进行大切削量的加工。因此从产品的加工质量、加工效率以及车间的加工成本出发，将两种刀具结合起来使用，结合两种刀具的优点，粗加工和半精加工采用硬质合金刀具，精加工采用金刚石刀具。

图 2　整体式工装

刀具材料确定之后，刀具的几何参数对于表面质量来说，又是一个非常重要的影响因素。由于切屑的形成过程主要是以集体的脆性破裂和纤维的拉伸、弯曲、剪切断裂等为主，所以其切削变形的基本特点与其他脆性材料加工过程相似。由于碳纤维复合材料中的碳纤维同向排列，在加工时纤维排列的方向与切削方向之间形成一定的角度，如果两者为平行的关系，即刀具切削的方向就是纤维排列的方向，那么使得材料发生剪切变形的切削力最小，加工后的表面粗糙度低，在选定刀具角度时需先了解成型出的碳纤维防热套纤维角度。

切削参数的合理选择直接影响最终的生产效率和加工质量。对于不同的刀具材料选取合适的切削参数范围可以最大限度地发挥刀具的切削性能，提高刀具耐用度和材料加工表面质量。针对上述选取的硬质合金刀具和金刚石刀具分别通过试验确定其各自适合的加工参数范围。硬质合金刀具采用大进给大切深的加工方法，金刚石刀具采用高转速低进给的加工方法。

图 3　车外表面金刚石刀具

碳纤维防热套悬臂端面车削：由于弹头后段防热层大端面分层位置在内表面的一侧，根据材料分层破坏产生的原因可知，从分层位置开始，剩余防热层厚度导致的层间承载能力已经开始小于刀具径向力，而且是一个递减过程。只要在层间承载能力小于刀具径向力之前截断防热套，就不会导致分层破坏现象。而且将切断位置定在防热层截面总厚度的中间位置，是最为安全的，可以避免相应的加工缺陷。所以采取双向相对车削方法加工壳体端面，从防热层外表面进刀向内表面切削，切到防热层约占总厚度的一半时，再从内表面的同一位置向外表面切削，直到切断。要实现双向相对车削方法需要特殊设计的 L 形刀具，这种刀具从后壳体一端进入从内侧对端面进行车削加工，从而达到设计加工要求。

图 4　车端面 L 形刀

3.3　工艺设计

通过对弹头后段产品的尺寸公差、形位公差、表面质量等设计指标要求的分析，选定恰当的工艺方案，设计并制作工艺装备，制定工艺流程，指导产品实际生产。

工装采用整体式对产品进行装夹、定位。检查它是否安装正确，并将工装装夹在数控车床工作台上进行车削加工。弹头后段加工工艺流程如图 5 所示。

图 5　弹头后段防热套车加工工艺流程

1）防热套端面截断：使用无齿锯截断防热套，取下套接夹具，保证后面工序装夹加工要求。

2）粗车防热套端面及外表面：采用大进给量、低转速，并结合双向相对车削方法，粗加工可提高加工效率，且不会出现碳纤维防热层的缺陷。粗车端面和外表面先后顺序不能互换，粗车防热套外表面时可将端面粗车过程中可能造成的加工缺陷在外表面粗车工序中消除。

3）精车防热套外表面：防热套外表面的尺寸形位要求较高，粗车防热套外表面后直接进行精车可避免再次对刀且减少加工误差，同时提高加工效率。

4）精车端面：精车端面过程中可通过调整端面高度差来保证大小端直径满足指标要求。

精加工中进给量不宜过大，较大的进给量使得表面加工质量下降，表面粗糙度增大；进给量也不宜过小，因其最小切削厚度与进给量相关，选取刀具的刀尖圆弧为定值，过小的进给量会使得刀尖圆弧远大于最小切削厚度，从而不能完成材料的切削变形，发生让刀现象。精加工中提高切削速度可改善加工表面质量，同时能弥补进给量和切削深度变小带来的加工效率的问题。

3.4 注意事项

1）装夹找正：后壳体在装夹时需首先将产品竖直装夹到整体式工装上，然后使用后壳体翻转装置将产品横置，再整体吊装到数控机床上，在装夹时需对称调整机床卡爪，在卡爪未调整到恰当位置，勿移除吊具，在调整机床主轴与工装同轴时，吊具可起到调整的作用，且大小端卡爪的调整尽量保证同时进行，可减少机床与工装夹紧时发生圆周方向变形现象，使得产品装夹后找正大小端的径跳在 0.02 以内。

2）粗加工防热套外表面：在实际加工过程中，注意观察碳纤维防热套加工表面颜色的变化程度，由于碳纤维防热套导热系数较低，所以切削过程中热量主要集中在刀尖位置，如果材料加工表面颜色出现异样，表明切削刀具刀尖磨损严重，使得切削温度升高，反而又加速刀具破损，要求及时更换新刀具。

3）刀具角度刃磨：防热套外形为圆锥形，刀具的主偏角需与防热套的锥度方向相反；考虑到碳纤维防热套三维编织的特点，加工防热套外表面时，走刀方向应从产品小端至大端进行加工，当车削起刀点在产品的大端时，刀具的切削刃与实际切削方向角度偏大（大于 90°），不利于进行材料的去除，容易形成对材料表面的挤压作用，而从小端起刀进行加工（小于 90°）可以有效去除表面材料。

4 实用范例

分析前述产品特性，以其为例，根据产品具体要求，设定工艺方案及流程如下：

采用整体式工装对后壳体进行装夹，并将工装安装在数控车床工作台上，调整位置确定装夹过程正确。

刀具采用硬质合金车刀和金刚石车刀，分别进行车削加工。

硬质合金刀具选用国内品牌，其基材为高速钢，切削刃为镶嵌硬质合金 YG6X。

金刚石刀具为 SECO 或 SANDVIK 厂家生产的产品。

安装刀具，对产品外表面及大小端进行找正，径向跳动量要求小于 0.05。对防热套截断，保证防热套与金属壳体留有适当加工余量。

粗车防热套端面并留有 1.5 mm 余量，端面车削采用上述方案中双向车削加工技术。粗车防热套外表面并留有余量 1.5 mm，根据实际加工情况进行修正，保证其圆度、同轴度等要求。

精车防热套外表面至产品要求尺寸，要求表面无明显缺陷。再精车防热套端面至产品设计要求。

粗加工中采用硬质合金刀具进行车削，推荐加工参数如表 1 所示。

表 1　粗加工推荐加工参数

参数名称	选择参数
转速/（r/min）	40
切削深度/mm	≤2
走刀速度/（mm/min）	≤15

精加工中采用金刚石刀具进行车削，推荐加工参数如表 2 所示。

表 2　精加工推荐加工参数

参数名称	推荐参数
转速/（r/min）	60
切削深度/mm	≤0.5
走刀速度/（mm/min）	≤9.5

5　结论

对于产品后段大面积防热层在端面和外表面车削加工初期阶段，通过对碳纤维复合材料特性和复合材料范畴的加工现状的研究，并结合对碳纤维复合材料的加工经验，掌握了碳纤维增强复合材料的高精度车削加工技术。

从实际加工试验中总结出产品后段最优的加工工艺方法，碳纤维增强复合材料的本身结构性能对刀具有很大的影响，刀具材料的选择、刀具几何角度的设计以及工艺参数范围的确定都有了一套很成熟的工艺规程，在达到预期目标的同时，不仅所有尺寸公差都满足设计要求，解决了弹头后段壳体防热层悬空加工端面易产生分层的问题，对传统加工方法也有了很大的改进。对这项技术的掌握，为今后类似产品的加工积累了宝贵经验，也为其他树脂基复合材料产品的加工奠定了基础。

参 考 文 献

［1］ 张厚江,等. 碳纤维复合材料切削机理的研究. 航空制造技术，2004(7).

［2］ 张厚江. 碳纤维复合材料(CFRP)钻削加工技术的研究. 北京:北京航空航天大学,1998.

［3］ 鲍永杰,高航. 碳纤维复合材料构件加工缺陷与高效加工对策. 材料工程,2009:254－259.

插拔装置溜板导轨的刮削技术

李晓波

航天一院 519 厂

摘 要 溜板是某型号产品插拔装置的关键部件，溜板导轨面的精度要求较高，溜板导轨的刮削一直是生产过程中的难点，本案例通过对刀具改进、测量方法、配合间隙的控制等几方面来保证溜板导轨的精度，并提高加工效率。

关键词 溜板导轨 刮削 刀具 测量 配合间隙

1 引言

溜板部件中的主要结构是由上溜板和中溜板两部分配合而成的燕尾形闭式导轨，如图 1 所示。为了保证溜板的动作灵活、可靠，对导轨面的加工精度要求很高，工艺要求各导轨面的平面度≤0.02 mm，表面粗糙度 0.4 μm，各导轨面与基准导轨面的平行度≤0.02 mm。

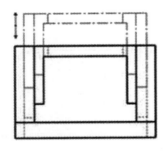 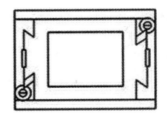

图 1 溜板结构示意图

2 技术难点

上溜板、中溜板的主要形位要求分别如图 2、图 3 所示，溜板的各导轨面平面度要求均为 0.02 mm，各导轨面与基准面的平行度要求均为 0.02 mm，上溜板与中溜板的配合要求为单边配合间隙为 0～0.206 mm，溜板导轨面需硬质阳极氧化处理。

溜板的原材料为 7A04 合金铝，溜板刮削前的坯件由整块材料经过铣削、插削加工而成，加工过程需经过多道工序，工件经过多次装卡，受切削力、装卡力及材料内应力的影响，坯件变形较大，最大变形量可达到 0.2 mm，为了保证溜板导轨的刮削精度，克服变形对加工精度的影响，坯件经机械加工后所留的余量较大，单边为 0.3～0.5 mm。

溜板的各导轨面均采用钳工刮削的加工方法，受加工方法的制约，溜板在生产过程中

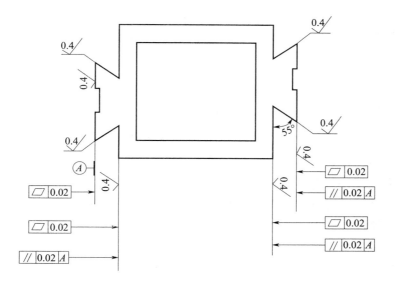

图 2　上溜板

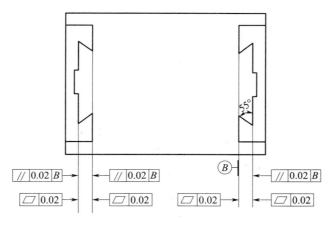

图 3　中溜板

存在生产效率低、产品质量不稳定等问题，主要表现在以下几点：

1）正常情况下同等大小的平面刮削只需 0.1 mm 的余量，而该件的单边余量为 0.3～0.5 mm，为正常情况的 3～5 倍，严重影响加工效率。

2）加工面较多，形位精度要求较高，且相互关联，对测量方法和精度要求较高。

3）导轨表面需经过硬质阳极氧化处理，处理后氧化膜将引起工件尺寸变化，造成上溜板、中溜板合套后的配合间隙发生变化，为了保证溜板的配合间隙要求，需对氧化处理前的配合间隙进行分析计算。

针对以上问题，现将作者在溜板刮削工作中，在刀具和刮削方法改进、燕尾测量方法、导轨配合间隙控制等几方面总结的经验技巧介绍如下。

3 技术方案

3.1 刮削方案的实施

3.1.1 刮削刀具改进

俗话说"工欲善其事，必先利其器"。在目前没有更好的加工方法来代替手工刮削的情况下，试着从刮削刀具入手，改善刮削的加工效率。普通刮刀的楔角为：粗刮刀 90°～92.5°；细刮刀 95°左右；精刮刀 97.5°左右。使用普通刮刀刮削时，总有使不上力的感觉，考虑到零件原材料为 7A04 超硬铝，硬度为 100HV 左右，与钢、铸铁等材料相比硬度要低得多，于是将刮刀作了如下改进，如图 4 所示。

1）将粗刮刀楔角改小到 70°，使刮刀能更容易切入。

2）将粗刮刀前刀面的宽度修磨为 0.5 mm，尽量减小切屑与前刀面的摩擦。

3）将粗刮刀的弹性刀杆改成刚性刀杆。

4）将细刮刀楔角改为 90°左右，精刮刀楔角改为 93°左右，细刮刀和精刮刀仍用弹性刀杆。

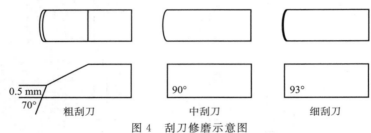

图 4 刮刀修磨示意图

这样改进后，粗刮时以铲代刮，用粗刮刀快速去除大部分余量，留下 0.05 mm 左右的精刮余量由细刮刀、精刮刀来修整精度和表面粗糙度，效率提高将近 50%。

3.1.2 刮削和锉削互补

刮削去除余量的过程中，发现刮出的面总是两端高，中间低，是个凹面，如图 5 所示。分析原因，是由于刮削走刀过程中的用力不均，刚开始刮削时，向刮削面的斜下方用力，力量逐渐加大，刮削深度也随之增大，刮刀走到刮削面中部时，力量达到最大，切削深度也达到最大，出刀时力量逐渐减小，刮刀由刮削面斜上方挑出，这样经过多次重复，形成刮削凹面。一般平面刮削中，出现凹面现象可以用交叉刮削的方法来消除，但是溜板导轨结构特殊，而且导轨面宽度较小，在交叉刮削的使用过程中存在以下问题。

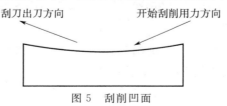

图 5 刮削凹面

1）刮削燕尾槽时，纵向刮削出现凹面，横向刮削时受到燕尾角度面的阻挡，无法顺利走刀。

2）由于导轨面宽度较小，横向刮削导轨面时，力量还未达到最大，刮刀已经到达导轨面边缘，如果不及时收力，刮刀极易从导轨面边缘闪出，把导轨面边缘刮塌。

由于以上原因的存在，溜板导轨面用交叉刮削来消除凹面现象很费力，制约着刮削效率的提高。

在生产实践和钳工竞赛中发现，用锉刀纵向锉平面很容易操作，而且锉出的面往往是凸面，于是考虑用锉刀来消除刮削过程中出现的凹面现象，为了防止锉削时将燕尾角度面碰伤，将锉刀的两条棱边修磨成略小于55°的角度（如图6所示），并用油石仔细修磨光滑，通过实践发现，这种方法有效地解决了凹面现象，为了避免锉刀刀痕对后面精刮的影响，同时兼顾效率，选用中粗齿锉刀，或者粗齿、细齿锉刀配合使用。

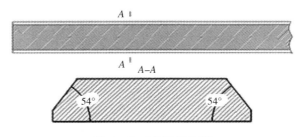

图6　锉刀修磨示意图

经过对刮刀和刮削方法的改进，使用以铲代刮和刮、锉结合的方法，大大提高了刮削效率。

3.2　燕尾导轨的测量

在溜板导轨的刮削中，为了保证导轨面的各项精度要求，测量是必不可少的，在其他平导轨面刮削完成并达到各项精度要求后，燕尾导轨面的测量是比较困难的，下面以上溜板为例介绍燕尾导轨面刮削中使用的测量方法。

3.2.1　平面度及平行度测量

导轨面的平面度及平行度的测量，在一块精度为零级的平板上进行，采用研点与百分表相结合的测量方法。如图7所示，刮削时，先对溜板的基准面 A 进行刮削，使其与标准平板的接触率达到70%以上，且研点在整个导轨面上分布均匀；然后再刮削对应的平行导轨面 B，利用百分表测量该面与基准面的平行度误差，确定该面各处的刮削余量，并结合研点进行刮削，来保证导轨面的平面度及与基准面的平行度要求。一对相互平行的导轨面刮削完成后，应互为基准用百分表验证平面度及平行度，并作最后的修整，保证 0.02 mm 的精度要求。

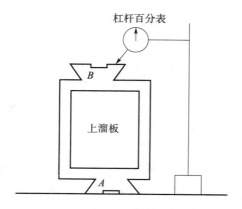

图 7 平面度及平行度测量

3.3.2 圆柱测量法

（1）燕尾尺寸测量

图 8 是用圆柱测量凸燕尾的示意图，将两个相同直径的圆柱放入燕尾槽中，测出尺寸 L，用下面的公式就可以计算出燕尾小端尺寸 T

$$T=L-D\ (1+\cot\alpha/2) \tag{1}$$

式中　T——凸燕尾小端尺寸（mm）；

L——两圆柱之间尺寸（mm）；

D——测量圆柱直径（mm）；

α——燕尾角度（°）。

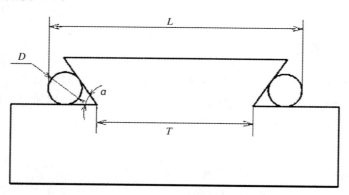

图 8 圆柱测量凸燕尾示意图

图 9 是用圆柱测量凹燕尾的示意图，计算公式如下

$$A=L+D\ (1+\cot\alpha/2) \tag{2}$$

式中　A——凹燕尾大端尺寸（mm）；

L——两圆柱之间尺寸（mm）；

D——测量圆柱直径（mm）；

α——燕尾角度（°）。

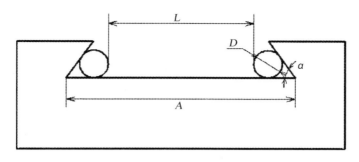

图 9　圆柱测量凹燕尾示意图

（2）燕尾导轨平行度的测量

燕尾平行度测量如图 10 所示，其中测量圆柱的精度要求如图 11 所示。

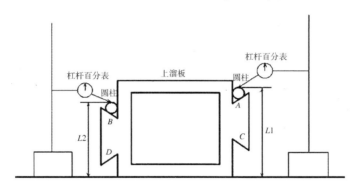

图 10　燕尾导轨平行度测量示意图

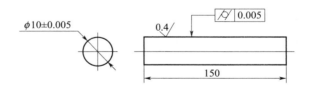

图 11　测量圆柱精度要求

1）先用 90°角尺找正上溜板工作面，使其与基准平面垂直。用测量圆柱放到燕尾槽 A 上，用百分表分别测量圆柱两端尺寸，如图 12 所示，两次测量结果误差不应超过 0.02 mm，否则应继续修整燕尾导轨面，使其达到要求

2）燕尾导轨 A 达到要求后，把测量圆柱放到燕尾 B 上，用同样方法测量并修整燕尾导轨面 B，使其达到要求。

3）将上溜板翻转 180°，重复以上第 1、2 步的操作，测量修整燕尾导轨面 C、D，使其达到精度要求。

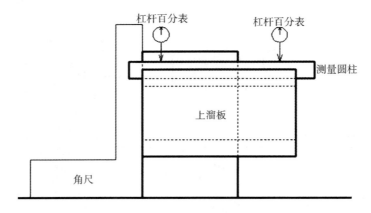

图 12　燕尾导轨面测量示意图

3.2.3　正弦规测量

正弦规测量燕尾导轨如图 13 所示。根据燕尾的角度将正弦规的一端用适当尺寸的量块垫起合适的高度，使正弦规的测量面与基准平面之间形成所要求的角度，然后把上溜板放到正弦规工作面上，就可以测量燕尾角度及平面度。

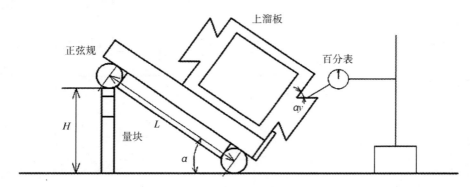

图 13　正弦规测量燕尾角度

正弦规应垫起的高度 H 可以用下面公式计算

$$H = L\sin \alpha = L\sin(90° - \alpha y) \tag{3}$$

式中　H——正弦规所垫量块的高度（mm）；

　　　L——正弦规两圆柱中心距（mm）；

　　　α——正弦规与基准面的夹角（°）；

　　　αy——燕尾角度（°）。

以上几种测量方法在实际操作中配合应用，互相补充，很好地保证了燕尾导轨的刮削精度。

3.3 导轨配合间隙的控制

为了保证导轨的运动灵活可靠，在导轨磨损后有调节的余地以及避免温度变化对导轨的影响，导轨刮削后，上溜板与中溜板之间应留有适当的间隙。

3.3.1 表面处理对配合间隙的影响

为了增加导轨的耐磨性和耐蚀性，导轨在刮削完后，需经过表面硬质阳极氧化处理，提高导轨表面硬度，经过硬质阳极氧化后导轨表面硬度提高到500HV左右。由于产生氧化膜，经硬质阳极氧化后会增加工件的尺寸，增加量大致是膜层厚度的50%左右，如图14所示。

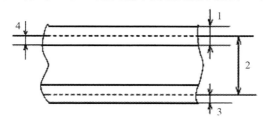

图14　硬质阳极氧化尺寸变化示意图

1—硬质氧化膜厚度；2—工件原尺寸；3—尺寸增长部分；4—膜层渗入部分

硬质氧化膜的厚度根据硬质阳极氧化的工艺不同也有所不同，并与氧化时间长短、氧化电流密度大小等参数有关。经查阅有关资料，摩擦机械部件适用的膜层厚度为 $50\sim80~\mu m$，即 $0.05\sim0.08$ mm。根据图10可以计算出上、中溜板导轨在阳极氧化处理后尺寸的总增加量各为 $(2\times0.05/2)\sim(2\times0.08/2)$ mm，即 $0.05\sim0.08$ mm。

3.3.2 表面处理前导轨配合间隙的确定

工艺要求溜板导轨在表面阳极氧化完成后的配合间隙为小于 0.206 mm，即 $0\sim0.206$ mm。由于阳极氧化后上溜板和中溜板的尺寸发生变化，必然要引起导轨配合间隙的变化，图15所示为阳极氧化后单边间隙变化示意图。

为了保证最后导轨的配合间隙，有必要对阳极氧化前的间隙进行确定。根据间隙变化示意图可以画出阳极氧化前后导轨间隙变化的尺寸链图，如图16所示。

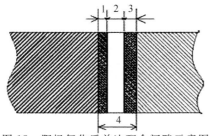

图15　阳极氧化后单边配合间隙示意图

1—上溜板膜层厚度；2—阳极氧化后间隙；

3—中溜板膜层厚度；4—阳极氧化前间隙

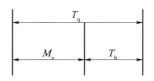

图16　配合间隙尺寸链

根据尺寸链图列出下面尺寸链式

$$T_h = T_q - M_z \tag{4}$$

式中　T_h——阳极氧化后配合间隙（mm）；

　　　　T_q——阳极氧化前配合间隙（mm）；

　　　　M_z——阳极氧化后上、中溜板尺寸变化量之和（mm）。

根据尺寸链公式（4）列出 T_q 的计算公式如下

$$T_{qmax} = T_{hmax} + M_{zmin} \tag{5}$$

$$T_{qmin} = T_{hmin} + M_{zmax} \tag{6}$$

式中　T_{qmax}——阳极氧化前最大配合间隙（mm）；

　　　　T_{qmin}——阳极氧化前最小配合间隙（mm）；

　　　　T_{hmax}——阳极氧化后最大配合间隙（mm），即工艺要求最大间隙 0.206 mm；

　　　　T_{hmin}——阳极氧化后最小配合间隙（mm），即工艺要求最小间隙 0；

　　　　M_{zmax}——阳极氧化后上、中溜板尺寸最大增长量之和（mm），即 0.08×2＝0.16 mm；

　　　　M_{zmin}——阳极氧化后上、中溜板尺寸最小增长量之和（mm），即 0.05×2＝0.1 mm。

根据以上数据及式（5）、式（6）计算出阳极氧化前的配合间隙 T_q 应为 0.16 ～ 0.306 mm。

3.3.3　优化导轨配合间隙

根据前面的分析确定了阳极氧化前的配合间隙取值范围，但是如果氧化前的间隙加工到取值范围下限 0.16 mm 附近时，由于氧化膜的厚度不好控制，可能会发生阳极氧化后配合间隙为零，甚至出现过盈的现象，这样势必会导致溜板导轨无法进行配合，出现这种情况的处理办法是磨去原氧化膜，然后再重新进行阳极氧化处理，这种情况的出现严重影响生产效率。如果氧化前的间隙加工到取值上限 0.306 mm 附近时，阳极氧化后的间隙达到设计上限，导轨在运行中出现旷动现象，影响导轨运动精度。所以将导轨的配合间隙确定在一个合理的范围是必要的。

试着根据优选法确定导轨阳极氧化前的间隙，计算方法如下

$$0.16 + (0.306 - 0.16) \times 0.618 \approx 0.25 \text{（mm）}$$

为了便于加工，将阳极氧化前的配合间隙确定为 0.23～0.27 mm，根据上面的方法得出阳极氧化后的间隙为 0.07～0.17 mm。

经过实践，阳极氧化前将导轨的配合间隙保证在 0.23～0.27 mm 之间，阳极氧化后的配合间隙基本能控制在 0.09～0.15 mm，导轨运动灵活无卡滞现象，表1是近两套溜板导轨配合间隙的实测数据。

表 1　溜板导轨配合间隙实测数据（平均值）

	阳极氧化前间隙/mm	阳极氧化后间隙/mm	间隙变动量/mm
1#	0.25	0.13	0.12
2#	0.28	0.12	0.16

4 结论

通过对刮削刀具和刮削方法的改进、测量方法的配合运用、配合间隙的分析和控制等几方面来保证溜板导轨的精度，提高了生产效率。使溜板生产周期比原来缩短1/3，有效缓解了某型号产品生产中的"瓶颈"问题。

本文所介绍的关于刮削刀具改进和刮削方法在其他有色金属的刮削方面具有借鉴价值。

参 考 文 献

[1] 韩克筠,王辰宝,刘培友,等.钳工实用技术手册.南京:江苏科学技术出版社,2000.

[2] 张继东,高荣元,孟岩,等.机械设计常用公式速查手册.北京:机械工业出版社,2009.

[3] 《表面处理工艺手册》编审委员会.表面处理工艺手册.上海:上海科学技术出版社,1991.

[4] 朱祖芳.铝合金阳极氧化与表面处理技术.北京:化学工业出版社,2004.

螺道铣削加工技巧

谢建慧

航天一院 211 厂

摘 要 氢氧泵螺壳是火箭发动机中的一个重要零件，该零件中有一条螺道，为阿基米德螺旋线。螺道的精度要求很高，加工难度很大，加工效率低。本文介绍了用数控四坐标机床加工螺壳螺道的加工工艺过程、工艺装置及改进措施，同时进行了加工难点分析，并提出了解决方法和保证措施。

关键词 阿基米德螺旋线 数控铣削

1 引言

氢氧泵螺壳螺道的精度要求很高，其宽度 $S=（13\pm0.05）$ mm，平行度为 0.02 mm。以前采用普通机床挂轮加工，零件装夹找正繁琐，挂轮机构调整较复杂，对设备、人员要求较高。经反复实践探索，利用车间的一台带四轴的数控设备加工螺道，能够高质量、高效率地完成此项工作。

2 技术难点

螺壳结构如图 1 和图 2 所示，从图中可知，螺线方程为：$\rho=6.5\theta/180°+85.5$，表面粗糙度▽/1.6，内螺道（见图 3）与扩散管相交处铣加工时须让出隔舌位置。此螺旋线原理即一动点沿一直线作等速移动的同时，该直线又绕线上一点 O 作等角速度旋转时，动点所走的轨迹就是阿基米德螺旋线。

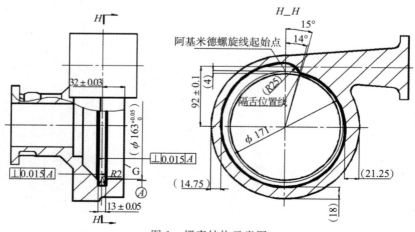

图 1 螺壳结构示意图

图2 螺壳实物效果图

图3 螺道

3 原加工方案分析

通过以上分析可知，加工此结构零件时装夹找正尤为重要，在普通机床上加工时，由于该零件结构复杂造成装夹困难，找正繁琐，挂轮机构复杂，加工时，回转工作台若锁得太紧或太松，都会对加工质量造成影响。因此对设备和人员要求比较高。

另外，内螺道与扩散管相交处铣加工时须让出隔舌位置。以往在普通机床上采用挂轮技术加工时，挂轮结构调整复杂，回转工作台也难以调整，操作难度较大。

4 技术方案

4.1 新加工方案分析

利用现有的一台四轴数控机床，通过芯轴定位、压板夹紧的方式进行零件装夹，使加工的基准统一，零件的 X、Y、Z 三个坐标轴方向的形位公差都可以用高精度的数控加工中心来保证，既提高了效率，又很好地保证了设计要求。

4.2 工艺设计

阿基米德螺旋线的极坐标方程为：$r = a\theta$，其中，r 是极径，θ 为极角，a 是常数。这种螺线的每条螺臂的距离永远相等于 $2\pi a$。也就是说当角度 θ 改变时，极径随之变化。这个方程也可以转换为直角坐标系下坐标值

$$x = r\cos\theta \cdot y = r\sin\theta$$

利用阿基米德螺旋线的极坐标方程，确定刀具在螺道内的正确位置，计算刀具中心在第四轴起始角度时的 X 轴坐标值，采用刀刃直径 $\phi 50$、刀柄直径为 $\phi 14$ 的 T 型铣刀，刀宽 12 mm，并根据加工余量确定分为六次铣削。根据起始角度和 X 轴的定值坐标值进行手工编程。编程所需点坐标如图4所示。

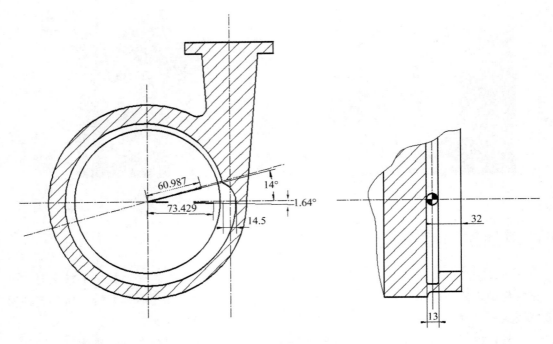

图 4 编程示意图

编程如下：

%

O002

G0G90G54X0Y0A－2.

G01G40H01Z50F5000

S300M04

M08

G01Z0F500

X45

X62.43F30

X49.43A－362F100

X64.43F30

X51.43A－722F100

X66.43F30

X53.43A－1082F100

X70.43F30

X57.43A－1802F100

X72.43F30

X59.43A－2162F100

X73.43F30

X60.43A－2522F100

X0F500

G0Z100

G9130Z0M19

M30

％

4.3 注意事项

装夹时必须注意找正零件基准在 0.03 mm 以内，否则满足不了图纸的形位公差要求。另外为使内螺道与扩散管相交处铣加工时让出隔舌位置，数控程序角度初始值应设为 A－2。

5 实用范例

利用现有的一台四轴数控机床，通过芯轴定位、压板夹紧的方式进行零件装夹，使加工的基准统一。具体措施如图 5～图 10 所示。

图 5 将芯轴放在回转工作台中心孔内，把主轴的回转中心和第四轴的回转中心调整一致，设立 X 轴、Y 轴坐标原点

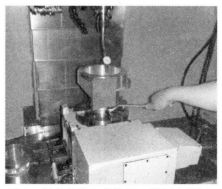

图 6 把产品放入芯轴后，用四个螺钉、压板轻轻压住，进行产品内孔找正，找正在 0.03 mm 之内，把螺钉、压板锁紧

图 7 找正基准在 0.03 mm 之内，确定第四轴中心坐标原点

图 8 找正基准在 0.03 mm 之内，确定第四轴 A 轴坐标原点

图 9　根据刀具的实际宽度确定 Z 轴的原点，
刀宽的一半和螺旋槽的中心位置即是 Z 轴
的原点，并在零件端面 0.1 mm 左右试切

图 10　在零件端面 0.1 mm 左右试切，
校验程序是否正确，同时用专用量具检测
零件，合格后再正式加工产品

6　结论

综上所述，在此次螺道加工攻关中，由于进行了多次针对性的实验，从实验中总结了经验和教训，改进了加工工艺路线，确定了合理的加工方法，解决了数控加工螺道的难题。在加工过程中做到了基准统一，零件的 X、Y、Z 三个坐标轴方向的形位公差都可以用高精度的数控加工中心来保证，既提高了效率，又很好地保证了设计要求，保证了生产任务的顺利完成；同时对类似零件的加工工艺方案提供了很好的借鉴。

参 考 文 献

［1］　北京第一通用机械厂 . 机械工人切削手册 . 北京:机械工业出版社,2004.
［2］　孙德茂,等 . 数控机床铣削加工直接编程技术 . 北京:机械工业出版社,2004.

大型超高强度钢薄壁壳体车削变形控制

吕兵　董卫国　范新平　孙卫军

航天四院 7414 厂

摘　要　大型超高强度钢薄壁壳体刚性差，在装夹力、切削力和切削热等综合因素的影响下，加工易变形，难以保证加工精度。长期以来，该问题已经成为制约发动机金属壳体向大型化、高精度化方向发展的瓶颈。本文作者通过多年实践摸索，总结出了大型薄壁金属壳体车削变形控制技术，解决了大型超高强度钢薄壁壳体加工易变形、加工精度不高的难题，为同类薄壁零件车削加工提供了借鉴。

关键词　超高强度钢　薄壁壳体　变形控制　加工精度

1　引言

火箭发动机为导弹武器提供射程和速度，因此要求发动机壳体具有强度高、质量轻、耐高压的特点。目前，超高强度钢以其较好的综合性能成了固体火箭发动机壳体的主导材料。同时，薄壁结构具有质量轻、用料少、结构紧凑等优点，已经在航天发动机壳体上得到了越来越广泛的应用。然而，一方面，经热处理强化后的超高强度钢，硬度高达 48～52 HRC，抗拉强度不小于 1 620 MPa，切削加工困难；另一方面，薄壁壳体的壁厚尺寸较小，导致零件强度较弱，刚性差，装夹基准面小，易产生加工变形，精度不易控制，难以保证加工质量。近几年，通过理论与实践相结合的方式对超高强度钢薄壁壳体车削变形进行了技术研究和总结，提出了减小大型薄壁金属壳体车削变形以及提高其车削精度的措施，为更好地加工薄壁零件，保证加工质量，提供了成熟稳定的工艺技术方法。

2　技术难点

2.1　壳体精度要求高

发动机薄壁金属壳体一般由圆筒、叉型件、裙框、封头、接头焊接而成。壳体长度 $L1^{+4}_{-6}$（不小于 4 000 mm），外径 $D1^{0}_{-0.37}$，前接头内径 $D2^{+0.15}_{0}$，后接头内径 $\phi D3^{+0.23}_{0}$，表面粗糙度 3.2～6.3 μm，尺寸精度要求较高；同时，壳体理论轴线为前、后裙外圆的几何中心连线，以壳体轴线为基准，两端裙框外圆、接头内孔的同轴度要求 $\phi 0.5$，接头端面相对壳体轴线的垂直度为 0.2，形位精度要求高。壳体结构示意图如图 1 所示。

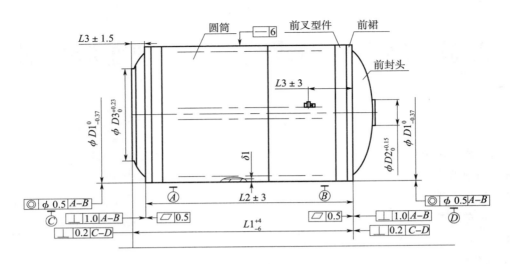

图 1　薄壁金属壳体结构示意图

2.2　结构刚性差，装夹易变形

对于大型薄壁金属壳体来说，壳体直径与壁厚之比较大（一般不小于 200），刚性差。刚性较好的裙框、接头部位均为车削加工部位，车削加工时一般需要装夹刚性较差的薄壁处。因此，装夹方式和装夹力是引起车削变形的一个重要因素。一方面，装夹方式不合理或装夹力过大，直接造成薄壁壳体变形；另一方面，装夹力与切削力的波动效应产生耦合作用，引起加工残余应力和薄壁壳体内部残余应力的重新分布，进一步造成薄壁壳体变形。例如：若用卡盘直接夹紧薄壁壳体裙框外圆，壳体与卡爪接触区域将产生弹性变形，车削完卸下后，裙框外圆将产生不规则变形，无法满足设计精度要求。

2.3　壳体轴向关联尺寸较难保证

壳体热处理过程中采用竖直悬挂的方式，相关部位存在径缩和轴向拉长的现象，导致各台壳体加工部位的余量相差较大。而车削加工在保证壳体总长、裙间距的同时，还要保证前后接头最小厚度、后接头至裙框端面的距离以及前裙框端面到第一排电缆块中心尺寸，轴向关联尺寸较多，加工时较难保证。

2.4　超高强度钢车削工艺性差

热处理后的超高强度钢硬度高达 $48 \sim 52$ HRC，抗拉强度 $\sigma_b = 1\,620 \sim 1\,730$ MPa，延伸率 $\geqslant 8\%$，属于典型的难切削材料，车削工艺性差。加工时，刀具的磨损严重，加工面经常因刀具磨损产生锥度。

2.5　切削力引起车削变形

在大型薄壁金属壳体的车削过程中，如何有效控制切削力以减小车削变形成为车削工艺技术的难点之一。这主要是因为切削力一方面引起工件的回弹变形，另一方面，当切削力超过材料的弹性极限时，还将引起工件的挤压变形。

2.6 切削热加剧车削变形

在薄壁壳体的车削过程中，刀具与切屑、刀具与加工面的接触摩擦会产生大量的切削热，切削热使刀具和工件温度急剧上升，从而引起它们的热变形，严重影响零件的加工品质。经处理强化后的超高强度钢的导热系数为 0.021 cal/（cm·s·℃），只有 45 号钢的 1/5 左右，导热性较差。切削加工时，单位切削力大，切削温度高，特别是薄壁零件的热容量小，极易在切削热影响下产生变形，影响加工尺寸精度。

3 技术方案

3.1 合理选择工装及装夹方式，增加壳体刚性

对于超高强度钢薄壁壳体结构来说，其强度及硬度很高，切削力很大，切削加工时首先要保证切削系统的刚性，这就要求所用工装具有足够的刚性；同时工装还要起到间接装夹大型薄壁金属壳体，增大接触面积，使装夹位置受力均匀的作用，以此控制因装夹引起的变形。通过摸索，在车削过程中使用的工装包括过渡环、工艺环等，如图 2 所示。过渡环一端以四爪夹紧于主轴卡盘上，另一端以均布于圆周上的一列可径向调整位置的压块（螺纹连接）压紧叉型件外圆。工艺环外圆上均布着两列可径向调整位置的压块（螺纹连接），它们压紧于圆筒外圆上作为中心架支撑和找正部位。两类工装的压紧方式均增大了压紧力的作用面积，使装夹位置受力均匀，减小了因装夹引起的变形。

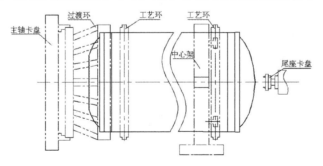

图 2 薄壁金属壳体车削装夹示意图

3.2 合理选择找正基准，保证加工精度

壳体找正时，首先以过渡环压紧后叉型件外圆，尾座四爪撑前接头内孔，找正两端叉型件外圆四个象限处对点的跳动量在 0.5 mm 以内，同时检测各加工部位的跳动量以保证足够的加工余量，以此确定壳体的轴线；然后加工压紧于壳体筒段上的两个工艺环外圆，以加工后的工艺环外圆作为壳体车削时的找正基准。车削时，分别以过渡环压紧一端叉型件外圆，另一端以中心架支撑工艺环外圆的方式装夹，直接找正工艺环外圆进行加工。

该方法在确定壳体轴线后，加工壳体两端各部位时均以精加工后的工艺环外圆作为找正基准，不但保证了找正基准的一致性，而且找正基准（铸铁件）的刚性较好，保证了壳体的精度要求。

3.3 预先分配余量，控制轴向尺寸

由于壳体总长、裙间距、裙框厚度、接头厚度都是重要的关联尺寸，为了合理分配壳体加工余量，车削壳体前必须对壳体的状态进行仔细测量分析，分别在四个象限位置测量壳体总长、裙间距和前后接头厚度、前后裙框厚度、前后接头到裙框的距离等，并作好记录。加工前根据测量结果对余量进行初步分配，加工中仔细测量，保证各尺寸的精度要求。

3.4 合理选择车削刀具

1) 刀具材料的选择。加工经热处理强化后的超高强度钢，要求刀具材料具有很高的抗弯强度、冲击韧性、红硬性和耐磨性。刀具材料的硬度一般应大于 68HRC。车削超高强度钢常用刀具材料性能对照见表 1。

表 1　车削超高强度钢常用刀具材料性能对照表

材料	常温硬度	常温抗弯强度/MPa	冲击韧性/（MJ·m^{-2}）
YT15	90.5HRA	1 150	0.007
YS2	91～94HRA	2 200	0.12～0.15
CBN	4 000～8 000HV	1 000～1 500	0.006
陶瓷	85～92HRA	450～850	0.004～0.005

表 1 中，YT15（硬质合金）常用于经热处理强化后的超高强度钢的车削，切削速度不易过高，否则刀具磨损快。

YS2（超细晶粒硬质合金）耐磨性较好，抗冲击振动性好，能用于经热处理强化后的超高强度钢的切断车削。

CBN（立方氮化硼）具有类似金刚石的晶体结构，因此具有很高的硬度和耐磨性，刀具耐用度是普通硬质合金刀具的 10 倍以上。一般用于经热处理强化后的超高强度钢的精车。

陶瓷硬度高，耐磨性好。但抗弯强度低，冲击韧性差。只能用于经热处理强化后的超高强度钢的连续精车，刀具耐用度是普通硬质合金的 2～5 倍。

一般情况下，刀具材料选用 YT15（硬质合金）。

2) 刀具角度的选择。在车削热处理强化后的超高强度钢时，切削力很大，若刀具角度选择不合理，加工过程极易出现刃崩现象。因此，在选择刀具几何角度时，应重点从保护刀尖及增加刀具耐用度出发。选用 0°前角或负前角，一般为 0°～−5°，并有 0.2～0.4 mm 的负倒棱。选用小后角，一般为 6°～8°。选用负刃倾角，一般为 −2°～−4°。刀尖圆弧半径也应重点考虑刀尖强度和刀具耐磨性的要求，一般为 $R0.3～R0.5$ 之间，粗加工取较大值，精加工取较小值。

3.5 优化切削参数，减小切削力

在车削加工中，使零件产生变形的力主要是径向切削力，零件所受径向车削力的大小与车削参数有直接关系。切削深度或者进给量加大，均使切削力增大，但两者的影响程度不同，切削深度加大时，切削力成正比增大；而加大进给量时，切削力不成正比增大。从切削力角度考虑，加大进给量比加大切削深度更有利。由于热处理强化后的超高强度钢的加工一般是半精加工和精加工，因此，选择进给量的基本原则是保证零件的尺寸精度和表面粗糙度。一般情况下，工件表面质量与进给量的关系为反比，即进给量越大，表面粗糙度值越大。因此，加工热处理强化后的超高强度钢时，进给量选择较小值。使用硬质合金刀具时，进给量一般选为 0.05～0.20 mm/r。一般说来，切削深度要根据被加工材料的硬度和刀具材料的强度而定，粗加工切削深度一般为 1.5～2 mm，精加工一般 0.05～0.1 mm。如果保持切削功率不变，增大切削速度同样可以减小切削力。但是，随着切削速度的提高，切削温度直线上升，刀具耐用度直线下降。一般情况下，主要根据刀具材料的热稳定温度来制定合理的切削速度。

3.6 有效控制切削热

1) 浇注冷却液冷却。由于经热处理强化后的超高强度钢强度高，切削时产生的热量大，宜采用冷却效果好的水基切削液，并连续充分浇注，常用 2 号乳化油加水稀释成乳化液。

2) 交替加工，充分冷却。采用不同部位粗精车交替进行的加工方法，即在粗车裙框外圆时单边留 1 mm 余量，加工接头各部尺寸单边留 0.5～1 mm 余量；精加工裙框各部尺寸到工艺要求范围内，然后再精加工接头各部尺寸。这种方法可减少精加工时的温度变化，减少热变形，保证尺寸精度。

4 实用范例

经过多年的实践与总结，大型超高强度钢薄壁壳体车削变形控制技术已经成功应用到了直径与壁厚比为 150～350 的薄壁金属壳体车削加工中，以直径与壁厚比为 350 的薄壁金属壳体车削为例（车削装夹示意图如图 2 所示）车削工艺过程如下：

1) 安装工艺环。

2) 装夹找正过渡环。

3) 装夹壳体，将后端框夹入过渡环内，前接头用尾座四爪夹盘撑住。

4) 找正叉型件外圆，对称四点跳动量小于 0.5 mm。

5) 打表检测裙框外圆跳动量小于 3 mm。

6) 找正工艺环的端面和外径跳动量小于 0.5 mm，适当力压紧工艺环。

7) 车工艺环外径，表面粗糙度 1.6 μm，两工艺环外径差小于 0.05 mm。

8) 安装中心架，调整中心架支撑，同时找正后端工艺环外径，变化量小于 0.05 mm。

9) 按 3.4～3.6 节要求选取刀具、切削参数和冷却液，车削各加工部位尺寸。

5 结论

对于大型薄壁金属零件的车削，要全面分析影响车削变形的因素，并采取如下措施确保产品的加工质量。

1）使用过渡环、工艺环等工装，增大薄壁壳体装夹接触面积，使装夹位置受力均匀，以此减小装夹引起的变形，同时增加车削系统的刚性。

2）车削过程中要保证找正基准的一致性，同时基准位置要有一定的刚性，以此保证壳体车削精度要求。

3）合理选用刀具。刀具材料通常选用 YT15（硬质合金），刀具前角一般为 $0°\sim-5°$，并有 $0.2\sim0.4$ mm 的负倒棱，后角一般为 $6°\sim8°$，刃倾角，一般为 $-2°\sim-4°$，刀尖圆弧半径一般为 $R0.3\sim R0.5$。

4）合理选用切削参数。使用硬质合金刀具加工热处理强化后的超高强度钢时，进给量一般选为 $0.05\sim0.20$ mm/r；粗加工切削深度一般选为 $1.5\sim2$ mm，精加工一般为 $0.05\sim0.1$ mm；切削速度不易过高。

5）采用浇注冷却液和不同部位交替加工的方法减少切削热。

参 考 文 献

[1] 王先逵. 机械制造工艺学. 北京:机械工业出版社,2000.
[2] 许景芳. 薄壁零件的车削工艺. 机械,2007(S1):3-4.
[3] 李庆寿. 机床夹具设计. 北京:机械工业出版社,1999.
[4] 张伟. 车工操作技能手册. 北京:机械工业出版社,2004.

大型转子体车削加工技巧

赖蒙生　张金锁　张强　刘荣昌

航天四院 7414 厂

摘　要　转子体是发电设备的核心部件，受转子体结构和材质的制约，其加工难度大，加工工序多，切削量大，加工时间长，传统的加工方法在精度和效率方面已不能满足转子体制造需求。作者通过多年的实践，总结出了一套成熟的转子体车削加工技术，该技术为高效、高精度的批量加工转子体提供了思路，并可推广应用到大型长轴类产品的车削加工中。

关键词　转子体　精密　车削加工

1　引言

转子体是汽轮机的心脏，其加工精度决定着整个汽轮机的精度。转子体结构复杂、形式多样，而且尺寸精度、形状和位置精度要求极高。长期以来，各制造厂都是将转子放在普通车床上，由技术熟练的车工手工操作进行加工，消耗大量工装和工时，生产周期很长，质量也不稳定，往往成为制造过程的瓶颈。为此，如何在车削加工转子体的过程中掌握关键技术，提高转子体加工精度、加工效率，降低生产成本就成了加工的关键所在。针对以上问题，作者根据自身多年实践经验，摸索出了一套转子体车削加工工艺技术方法，应用该技术方法不但保证了设计图纸的精度要求，也大大提高了生产效率。

2　技术难点

2.1　转子体结构复杂、精度要求高，车削工艺性差

转子体材料为 30CrMoV，总长不小于 7 000 mm，外形为中间大两端小，主要由推力盘、轴颈、油封、汽封齿、平衡槽、叶轮、套位、止口、连轴器、法兰等典型结构组成，各结构交替出现，其间有着复杂的尺寸链配合关系，转子体局部结构简图如图 1 所示。以转子体叶轮结构为例，其结构中的叶根槽为倒 T 型，其内部由直槽与横槽组成，外形为双肩台阶，尺寸链复杂，甚至有封闭尺寸，转子体叶轮结构简图如图 2 所示。该结构的车削加工是行业内公认的加工难点，已经成了制约转子体向结构大型化、精密化方向发展的瓶颈。

与此同时，转子体在高温、高压和高转速的条件下工作，热应力变化大、运行温度高，不仅易引起低周疲劳损伤，而且还要引起高温蠕变损伤，如果精度达不到要求，极易造成转子体转动的不平衡。因此，对它的机械加工要求较高，主要有：

1）各轴颈、外圆的圆柱面和推力盘平面的表面粗糙度要求为 0.4 μm，叶轮、推力盘、联轴器、汽封套筒等轴颈圆柱表面粗糙度要求为 0.8 μm。

2）轴颈的圆度误差和圆柱度误差不大于 0.02 mm，圆锥面的椭圆度不大于 0.02 mm。

3）转子体轴颈，径向跳动量不大于 0.02 mm，轮缘端面跳动量不大于 0.02 mm，推力盘端面跳动量不大于 0.02 mm。

4）转子体各轴颈圆柱面的不同心度不大于 0.02 mm。

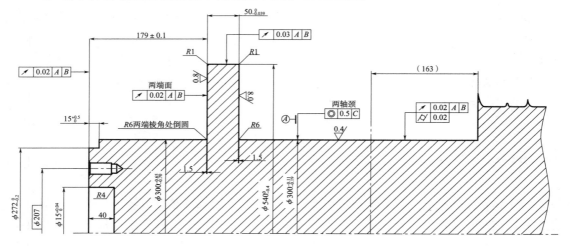

图 1　转子体局部结构简图

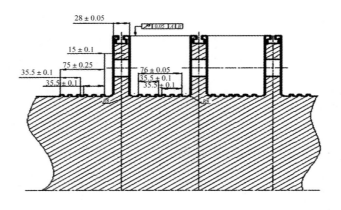

图 2　转子体叶轮结构简图

2.2　装夹方式复杂，装夹精度不易保证

转子体进入加工时，首先碰到的是装夹问题。装夹方法正确与否，对保证达到转子的形位公差要求起着极其重要的作用。例如：前、后轴颈径向跳动量要求在 0.02 mm 之内，圆柱度要求在 0.02 mm 之内等要求都需要通过合理的装夹方式和装夹精度来保证，这就给装夹方案的制定带来了难题。

2.3 转子体中部大两头小，刚性差，形位公差难以保证

转子体中部外径大且长，两头细长、直径小，转子体旋转起来，中部叶轮槽的刚性差，加工这个位置的直槽、横槽时，因转子体受到一个轴向串动力和径向的离心力作用，使转子体产生上、下振动，刀具的切削力较大，难以进行切削加工。即使勉强切削，其形位公差也很难达到图纸的设计要求。

2.4 叶根槽不易加工

1）槽形结构复杂难加工。叶轮上的叶根槽为不同结构形式、不同尺寸的倒 T 形深槽，即槽的形状像一个倒写的"T"字，同时槽底中心还有一圈深 $51_0^{+0.1}$、半径 $R4.5_0^{+0.1}$ 的定位槽，其结构如图 3 所示。

2）尺寸公差小不易测量。因槽的形状特殊，用游标卡、千分尺等常规量具测量不方便。

3）目前，市场上没有通用的车削 T 形槽刀具，只能依靠经验手工刃磨刀具。

4）加工过程中排屑不畅。转子体在加工过程中，当直槽刀或横槽刀正装时，铁屑往上排，在窄小的槽子里与刀具碰撞，即容易崩碎刀头，影响刀具的使用寿命，又因铁屑与工件的挤压而影响工件的尺寸精度和表面粗糙度，还因挤压转子体产生振动，影响转子的形位公差，同时铁屑卷起不利于安全生产。

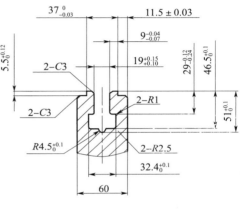

图 3　叶根槽结构图

3　技术方案

3.1　转子体装夹

加工前，需要首先考虑转子体的同轴度、椭圆度等形位公差要求，然后根据转子体加工过程中各加工部位的加工次序，按照加工流程，确定不同的装夹位置和装夹精度。本文采用的装夹方法如图 4 所示，转子体的一端由花盘夹住，并保证转子的中心线不低于机床花盘平面的中心线。另一端用尾架顶住，且在近尾架端的轴颈处用可调式静压托架支承。通过调整静压托架的上下及轴向尺寸粗调转子体中心线与机床中心线相对位置，然后精调静压托架，直至转子体中心线与机床中心线精确重合。该装夹方法的优点是校调极其方便，且获得较高的校调精度等级，并适用于普通车床。

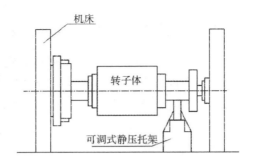

图 4 转子体车削加工装夹方式示意图

3.2 转子体找正

转子体上车床，机床花盘夹一端，尾座顶尖顶紧（根据转子体质量和顶尖角度合理选择预紧力），找正转子体外圆跳动（靠近床头外圆处），车光装夹用基准位，静压托架升至基准位处，静压托架托块贴附，尾座脱开一定距离（5～10 mm），找正转子体中心高（高低差），再找转子体左右偏斜，打表检测装夹是否符合精度要求。

3.3 转子体基准设定

转子体车削加工中需要设定的加工基准包括支撑基准、找正基准及加工基准。支撑基准即静压托架托起处，它决定着整个转子体的跳动和圆度，精度要求很高，一般设定在靠近机床尾座一端的轴颈处。找正基准即在转子体上车光出的一段外圆和端面（宽度≤15 mm），以方便转子体的找正，一般设定在紧靠床头与床尾处。加工基准即设计基准和工艺基准的重合点，以便于转子体加工过程中准确地对刀，务必以设计基准为准。

3.4 刀具选择

用于转子体车削的刀具结构大多按转子体的典型结构要素专门设计，如叶轮槽加工刀具、汽封齿加工刀具、平衡槽加工刀具等。刀片选用硬质合金涂层刀片，形状有三角形、棱形、R 形等。车削刀具的选用取决于转子的质量要求和转子的结构要素，如在粗车外圆和叶轮轮面时，目的是去除余量，尽量选用 R 形刀片而不选用棱形刀片。在刀片 R 小于工件 R 前提下，刀片 R 越大越好，因为采用 R 刀可以大切深、大进给提高加工效率，且刀具磨损小、耐用度高、费用低，但切削面大，容易产生振动，加工表面质量不高，还会出现让刀现象，不适合精加工。对外圆和端面精加工时，目的是保证转子体的表面和尺寸精度，此时选用修光韧棱形刀片。转子体车削刀具实物如图 5 所示。

3.5 切削参数的选择

切削参数的选择与机床、刀具及工件的刚性，工件精度及表面粗糙度，工件的硬度及热处理状况等因素有关，合理地选择车削参数可有效地提高转子体加工质量和效率。

1）车削速度。硬质合金刀具：切刀 60 m/min，其他刀具粗车 80 m/min，精车 100～

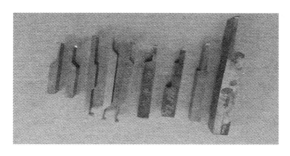

图 5　转子体车削刀具实物图

150 m/min；高速钢刀具：20～30 m/min。

2）进给量。硬质合金刀具：切刀 0.1～0.15 mm/r，其他刀具粗车 0.5～1.0 mm/r，精车 0.2～0.3 mm/r；高速钢刀具进给量 0.05～0.1 mm/r。

3）切削深度。切削深度主要受机床和刀具刚度的制约，在刚度允许的情况下，尽可能大切深，减少走刀次数。但在精车时要保证加工质量，切深要小，一般为 0.15～0.3 mm。

3.6　叶根槽的加工

1）加工基准。以直槽 $19^{+0.15}_{+0.10}$ 右侧端面为叶根槽轴向定位面。每条槽必须以加工基准到叶根槽轴向定位面的轴向长度为准，粗、精车加工槽的各个部位。

2）加工顺序。先用割刀加工 $19^{+0.15}_{+0.10}$ 直槽至槽底深 $51^{+0.1}_0$，再用 90°正、反劈刀加工横槽上部二肩高低外圆；以二肩高低外圆为基准，加工横槽 $32.4^{+0.1}_0$ 并倒角，最后加工定位槽 $R4.5$。

3）刀具要求。加工横槽时，横槽刀必须能放入直槽 $19^{+0.15}_{+0.10}$ 内，且留有间隙，加工横槽深，要求该刀是一把弯头割刀，且切削刃到刀体深度大于 51 mm，叶根槽底部为 $R2.5$，横槽内侧为 $R1$，这对刀具宽度及刀体强度均有要求。按直槽 $19^{+0.15}_{+0.10}$ 尺寸加工横槽时，一般横槽刀的宽度为 5 mm，深度为 8 mm，进入直槽内的刀体宽度为 5 mm，其余尺寸如图 6 所示。

4）由于槽的形状特殊，用游标卡、千分尺等常规量具测量不方便，因此设计了专门的量具，见图 7。

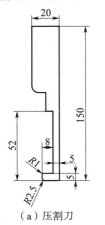

（a）压割刀

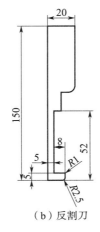

（b）反割刀

图 6　横槽刀结构示意图

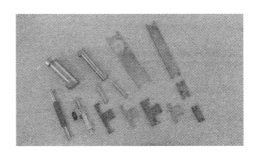

图 7　转子体专用量具实物图

4 实用范例

大型转子体车削加工技巧已经推广应用到了大型长轴类产品的车削加工中，以某汽轮机转子体车削加工为例（如图 8 所示），其具体工艺过程为：粗车（装夹找正→基准加工→掉头找正→基础设置→余量检查→粗车）→半精车（基准面加工→抛光基准面→装夹找正→基准设置→半精车）→精车（基准面加工→抛光基准面→装夹找正→基准设置→精车→基准面加工→抛光基准面→转子体掉头找正→基准设置→剩余部分加工→轴颈加工→抛磨轴颈）。具体加工工序技术方法按 3.1～3.6 节中的要求执行。

图 8　转子体车削加工实物图

5 结论

本文通过对汽轮机转子体车削加工技术的研究，攻克了转子体加工中的许多技术难关，掌握了转子体高质量、高效率加工技术，具体包括：

1）根据转子体加工过程中各加工部位的加工次序，按照加工流程，确定不同的装夹位置和装夹精度。

2）加工基准要与工艺基准及设计基准重合，以便转子体加工过程中准确对刀。

3）车削刀具的选用取决于转子的质量要求和转子的结构要素，如在粗车外圆和叶轮轮面时，选用 R 形刀片，在刀片 R 小于工件 R 前提下，刀片 R 越大越好；对外圆和端面精加工时，选用修光韧棱形刀片。

4）硬质合金刀具切削参数。车削速度：粗车 80 m/min，精车 100～150 m/min；进给量：粗车 0.5～1.0 mm/r，精车 0.2～0.3 mm/r；切削深度：精车时一般为 0.15～0.3 mm。

5）叶根槽的加工需要设计专用刀具和量具。

参 考 文 献

[1]　张伟．车工操作技能手册．北京：机械工业出版社，2004.

[2]　唐云歧．金属切削实用刀具技术．北京：中国劳动保障出版社，2002.

多维编织 C/C 复合材料制品车削技术难点解析

张玲　单建群　牛军

航天四院 43 所

摘　要　多维编织 C/C 复合材料作为战略导弹发动机用的关键耐烧蚀材料，在车削加工过程中，存在碳棒脱落、碳纤维脱落和尖点部位崩块等问题，直接影响零部件的使用性能。通过长期实践经验积累，总结出了炭棒局部切断法、涂胶防脱法、对接车削法等工艺方法，确定了加工刀具参数和切削参数，能够很好地解决车削过程存在的问题，大幅提高加工后制品的表观质量，对大型多维编织 C/C 复合材料制品车削控制起到指导性作用。

关键词　多维编织　C/C 复合材料　车削加工

1　引言

多维编织 C/C 复合材料克服了毡基 C/C 复合材料易分层、层间结合强度低等缺陷，具有整体性能优越等特点。早在 20 世纪 80 年代初，美国、俄罗斯等航天强国就将其运用于战略导弹发动机喷管喉衬及收敛段等部件，并扩展应用到工业设备、医疗器械等领域。

我国从 20 世纪 80 年代起对多维编织 C/C 复合材料进行工艺研究，目前已运用于大、中型固体导弹发动机喷管喉衬。但因多维编织 C/C 复合材料存在明显的材料各向异性、非均质性等缺点，制品会出现纤维间的基体开裂、界面脱粘、少量纤维的断裂和脱层等缺陷。

2　存在的问题

2.1　多维编织 C/C 复合预制体结构

多维 C/C 编织体采用炭棒和多向炭纤维，通过手工操作完成预制体成型，再经后期石墨化等工艺处理将炭基材填充于炭棒、炭纤维各界面，最终完成 C/C 复合预制品。根据炭棒定位方向将制品分为径棒法、轴棒法两大类，其结构见图 1、图 2。

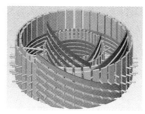
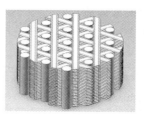

图 1　径棒法编织制品结构示意图　　图 2　轴棒法编织制品结构示意图

2.2 径棒编织喉衬车削难点

径棒法与轴棒法编织制品都具有脆性、非均质的特点，从两者结构及车削实践中得出：轴棒法编织预制体车削过程中不易出现表面缺陷，而径棒法编织预制体的各向炭纤维股数沿径向由细向粗有序递增，外径尺寸越大，炭棒与炭纤维间的界面强度越不均衡，各向切削性能差异越大，车削造成的表观缺陷越明显。所以，解决径棒法编织喉衬车削后的表观缺陷问题成为提高组合喉衬产品质量的重要途径。

径棒法编织制品的加工难点主要有以下方面：

1）较其他缠绕、模压类复合材料制品，多维编织 C/C 复合材料所涉及的炭棒、炭纤维、炭基材界面情况更为复杂，每件制品因手工编织及后期浸渍处理等原因，界面结合强度及抗剥离强度稳定性及一致性不高，在切削力的作用下，会产生不可预估的表观质量问题。

2）炭棒由炭纤维与树脂合成，与炭纤维及炭基体的整体给合力较差，加工产品端面及外锥面时，在切削力作用下，炭棒与炭纤维、炭基体剥离，会造成深度不等条状凹陷，严重影响产品尺寸精度及表观质量。

3）在加工小角度锥面尖点时，径向炭棒间的炭基材受力后产生崩块现象，造成尖点处锯齿形凹陷，直接影响喉衬与其他零部件的组粘配合效果。

4）制品在编织过程中，各向炭纤维沿径向由细向粗有序递增，尤其至最大外径尺寸时，各向纤维均递增至最粗，材料相对密度降低，各向纤维界面结合强度为最低值，在切削力作用下，炭纤维（尤其是环向炭纤维）出现不规则起层或剥离现象，造成环状凹陷。

3 技术方案

3.1 确定车削刀具

（1）刀具材料

复合材料加工一般选择钨钴类硬质合金车刀、PCD 人造金刚石车刀。YG8 硬质合金车刀钴含量较高，硬度低但韧性较好，适合用于粗加工。YG3 硬质合金车刀钴含量较少，而其硬度、耐磨性和耐热性较高，适合用于精加工。

（2）刀具几何参数

刀具前角的合理选择可减小切削力和切削热，减少对材料性能的影响。因多维编织 C/C 复合材料密度较低（1.8~1.98 g/cm³），车削力相对较小，车刀前角可以偏大。在前角确定后，选择偏大的后角，可减小刀具与加工面的摩擦，提高表面加工质量。通过多年实践，总结出表 1 所示的多维编织 C/C 复合材料车削加工刀具几何参数。

表 1 刀具几何参数表

名称	前角	主偏角	副偏角	主后角	副后角	刃倾角
外圆刀	20°~30°	93°~97°	6°~10°	6°~8°	5°~8°	0°~5°
内孔刀	20°~25°	93°~97°	5°~7°	8°~11°	8°~11°	0°~5°
端面刀	15°~25°	93°~97°	30°~45°	5°~8°	6°~8°	0°~5°

3.2 确定车削工艺参数

根据材料特点，通过切削试验总结出如下产品粗、精加工的主要车削参数。

（1）主轴转速 v

$\phi200$ 以下：80～120 r/min；

$\phi200\sim\phi500$：60～80 r/min；

$>\phi500$：50～70 r/min。

（2）进给量 f

粗车：0.1～0.3 mm/r；精车：0.1～0.2 mm/r。

注意：刀具接近待加工表面进给量为 0.04～0.08 mm/r。

靠近锥面尖点出口时进给量为 0.06～0.15 mm/r。

炭棒切断时进给量为：0.02～0.06 mm/r。

（3）切削深度 a_p

粗车：切削深度最大 6 mm，随加工逐步结束逐渐减小至 2～3 mm。

精车：0.1～0.2 mm。

3.3 车削工艺保证措施

（1）精加工前的胶层防脱法

通过对多维编织 C/C 复合材料车削加工的经验，发现粘接面存留余胶部位切削性能稳定，均未出现过炭棒、炭纤维脱落等现象。因此，车削此类材料外形曲面时，先粗车至留 1.5～2 mm 余量，然后用少量 944 粘接剂（主要成分为环氧树脂）均匀涂于车削面，使材料表面密度增加，24 h 固化后，再启用精车数控程序对产品外形曲面进行车削。

（2）炭棒局部切断法

经长期实践得出：炭棒长度与炭棒剥离比率成正比，在切削力相同的条件下，炭棒越长受切削力影响越严重，炭棒越易脱落。根据产品具体型面尺寸确定切断部位，切削量大于炭棒直径，可有效避免端面炭棒脱落现象，保证后序锥面及型面车削工步的车削质量。

（3）优化数控加工路径

在进行数控加工时，可采用多次对接车削法，锥面分步双向进刀，同时观察炭基材排序变化情况，最终车削至设计值。

（4）表面精加工

喷管喉衬外径越大，多维编织预制体炭纤维股数越大，浸渍效果也越差，车削后炭纤维起毛现象越严重。因此在精加工前预留 0.05～0.10 mm 余量，用细砂纸对起毛部位进行表面抛光处理，使产品表面粗糙度满足设计要求。

4　实用范例

为较详尽说明多维编织 C/C 复合材料车削加工难点及预防的方法，现以某大型喷管多维编织 C/C 复合材料喉衬车削加工为实例进行分析说明。

4.1 产品结构及特点

根据结构及材料要求，某大型喷管喉衬采用径棒法和轴棒法两种多维编织材料，组粘后成为喉衬组合件（见图 3）。将喉衬组合件按设计要求加工为图 3 所示型面，其中 *ad* 曲面及 *ed* 加工区域的端面部位车削后易出现表观缺陷，因此，根据产品具体特点及要求合理制定加工流程尤为重要。

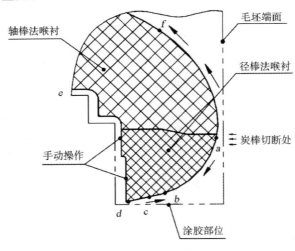

图 3　喉衬型面示意图

4.2 流程及方法

（1）确定加工余量

根据设计尺寸要求确定产品轴向及径向加工余量。根据加工余量判断毛坯表面缺陷是否影响精加工后的表观质量。

（2）炭棒防脱涂胶处理

加工径棒法喉衬外圆，保证距设计尺寸单边 1.5～2 mm 余量，采用 944 胶粘剂均匀涂刷于外圆表面，24 h 固化后进行产品加工。

（3）*ed* 段型面的加工

在保证 *da* 段轴向加工余量的情况下，启动数控程序车削 *ed* 段型面各 R 角及外圆，而两处端面采用手动方式加工。刀具、工艺参数可参考 3.1 及 3.2 节。加工要点：在加工端面时必须保证刀具的锋利，相对数控操作，手工操作时可将主轴转速提高至 80～90 r/min，而减小进给量及切削深度，以尽量减小切削力。

（4）炭棒切断

在 *fa* 段椭圆曲面与 *da* 段型面相切的 *a* 点处采用手工操作方式，将径向炭棒切断，切槽宽 5～8 mm，切槽深 2～3 mm。注意：切槽时保证 *da* 轴向长度尺寸，视具体情况留0.5～1 mm 加工余量。

（5）fa 段椭圆曲面加工

在喉衬内径车削到位后，从切槽处起刀，启用数控程序加工 fa 椭圆曲面（加工路径按图 3 所示），注意粗、精车加工时计算好切削量，精车时要求留 0.05～0.10 mm 的精加工余量。

（6）ac 段型面加工

从切槽处起刀，启用数控程序按图 3 所示路径方向加工 ab 段圆弧及 bc 段锥面，粗车时观察车削表面质量，精车时要求留 0.05～0.10 mm 的表面处理加工余量。

（7）db 段锥面加工

为避免锥面尖点 d 处的崩块现象，从 d 点反向车削加工 db 段锥面，与 ab 段圆弧相切于 b 点。

加工要点：加工 db 段锥面时，沿图 3 箭头路径所示方向进行分次切削，起刀点离 d 点 30～50 mm（可根据毛坯余量及型面尺寸调整），防止刀刃直接扎入尖点。因尖点附近涂有胶层，能够防止尖点崩块、掉渣，应将最后一刀精加工起点 d 控制在胶层处。此外，离接刀点越近，吃刀深度应是逐步减少的，避免因接刀点吃刀深度不当造成的对接缺陷。

（8）表面抛光处理

用普通棕刚玉砂纸（120♯）对 fa 椭圆面及 ad 型面进行表面抛光处理，可解决表面炭纤维起毛问题，并保证表面粗糙度达到设计要求。

5 结论

1）对于轴棒法与径棒法两种编织体粘接组合喉衬，应优先考虑径棒法编织体车削质量影响因素。

2）合理选用刀具及车削参数，通过改进工艺方法可有效避免炭棒脱落、炭纤维剥离等缺陷，尤其是优选数控走刀路径及胶粘剂的刷涂可有效控制锥面尖点处锯齿形崩块等缺陷，效果明显。

3）进行多维编织 C/C 制品车削前，应充分了解材料结构、切削性能及可能出现的质量问题，根据具体型面尺寸设定合理的加工路径，通过多次粗、精车削保证产品质量。

碳纤维复合材料薄壁件孔加工技术

梁艳芳　景新　王刚

航天四院 43 所

摘　要　针对碳纤维复合材料薄壁件钻孔、攻丝过程中出现的分层、撕裂、起毛、螺纹崩裂、掉渣、尺寸精度达不到要求等加工缺陷及加工过程中刀具磨损严重的问题，从加工刀具材质、切削刃几何参数、钻削切削参数及工艺方法等方面，提出解决措施，改善碳纤维复合材料薄壁件加工质量。碳纤维复合材料薄壁件孔加工技术解决了该类工件钻削加工中的加工难点及质量问题，可广泛应用于同类型材料制品光孔及螺纹孔钻削、攻丝加工。

关键词　碳纤维复合材料　钻削　攻丝

1　引言

碳纤维增强复合材料是以碳纤维为增强材料、以树脂为基体制备成形的复合材料，与等强度、等刚度的金属材料相比，其质量可减少 70%，具有比强度比模量高、质量轻、耐热性优良等特点，在航空航天发动机和其他领域得到了广泛应用，我国近年来也逐渐将其应用到了战略导弹研制生产中。

碳纤维复合材料是由纤维和基体组成的二相或多相结构，具有非均质和各向异向性能，其制品成型后的精度达不到使用要求，因此不可避免地要进行机械加工。与金属材料相比，其钻削及攻丝过程具有特殊性，用传统的金属加工方法无法保证加工质量。在某预研型号碳纤维复合材料薄壁壳体孔的钻削加工过程中出现刀具磨损快，钻削加工后的孔尺寸精度不稳定，且孔出现分层、毛边等质量缺陷。对此材料钻削情况进行了研究，解决碳纤维复合材料薄壁件加工中存在的问题，以提高碳纤维复合材料薄壁件孔的加工质量。

2　存在的问题

根据对碳纤维复合材料壳体上孔加工情况的统计，发现引起的质量缺陷主要为以下几方面的问题。

2.1　孔壁分层

碳纤维复合材料具有层间结合强度低和各向异性的特性，其加工性能很差，在钻削加工过程中存在层间分层、出口分层撕裂、孔出入口纤维剥离等现象（见图1）。

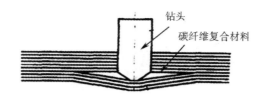

图1　碳纤维复合材料钻削分层产生原理示意图

2.2　孔的形位尺寸精度难保证

碳纤维拉伸强度大，韧性好，因此加工时切削阻力大，在钻头退出后制孔部位可能会出现收缩现象，此问题会造成孔的圆度误差（孔形不圆），致使精密孔的精度得不到保证。

2.3　螺纹牙型精度难保证

在攻丝加工中存在螺纹牙尖崩裂、局部掉渣、牙型不完整等现象，这些现象会影响所加工螺孔的表面粗糙度和最终产品装配质量。

2.4　钻削过程刀具磨损严重

碳纤维复合材料硬度高、拉伸强度大、导热系数小，散热性能差，产生的切削热几乎完全聚集在钻头切削刃部位，制孔时刀具磨损严重。加工复合材料排屑性能不佳，也会大大降低刀具寿命，同时切削热还会导致碳纤维表面炭化，影响孔表面质量。

3　技术方案

3.1　钻削工艺

（1）钻削刀具材料的选择

碳纤维复合材料硬度较高，约为55～65HRC，材料导热性差，钻削产生的摩擦热难以迅速排除，切削区温度迅速上升，进而导致钻头发生退火，钻头磨损非常严重。

选用常规高速钢（W18Cr4V）钻头、硬质合金（YG8）钻头、硬质合金TiN涂层钻头、金刚石整体烧结钻头进行刀具材料选择试验，对钻头磨损情况、孔表观质量、钻头寿命进行分析后得出：

1）钻削碳纤维复合材料时，整体烧结金刚石钻头耐磨损性能最好，硬质合金钻头与TiN涂层硬质合金钻头耐磨损性能接近；

2）整体烧结金刚石钻头孔加工表面质量最好；

3）整体烧结金刚石钻头使用寿命大约为硬质合金钻头的50倍以上。

在碳纤维复合材料薄壁件上钻孔时，对于采用数控程序连续加工数量较多的孔，一般选用金刚石钻头钻孔，以保证每个孔的加工质量；对于加工数量较少的孔，可选用性价比最佳的硬质合金钻头钻孔，加工过程中及时根据钻孔质量和钻头磨损情况刃磨或更换钻头即可。

（2）钻削刀具几何参数的确定

钻头几何参数直接影响被加工表面质量。

1）通过减小钻头顶角、增大后角、减小横刃宽度等有利于碳纤维复合材料钻削加工，碳纤维复合材料钻孔时，推荐按照表1的参数刃磨钻头。

表1　碳纤维复合材料钻孔推荐钻头几何参数

螺旋角	顶角	后角	横刃宽度
25°	80°～95°	18°～21°	0.1～0.5 mm

2）针对在圆弧面上钻孔钻尖容易滑移、偏离孔位的情况，采用三尖两刃钻头钻削碳纤维复合材料圆弧面上的孔，加工质量稳定。钻孔时是中心尖先切入材料实现定位，在工件还未产生很大变形时，两侧锋利的侧尖已迅速地把周边的纤维切断，从而保证钻孔时孔的周缘质量以及钻头的稳定性，最大限度地减少了孔径边缘起毛现象和钻头钻出时的分层现象。应用三尖两刃钻头可以有效提高孔加工质量，减少起毛分层等现象的发生，三尖两刃钻（见图2）中心钻尖的顶角为75°，三尖中间的圆弧深度取为1.5 mm，中心尖比两侧尖高出0.3～0.5 mm，螺旋角取20°，后角取15°。

图2　碳纤维复合材料圆弧面钻孔所用三尖两刃钻头

（3）钻削切削参数的确定

钻削加工的切削参数包括主轴转速、进给量和切削深度，钻孔时的切削深度由钻头直径决定，钻削主轴转速和进给量根据碳纤维复合材料加工特性确定。

1）进给量对于孔圆度的影响比主轴转速对孔圆度的影响大，进给量与孔圆度成正比关系，主轴转速与孔圆度成反比关系。进给量0.05～0.10 mm/r、转速1 000 r/min时钻削孔圆度误差相对较小。

2）孔壁表面粗糙度与进给量成正比关系，主轴转速对孔壁表面粗糙度影响不大。进给量0.05 mm/r、转速1 000 r/min时表面质量相对较好。

3）在钻削碳纤维复合材料时，进给量0.1 mm/r、主轴转速为1 000 r/min时可以有效减少分层发生。

综上，碳纤维复合材料薄壁件钻削过程相对较优加工参数为：

进给量：0.05～0.10 mm/r，主轴转速：800～1 000 r/min。

（4）工艺保证措施

为防止碳纤维复合材料钻削出口分层、起毛等缺陷的发生，采取以下工艺措施：

1）采用构件加强法改善钻孔时出入口部位分层缺陷，在平面上钻孔时，在孔出入口两面用 5～8 mm 厚的复合材料垫板支撑，保证孔出入口处的钻削质量，防止产生分层、起毛等缺陷。

2）对在弧面、壳体复合裙靠近封头的内翻边处的狭小空间等部位，无法用垫板加以支撑的情况，采取在表面刷树脂胶的方法，待胶液固化后再钻孔，也可有效降低出入口分层起毛现象，提高孔加工质量。

3）采用钻孔后铰孔的方法保证孔的尺寸精度和表面质量，对于尺寸精度要求小于 0.1 mm 的孔，采用先钻孔再铰孔的加工方法，加工时选用硬质合金（YG8）铰刀，铰削余量控制在 0.1 ～0.2 mm 之间，可以有效保证孔的尺寸精度和表面质量。

3.2 攻丝工艺

针对普通直槽丝锥在碳纤维复合材料壳体攻丝中产生的各类缺陷，螺尖丝锥和螺旋丝锥则适用于碳纤维复合材料攻丝加工。

1）螺尖丝锥在其切削部位前端有经特殊设计的螺旋沟槽，借以旋转推送切屑从孔的下方排出，由于螺尖丝锥具有旋转排出切屑的功能，除可保持沟槽的清洁以减少切削抗力外，还能避免因切屑堵塞而造成丝锥的磨损，适用于碳纤维复合材料通孔攻丝。

2）螺旋丝锥的容屑槽是螺旋状的，攻丝时切屑向上排出，攻丝过程中切屑不会残留，可攻丝至孔的最底端，具有良好的切削性能，适用于碳纤维复合材料盲孔攻丝。

4 实用范例

4.1 某型碳纤维复合材料输送艇舱体对接孔加工

某型号碳纤维复合材料输送艇舱体需在对接球面加工若干 $\phi16$ 对接孔及 $\phi14$ 象限销孔，由于该产品用于水下，为保证其使用寿命，钻削孔不得有任何分层、起毛缺陷，且其对接精度要求很高。由于该孔径表面为球面，采取在表面刷树脂清漆的工艺避免钻孔后表面产生缺陷，使用刃磨硬质合金三尖两刃钻头在球面定位，进给量设定 0.08 mm/r，主轴转速 900 r/min，直径预留 0.2 mm 进行粗加工打孔后，使用硬质合金（YG8）铰刀进行孔的精加工，孔精度满足对接及定位要求（见图 3）。

图 3 某型碳纤维复合材料输送艇舱体对接孔

5 结论

1) 碳纤维复合材料薄壁件钻孔推荐选用金刚石钻头钻孔，加工数量较少的孔时，选用性价比较高的硬质合金钻头即可。

2) 碳纤维复合材料弧面钻削选用三尖两刃钻加工时质量最好，钻削进给量选取 0.05～0.10 mm/r，主轴转速为 800～1 000 r/min。

3) 碳纤维复合材料通孔攻丝使用螺尖丝锥，盲孔攻丝采用螺旋丝锥。

4) 采用钻削加工部位垫支撑板或刷胶等工艺方法可有效避免孔出入口分层，明显改善碳纤维复合材料钻削加工质量。

10 N 推力器接板超深小孔的加工技巧

任进喜　　武胜勇

航天五院 502 所

摘　要　接板是 10 N 喷注器中的关键零件，其上 $\Phi0.8$ mm、$\Phi1$ mm 小孔的加工属于超深孔加工。本文分析了零件的加工难点，详细介绍了零件的加工过程及解决措施，并加工出了合格的接板零件，解决了超深孔加工技术难题。

关键词　10 N 推力器　接板　超深孔　钛合金　钻削

1　引言

10 N 推力器为采用双组元推进系统的卫星转移轨道和 8～15 年同步轨道运行期间提供轨道控制和姿态控制所需的力和力矩，使卫星能够完成轨道转移和进入同步轨道后的姿态控制和位置保持。10 N 推力器由电磁阀、喷注器、燃烧室、喷管和温控装置组成，氧、燃推进剂经过喷注器使推进剂按一定的流量流入燃烧室，并使氧、燃推进剂分布均匀，达到良好的雾化、混合，组织燃烧达到高效，使推力器达到预定的性能。推进剂在燃烧室中转换为高温、高压的燃烧产物，经过喷管以高速排出，产生推力。其中，接板作为喷注器的核心零件之一，加工质量直接决定了喷注器整个部件的合格率。

2　技术难点

接板零件如图 1 所示，零件材料为钛合金 53311S，3 个 12 mm 宽的耳朵外轮廓在直径为 $\phi82$ mm 的圆上，厚度 6 mm，正面有 M2.5、M3、M4 三种类型的螺纹孔共 16 个，光孔 $\phi4$ mm、$\phi4.5$ mm 共 5 个，以及 2 个 $\phi7$ mm 盲孔，背面有 5 个 $\phi3$ mm 的盲孔。接板的侧面分别有 $\phi2$ mm～$\phi1$ mm、$\phi2$ mm～$\phi0.8$ mm 两组台阶深孔，深度分别为 30.5 mm 和 24.5 mm。

2.1　零件材料难加工

零件材料为钛合金 53311S，该材料属于难加工材料，其比热强度高、导热性差、加工硬化严重，微小孔加工时断屑和排屑非常困难；且由于其化学活性大，在一定温度下与周围介质容易发生化学反应，产生脆而硬的外皮，加工时塑性和冲击韧度剧烈下降。使用常规的硬质合金刀具时，磨损和破损严重，耐用度低，加工精度和表面质量难以保证，加工效率很低。

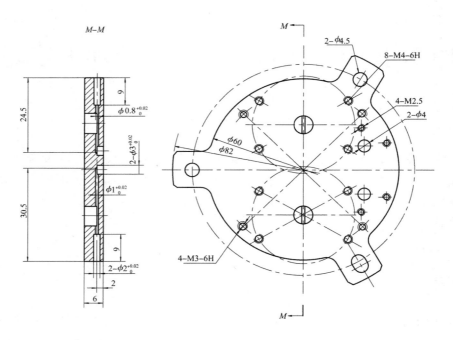

图 1 接板机械图

2.2 ϕ0.8 mm 与 ϕ1 mm 孔属于超深孔

根据图纸要求，ϕ0.8 mm 小孔深度要求 24.5 mm，ϕ1 mm 小孔深度要求 30.5 mm。深孔一般是指孔的深度与直径之比 $L/D>5$ 的孔，而 ϕ0.8 mm 与 ϕ1 mm 小孔的深径比均达到了 30 以上，属于超深孔加工，加工难度非常大。

2.3 钛合金材料对小孔直线度、位置度有影响

根据图纸要求，ϕ0.8 mm、ϕ1 mm 与中心两个 ϕ7 mm、背面两个 ϕ3 mm 孔中心贯通且露出一半。所以必须保证两孔的直线度和位置度要求，如果发生偏斜，则将导致零件报废。

由于钛合金材料强度高、硬度高，钻小孔时刀具主切削刃不易扎入金属层内，从而使刚性极差的小钻头承受较大的轴向进给力。在切削过程中产生的金属屑积聚在有限的钻头容屑槽内，造成孔中的卡滞和硬拉现象，不但使孔壁表面粗糙度增大，而且碎屑像研料一般使小钻头主切削刃、横刃、副切削刃的磨损加剧，过大的切削阻力导致小钻头扭矩增大而折断。另外，合金钢材料组织不均匀造成加工过程中内应力释放及切削热也会影响小孔成形。在上述因素的共同作用下，钻孔实际位置与理论确定定心位置容易产生偏离。

2.4 钻头直径较小易折断

1）由于钻头直径较小且孔深，钻头强度不够，钻头扭力差。钻孔时的钻头转速很高，增加了钻头与待加工面、已加工面之间的摩擦，从而产生大量的热量，再加上小尺寸麻花

钻的螺旋槽较窄，排屑不畅，切削液不易从窄小螺旋槽内供入，使得热量得不到及时的发散，升高了钻削区域的温度，加剧了钻头的磨损，甚至会使钻头发生退火，从而丧失切削性能。

2）钻头刃磨角度不合适或者切削刃磨损后不锋利时，若继续进行钻削，也极易导致钻头折断。

3）加工者加工过程中，加工者精神需高度集中，长时间后易疲劳。这也是钻头折断的一个重要原因。

2.5　零件年需求量大

近年来由于航天产业发展迅速，10 N 推力器的需求量急剧增加。所以，该零件每年的需求数量也随之增加，目前年需求量在 300 件左右。零件需求数量的增加对加工者的加工效率和产品合格率也提出了更高的要求。

3　技术方案

3.1　零件的装夹定位方式

根据接板的尺寸形状及 $\phi0.8$ mm 与 $\phi1$ mm 孔的加工位置，设计图 2 所示的装夹胎具，胎具以 3 个耳朵中的两个 $\phi4.5$ mm 孔作为销钉定位孔，并用 2 个 M3 螺钉拧紧固定。零件打孔位置对应的胎具侧面开了梯形豁口，以避免打孔时钻头柄与胎具发生干涉。打孔前，用分度头三爪装夹胎具外圆，打表找正胎具外圆及定位面垂直度，保证加工的两个小孔轴线通过零件的中心。该胎具采用 45♯钢经调质加工而成，耐磨性好，计量合格后可长期反复使用。

图 2　接板胎具及装夹方式

3.2　钻头选择和刃磨

根据高温钛合金的加工特点，选择材料为高速钢的钻头（见图 3）进行加工，高速钢的钻头相比硬质合金的钻头具有更好的韧性，能降低钻头折断的几率。由于标准钻头横刃及主切削刃存在不对称的现象，以及顶角角度不合适，加工前需要对钻头进行修饰刃磨，将顶角磨为110°。刃磨时，选择砂粒密度较高的砂轮进行刃磨，切削刃要对称，横刃要平，防止孔跑偏，后角略低，使切削刃锋利，减小阻力，达到"以锐克粘"。

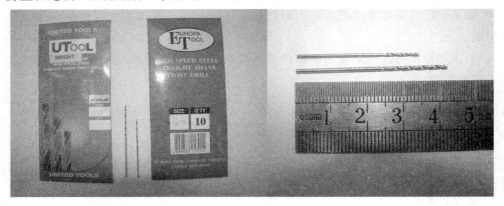

图 3　钻头实物图

3.3　切削参数的选择

对于小孔加工，大多数加工者认为转速越高越好，其实不然，速度太高易使钻头磨损加剧，寿命缩短；而转速过低时，转头所承受的扭力增大，且工作效率降低。经过多次试验及加工对比，选择机床转速在 4 500 r/min 进行钻削加工相对比较理想，在该转速下，既能保证钻孔精度，同时使钻头的磨损速度降至最低，钻头折断的几率也相应减小。

3.4　小孔中心位置度的确定

由于小钻头为细长形，刚性较差，任何钻头开始都要承受偏心力。此外，工件表面的不规则形状会使钻头横向滑步，导致钻头弯曲、折断，或者增大孔的偏差。所以钻孔前，先用中心钻打定位孔，选用孔径等于钻头直径、刚性好的中心钻打一个深度约为 1～2 倍直径的定位孔。中心钻的钻尖顶角应等于或大于最终钻孔钻头顶角。若中心钻顶角较小，则随后钻头切入时，两切削刃比顶尖先接触工件，容易崩刃。

3.5　切削进给与冷却润滑

钻孔时应注意，在开始的时候钻头伸出钻夹头的长度较短，等钻进一段距离后再逐步伸出，这样继续进给，小钻头在钻削时就不会产生很大弯曲而影响产品质量。

钳工钻孔一般为手动进给，进给力过大会使钻头产生弯曲现象，造成孔的轴线歪斜。打孔过程中手感的控制尤为重要。实践中发现，要少进多退，控制好切削量，以免切削屑阻塞而扭断钻头。打孔时勤退刀，目的是清除钻头容屑槽中的积屑，因为积屑会使小钻头的切削扭矩突然增大而折断。加工中时刻注意钻屑排出的形状。钻头未磨损时排出条状屑，这时手感进给力较大，并拌有"吱"或"嘎"的响声。如发现钻屑形状改变或钻孔声音改变，应及时更换钻头。

在钛合金材料上加工小孔，其切削热 90％以上会传递给钻头，使高速钢小钻头的有限接触面和切削刃快速磨损。经长期对比实践，配制出了适合小孔加工的冷却、润滑液，使传递于钻头的热量以蒸发方式及时排除，使钻头的寿命、成孔率大幅度提高，孔壁表面粗糙度有较大的改善。

3.6　加工者心态

操作者良好的心理素质非常重要，小孔加工是产品机械加工的最后工序，若操作者应急处理反应迟钝，手感丧失，都会造成产品报废。由于接板加工的批次数量大，精神长时间高度集中易使人疲劳。所以钻孔过程中，应保持心态平和，钻孔时要有耐心，同时适量休息，劳逸结合。

4　结论

经过多次加工，反复实验，对胎具进行改进，优化加工方法，提高了工作效率与合格率，降低了生产成本，缩短了加工周期，加工零件完全满足图纸要求。年加工接板超过300 套。

飞轮精密轴系零件的淬硬车削刀具应用研究

粟慧敏　孙慧丽

航天五院 502 所

摘　要　针对飞轮精密轴系零件的加工需求，从材料特点、刀具选择、加工试验及刀具磨损等几方面开展了淬硬钢车削加工技术研究，认为淬硬车削可代替大部分磨削加工。

关键词　轴系　淬硬车削　刀具　以车代磨

1　引言

飞轮是卫星姿态控制的执行机构，轴承组件（见图 1）是飞轮的核心部件之一。轴承组件的作用是使飞轮旋转部分相对固定部分获得稳固而精确的回转支承。××型轴承组件应用于多种 350 系列飞轮产品中。飞轮轴系零件见图 1（b），使用 9Cr18 材料，淬火后硬度在 55～58HRC 左右，该类零件以往一般采用磨削加工，加工效率相对较低，且容易出现表面烧伤问题，生产成本相对较高。

近些年，随着飞轮产品需求量的不断增加，要求交付的零件配套周期变短，交付数量增加，对于零件的加工配套要求也越来越严格。硬切加工比磨削效率更高，且其消耗的能量是普通磨削的 1/5，硬车削的金属切削是磨削加工的 3～4 倍，车削加工时一次装夹可完成多个表面的加工。例如在多刀位的数控机床上，可通过一次装夹完成切外圆、内槽、螺纹等几个加工工序，而磨削需要多次安装、加工。因此，开展淬硬钢的淬硬车削技术研究是非常有意义和必要的，以车代磨，用精密硬切代替部分磨削加工，可提高加工效率和质量，缩短加工周期。

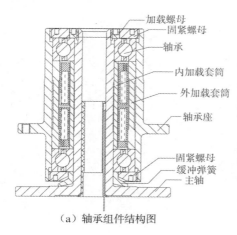

（a）轴承组件结构图

加载螺母
固紧螺母
轴承
内加载套筒
外加载套筒
轴承座
固紧螺母
缓冲弹簧
主轴

（b）轴系零件实物图

图 1　轴承组件

2 技术难点

2.1 淬硬钢材料特点

淬硬钢属于难加工材料，主要特点是硬度、强度高，脆性大，导热性差，切削加工性差，它在切削过程中主要有以下特点：

（1）切削力大，切削温度高，刀具易磨损

因淬硬钢硬度高，强度大，切削时产生的切削力大，单位切削力甚至可达 4 GPa 以上，又因其导热性差，因此产生较高的切削温度，使刀具易磨损。

（2）淬硬钢径向切削力较大

径向切削力 F_y 往往大于主切削力 F_z，所以在选择刀具几何参数时应注意此特点，以免工艺系统刚性不足时引起振动。

（3）切削淬硬钢时切屑与前刀面接触长度短，因此切削力和切削温度集中在切削刃附近，易使刀具磨损和崩刃。

（4）容易获得较高的表面质量

钢经淬火后，延伸率减小，冲击韧性降低。淬硬钢本身性脆，虽然它的切屑呈带状，但容易断屑，且不易粘刀，因此不易产生积屑瘤，可使工件得到高光洁表面，为以车代磨加工淬硬钢创造了条件，为干式切削提供了有利条件。

2.2 淬硬切削刀具的选择

适合于硬态切削的刀具材料主要有 CBN 刀具、Al_2O_3/TiC 陶瓷刀具、金属陶瓷和超细硬质合金刀具等，其中前两种刀具最为常用。PCBN 刀具的韧性、硬度和导热系数都高于陶瓷刀具，大多数硬态切削场合工件硬度都高于 50HRC，CBN 刀具硬态切削后工件的残余应力也优于陶瓷刀具。因此 CBN 刀具是硬态切削淬硬钢的优选对象，尤其适合自动化加工和高精度加工。

CBN 刀具材料与其他刀具材料的性能比较列于表 1 中。CBN 刀具优良的切削性能主要集中体现在以下几个方面。

（1）具有较高的硬度和耐磨性

立方氮化硼 CBN 的耐热性可达 1 400～1 500 ℃，PCBN 在 800 ℃时的硬度高于陶瓷和硬质合金的常温硬度。

（2）具有很高的热稳定性

CBN 晶体结构与金刚石相似，化学键类型相同、晶格常数相近，因此具有与金刚石相近的硬度和强度。CBN 微粉的显微硬度为 8 000～9 000HV，其烧结体 PCBN 的硬度一般为 3 000～5 000HV。

（3）具有优良的化学稳定性

CBN 的化学惰性特别大，在 1 200～1 300 ℃时也不与铁系材料发生化学反应，与碳

表 1　各种刀具材料的物理、机械和热性能比较

刀具材料\\材料性能	材料种类				
	高速钢	硬质合金	陶瓷	立方氮化硼	金刚石
密度/（g/cm³）	8.0～8.8	5.5～15	3.6～4.7	3.12～4.28	3.47～4.12
硬度	63～70HRC	89～94HRA	91～95HRA	8 000～9 000HV	10 000HV
抗弯强度/MPa	2 400～4 800	1 050～2 940	345～1 176	700	1 350
抗压强度/MPa	4 100～4 500	3 100～5 900	2 750～5 000	3 800	7 600
冲击韧性/（kJ/m²）	100～600	25～60	5～12	25～60	10～24
弹性模量/GPa	200～230	310～690	310～420	850	82～1 050
杨氏模量/GPa	—	620	370	587～680	776
容积模量/GPa	—	258	160	280	360
泊松比	—	0.22	0.22	0.15～0.22	0.07
导热系数/［W/（m·K）］	15～50	17～125	20～29	40～100	500～2 000
热膨胀系数/（10⁻⁶/℃）	9～12	4～9	6.3～9	2.1～4.8	0.9～4.8
熔点/℃	1 300	1 400	2 000	1 300	700（碳化）
耐热性/℃	600～650	800～1 000	>1 200	1 400～1 500	700～800

在 2 000 ℃时才发生反应，在中性、还原性的气体中，对酸碱都是稳定的，对各种材料的粘结扩散作用比硬质合金小得多。

（4）具有较好的导热性

CBN 的导热系数为 79.54 W/（m·K），仅次于金刚石，并且其导热系数会随着温度的升高而增加，有利于工件加工精度的提高。

（5）具有较低的摩擦系数

CBN 与钢的摩擦系数为 0.1～0.3，相同条件下硬质合金与钢的摩擦系数为 0.4～0.6，因此低的摩擦系数及优良的抗粘结能力，使 CBN 刀具切削时不易形成滞留层或积屑瘤，有利于加工表面质量的提高。

3　技术方案

3.1　PCBN 刀具刀片选择及一般切削参数

（1）刀片形状及角度选择

按刀具强度从高到低，其刀片形状依次为：圆形、100°菱形、正方形、80°菱形、三角形、55°菱形、35°菱形。根据材料特性及加工试验结果，粗加工时选用圆形及大半径刀片加工，精车时选用强度和韧性高的 80°菱形刀片，刀尖半径为 0.8～1.2 mm，刀具角度宜

采用负前角（$\gamma_0 \geqslant -5°$）和较大的后角（$\alpha_0 = 10°\sim15°$），主偏角取决于机床刚性，一般取 $45°\sim60°$。

（2）一般切削参数选择

采用 PCBN 刀具精车淬硬钢，其工件硬度高于 45HRC，效果最好。其切削速度一般为 $80\sim120$ m/min，工件硬度越高，切削速度宜取低值，如车硬度为 70HRC 的工件，其切削速度宜选 $60\sim80$ m/min。精车的切深一般在 $0.1\sim0.3$ mm，进给量在 $0.05\sim0.025$ mm/r。

3.2 硬车加工试验

为充分考虑切削用量在高硬度工件上对已加工表面质量的影响，选用正交法进行了试验设计，3 个试验因素为工件转速 n_w、进给速度 f 和切削深度 a_p，各参数的选取如表 2 所示，考察指标选取表面粗糙度、表面硬度。从研究结果的实用性出发，各因素水平的取值范围是根据以往的加工经验及刀具厂商的推荐值选取的。选用 56HRC 硬度的 9Cr18 马氏体不锈钢棒，外径尺寸 ϕ50，使用山特维克 PCBN 刀具在 TC46 车削中心上进行了加工表面形貌的试验研究。

表 2　试验因素及其水平的选取

试验因素	水平		
	+1	0	-1
工件转速 n_w/（r/min）	1 000	800	600
进给速度 f/（mm/r）	0.1	0.23	0.32
切削深度 a_p/mm	0.05	0.1	0.3

试验工件数量各 3 件，外径尺寸 ϕ50，硬度 56HRC，表面粗糙度 Ra 值为 3 件测得的平均值，见表 3。

表 3　不同切削参数加工后的表面粗糙度　　　　　　　　　μm

工件转速 切削深度 进给速度	$n_{w1}=1\,000$ r/min			$n_{w2}=800$ r/min			$n_{w3}=600$ r/min		
	$f_1=0.1$ mm/r	$f_2=0.23$ mm/r	$f_3=0.32$ mm/r	$f_1=0.1$ mm/r	$f_2=0.23$ mm/r	$f_3=0.32$ mm/r	$f_1=0.1$ mm/r	$f_2=0.23$ mm/r	$f_3=0.32$ mm/r
$a_{p1}=0.05$ mm	Ra0.2	Ra0.4	Ra0.7	Ra0.4	Ra0.7	Ra0.9	Ra0.7	Ra0.8	Ra1
$a_{p2}=0.1$ mm	Ra0.3	Ra0.4	Ra0.8	Ra0.5	Ra0.8	Ra1.2	Ra0.8	Ra0.9	Ra1.2
$a_{p3}=0.3$ mm	Ra0.5	Ra0.5	Ra0.8	Ra0.8	Ra0.8	Ra1.6	Ra0.8	Ra0.9	Ra1.6

从表 3 可以看出，工件线速度越大，表面粗糙度值越小；进给速度越大，表面粗糙度值越大；切削深度越大，表面粗糙度值也越大。实验中采用 PCBN 刀具硬态车削 9Cr18 轴承钢（56HRC）在工件转速 1 000 r/min 获得了实验的最佳表面粗糙度，可达到 0.1 μm，平均表面粗糙度 0.2 μm。从加工表面粗糙度看，用 PCBN 刀具进行硬态材料的车削加工在一定程度上可以代替 9Cr18 马氏体不锈钢的半精磨及部分精密磨削加工工序。

3.3 PCBN 刀具磨损

刀具磨损直接影响着刀具的使用寿命，决定了硬态切削加工的成本。刀具磨损和刀具寿命最终决定 PCBN 刀具硬态切削是否能够得到较好的、可接受的表面质量，是否能够降低加工成本，提高加工效率。

刀具磨损一般可分为前刀面磨损、后刀面磨损、崩碎和崩刃，大致可分为以下三个磨损阶段。

（1）初始磨损阶段

刚开始进行切削时，刀具的切削刃锋利，加上刀具材料良好的导热性及切屑带走了大量的切削热，使得此时切削区内残留的热量很少，软化效应并不明显。但是，切削前期由于新刀具的前后刀面在微观上仍存在着一些粗糙不平的地方，在切削加工中与工件表面的接触应力很大，故刀具的磨损较快。

（2）正常磨损阶段

随着切削时间的增加，新刀具经磨损后，刀具与工件的接触面积增大，压强减小，磨损曲线趋于稳定。

（3）后期磨损阶段

切削后期，随着 PCBN 刀具表面温度升高，并且不断地有硬质点冲击刀尖，使刀尖开始出现崩刃现象，切削力、刀具磨损快速增长，刀具进入剧烈磨损阶段。

4 结论

本文通过对淬硬钢材料、硬态车削加工的主要特点，以及一些适合于硬态切削的主要刀具材料、PCBN 刀具材料的切削性能等进行分析，并结合刀具切削实验，对已加工表面的硬度、表面粗糙度及刀具磨损问题进行了试验研究，得出如下主要结论：

1）PCBN 刀具切削 9Cr18 轴承钢基本不影响工件表面的显微硬度，表面显微硬度随着工件转速的提高有轻微的提高，随着进给速度的提高硬度有轻微的下降。

2）在最优切削条件下，加工出的试件表面粗糙度可达 $0.1\ \mu m$，平均表面粗糙度 $0.2\ \mu m$。从加工表面粗糙度看，用 PCBN 刀具进行硬车加工在一定程度上可以代替马氏体不锈钢的半精磨及部分精密磨削加工工序。

3）部分硬切代磨加工可极大提高加工效率，公差值可以按批量控制在 $0.01\ mm$ 之内，加工效率提高 3 倍以上。

4）目前，将硬车削与精磨结合起来，加工一个一般零件所花的成本比磨床上完成粗加工和精加工所花成本降低 $40\%\sim60\%$。

空间光学遥感器光机一体化立式
定心加工技术的改进

熊克成　赵晓宇

航天五院 508 所

摘　要　本文针对某型号遥感相机镜头组件定心加工过程，着重分析了立式定心车削加工技术的难点，并通过设计装夹工装、改进找正方法、优化切削参数等方式，解决了镜头组件定心加工难度大、精度指标高的难题，在实际生产中得到了应用。

关键词　立式车削　定心加工　四维调整

1　引言

随着航空、航天高精度光学产品的研制发展，光学定心加工方法广泛应用于光学镜头加工装调过程中。光学定心加工是一种基于光学成像原理，将光学件光轴、与光学件配合的机械件轴线和车床旋转主轴联系起来，通过车削加工满足光学件光轴与配合机械件中心轴的高同轴度要求的加工方法。

对于回转型光机一体部件，其具体做法是在车床上通过定心仪检测找正光机一体部件的光轴，通过调整机构将机床的回转中心与光轴调整同轴，然后加工结构装配基准，实现光学基准向机械基准的传递。定心加工在一定程度上降低了结构零件的精度指标要求，提高了结构零件生产的经济性，同时保证了光机部件精度要求，较大程度地降低了光学装调难度。

卧式定心加工技术是光学定心的一种传统加工方式，但其具有以下局限性：1）工装结构复杂，通常采用在零件上预留工艺螺纹连接，或者通过螺钉压紧连接，对镜头组件施加较大外力，易产生装夹变形；2）镜头组件本身有自重，工件易微量位移，在旋转过程中产生误差；3）一些镜头组件长度较长，力臂过长易产生震颤，影响装夹稳定性；4）卧式定心加工应用范围受限制，许多大型零件超出了卧式车床的加工范围。为了弥补以上不足，我们开展了立式定心加工技术的研究。

2　技术难点

立式定心加工能够有效地弥补卧式定心加工的不足，这是由于在立式车床上进行时，所需工装及装夹方式相对简单，这种装夹方式降低了零件自重对加工精度的影响，在调试光学基准时不易产生偏差。

但是，立式定心加工过程也存在一些难点：1）小型镜头组件尺寸较小，刀排伸长量不够，刀具无法通过机床回转中心，导致尺寸较小的中心部位加工不到；2）刀具伸长量过大易产生振动，影响表面粗糙度及精度；3）光轴调整过程中，需对四维调整工作台进行反复的调整锁定，调节量十分微小，调整难度较大。

本文以某型号典型产品的定心加工为例，提出了立式定心加工中上述问题的解决方法。

3 技术方案

某型号遥感相机包含 3 个镜头组件，如图 1 所示。每个镜头组件由 8 个透镜组件和 1 个窗口玻璃组件组成，如图 2 所示，组件的结构件材料均为铸造钛合金 ZTC4。在各镜头组件的加工过程中，需要进行定心加工。各透镜组定心后要求达到安装面平面度 0.006 mm、垂直度 0.1 mm，配合、基准段圆柱度 0.01 mm。

加工所采用的设备为 CCK160 高精度数控光学定心立式车床，其工作台具有四维调整功能，如图 3 所示。

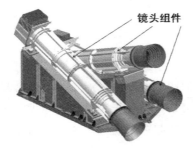

图 1　某型号遥感相机

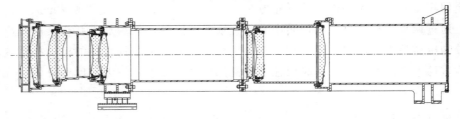

图 2　镜头组件

图 3　定心立式车床

3.1 刀具装夹工装的改进方案

加长的刀具装夹工装可以满足小型透镜组件加工尺寸小、深度深的要求，如图4所示。通过加长刀排扩展了设备的加工范围；通过使用辅助支撑作为加强固定装置，增强了刀排的刚性，防止悬臂过长产生振动；通过设计加长的转换刀杆，满足深孔加工需求。

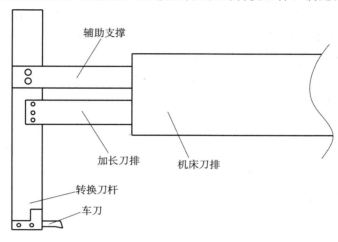

图 4　刀具装夹工装示意图

3.2 光轴找正的方法

定心加工首先需要通过双向定心仪（见图5）找正透镜组的光轴，使光轴与机床的回转中心重合。定心仪安装在台面的上方，一般直接安装在刀排之上，通过调整四维调整工作台（见图3）台面的旋转、平移以及倾斜，使光学基准与机械基准相一致。这是一个微量调整的过程，每次调整的力度都很小，一般每次偏差 0.002 mm 左右，逐步调整，顺序锁紧。

图 5　双向定心仪

3.3　辅助装夹工装的设计及使用

带法兰的镜框结构，精度要求高，可通过设计装夹用定心工装保证。工装端面已加工至较高平面度并固定在工作台上，如图 6 所示。图 6（a）为采用侧向顶紧法装夹零件，即用压板侧向顶紧法兰外圆，同时打表监测变形，使工件在加工时保持自然状态，加工后可达到平面度要求。图 6（b）为零件翻转后，以加工出的平面为基准，用螺钉与工装连接，加工外圆，进而保证加工精度。

从图 6（b）中可以看出工装内腔两端尺寸不同，可供两种规格的镜头组使用，减少了工装的数量，降低了生产成本。在三坐标检测时带工装一起测量，松开压板，在自然状态下进行测量，可降低测量误差。

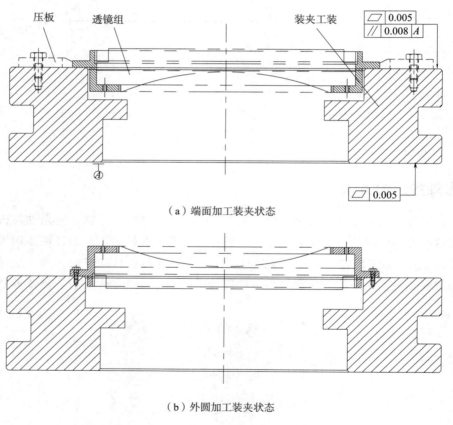

（a）端面加工装夹状态

（b）外圆加工装夹状态

图 6　装夹工装

3.4　镜筒两端定心加工的方法

对于镜筒结构，两端均需要定心加工，且镜筒内壁也需要加工，如图 7 所示。镜筒内装有镜片，加工深度较大，对刀困难，难度大。采取如下加工方法：先加工出一侧基准面及相关尺寸，再以此面为基准压板装夹，配合刀具装夹工装，对深孔进行定心加工，可保证零件精度。

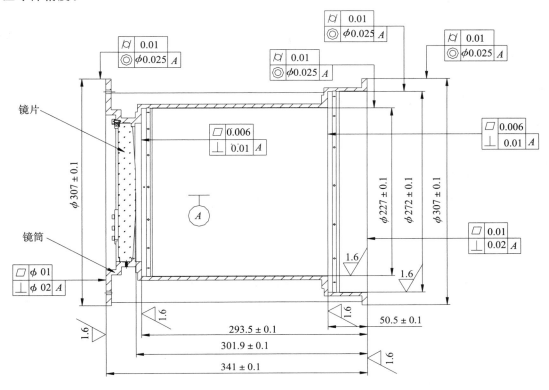

镜片

镜筒

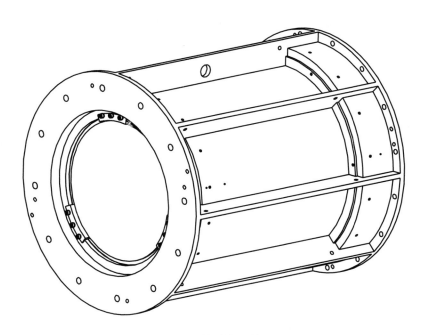

图 7　镜筒结构透镜组

3.5 刀具及切削参数的选择

镜头组件的结构件材料为铸造钛合金 ZTC4，结构刚性较弱，易产生加工变形，因此采用自行磨制的 YG6X 硬质合金刀，刀具前角 $15°\sim20°$，后角 $8°\sim12°$，切削速度 $20\sim25$ m/min，切削深度 0.02 mm，进给量 0.08 m/r。为保护镜头，防止污染，选用酒精冷却，并使用吸尘器去除切屑。为保证高精度要求，加工过程需保证恒温，防止温度变化对精度产生影响。

4 结论

本文通过研究立式定心加工的优势及存在的问题，针对实际生产过程提出了如下改进措施：

1）加长刀具装夹工装能够扩展机床的加工范围，能够在立式定心加工中进行小尺寸镜头组及深孔加工。

2）利用四维调整台可以满足光轴微量调整需求，提高光调效率。

3）利用装夹工装侧向顶紧镜头组件，实时监测变形量控制装夹力，可以满足组件的高精度要求。

4）镜筒结构的透镜组需要进行两端定心，采取先加工基准面再进行深孔加工的方式，保证产品精度。

5）选用合适的刀具及切削参数，并保证适当的环境条件，能够有效地保证定心加工的精度。

通过采取以上措施，零件尺寸精度和表面质量得到了提高，该方法已成功应用于产品的研制生产，同时为以后其他型号的设计和加工提供了宝贵经验。

某星天线支撑的创新加工思路及方法

冯振　杨世强

航天五院 518 所

摘　要　随着大型设计软件在航天设计领域的广泛应用，出现了很多结构复杂且精度高的五轴及多轴加工的典型零件，设计能力的提高对于实现设计意图的机械加工来说提出了更高的要求。本文针对在实际生产中只有三轴普通数控机床的条件下，通过编程软件 MASTERCOM、MCU2.1 并利用现有设备，自行设计临床工装进行合理定位装夹，对于工装和零件能够利用数控设备的连动功能进行检测，采用三维曲面加工的方法有效地实现了基准转换的目的，并且能够在加工的同时，对于出现的问题及检测数据加以分析和总结。通过创新加工思路成功地用三轴普通数控机床解决了典型五轴加工零件的工作难题，在工作中形成一套综合了软件编程、数控加工、机械测量、结果分析的机械加工经验。

关键词　五轴零件　创新　三轴加工　软件编程　分析

1　引言

随着机械行业的飞速发展，数控系统联动方式也从三轴发展到五轴，甚至多轴，其加工出的零件具有精度高、综合性能强的特点，但是也由于其价格昂贵，五轴以上的数控机床在国内数量还不是很多。对于航天精密加工来说，不仅需要不断提高机床性能及精度，更需要的是在工作中探索和积累出大量数控加工经验，充分发挥现有机床性能及提高其利用率。在现有加工方法的基础上不断总结创新，从而提高精密加工质量和效率。

2　技术难点

2.1　零件特点

1）材料为 2A14T6，易变形。零件为不规则形状，且存在着空间复合角度的倾斜轴。

2）尺寸和位置精度要求较高，尤其难以保证零件倾斜轴中心到边距（47.17±0.03）mm，（24.71±0.03）mm 的要求，如图 1 所示。

2.2　加工难点

1）该零件为典型的五轴加工类零件。我所内现无五轴设备，无法实现关键倾斜轴的一次加工。

2）空间倾斜轴可以通过四轴（旋转 C 轴）工装装夹旋转 180°的加工方法，利用编程

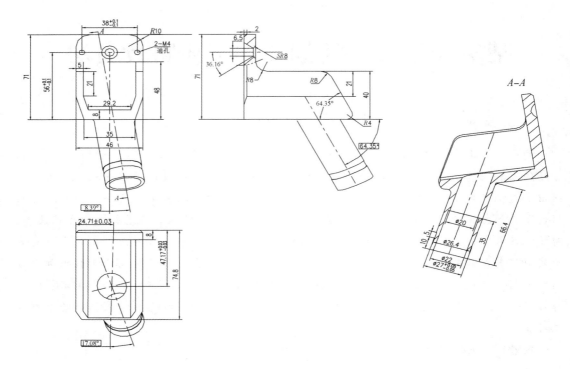

图 1　零件支撑图样

软件进行曲面加工。但轴的外形质量不高,且孔与轴无法一次加工。

3) 通过工装使零件倾斜轴与主轴平行,工装的精度直接影响着零件的加工质量。

4) 工装通过临床加工实现空间倾斜面后,很难实现零件的装夹及定位。传统的定位槽、定位销孔及装夹所用的螺纹孔本机床无法在临床加工出空间斜面的工装上实现加工。

5) 自制临床工装精度难以测量。由于临床工装使用的特殊性不能进行拆卸后检测其加工精度及定位精度。

2.3　加工思路

1) 采用三维曲面加工结合工装的方法有效实现基准转换。利用三维曲面加工出零件的一部分(留量 0.1 mm),通过三坐标检测来确定零件倾斜轴轴心的位置精度及倾斜轴的尺寸精度,如图 2(b)所示。

2) 临床加工工装,使用球头刀在工装上切削圆弧定位槽,通过定位销的固定实现零件在工装上的定位,并且通过千分表程序检测法来实现对临床加工工装进行自检。

3) 通过千分表程序检测法对固定后的零件进行综合的自检分析,保证其定位准确,且与三坐标测量结果进行对比分析,以确定加工时的偏移量,确保零件的加工精度,如图 2(c)所示。

4) 对零件进行剩余斜面的精加工,保证其他尺寸和位置精度。

图 2 所示为零件精加工过程的四个阶段。

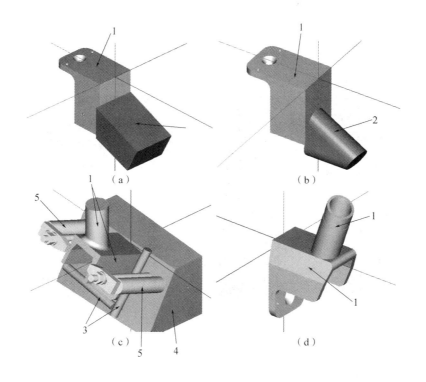

图 2　零件加工过程示意图

1—零件精加工到尺寸要求部分；2—零件进行半精加工部分，未达到最终尺寸要求；3—零件工装的定位销；

4—零件工装本体，采用 LY12CZ 以便于加工需要；5—零件工装加工时的紧固件

3　技术方案

　　加工过程的要素有：定位、装夹、检测、分析、编程、加工、自检。工件工装及定位示意图如图 3 所示。

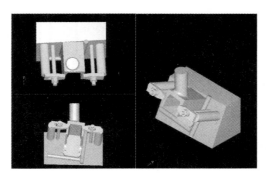

图 3　支撑加工工装三维图

3.1 定位

图 4 所示为采用工装圆弧槽及定位销的定位方法。此定位方法能够在定位的同时对零件起到支撑作用，尤其在切削过程中能够起到向上的支撑作用。

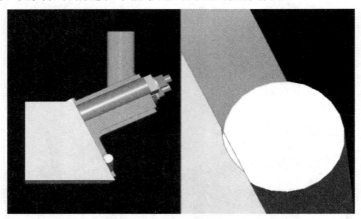

图 4 定位圆弧槽示意图

定位销固定后的检测如下：将千分表头接触在定位销上，并且尽量使其与接触面垂直，以保证千分表受力良好。侧面通过移动机床 Y 轴，底面通过移动机床 Z 轴，来找到千分表与定位销接触点的最大读数，此时使用 MDI 程序检验法来对定位销的定位情况进行检测。程序为：G91G01X♯1Y♯2Z♯3F100。在移动过程中理论数值应该不变，但实际变化数值即是定位产生的误差，即

定位误差＝千分表最大读数－千分表最小读数

思路来源：三坐标测量方式。

说明：球头刀在加工圆弧槽时，由于存在空间角度，当深度太大时将产生过切现象，经软件制图确定圆弧槽切深选为 1 mm 时为安全圆弧定位槽，如图 5 所示。

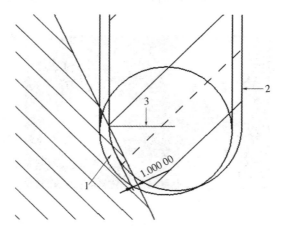

图 5 圆弧槽加工旋转剖面图

1—过切区域；2—安全切深时的切削状态；3—球头刀球心点的水平线

3.2　装夹：采用螺杆配合压板的装夹方式

螺纹孔加工：采用手电钻临床加工来解决机床无法转动主轴的缺陷。螺纹孔与零件工装主要接触面的垂直度直接影响到螺杆压板压紧方式，以及压紧力的方向是否垂直于压紧面。倾斜的螺纹底孔会使零件在压紧过程中由于存在其他方向上的压紧力而造成零件位移。

解决方法：采用导向钻模和丝锥导向块的方法进行螺纹孔的加工，保证其垂直度。

在采用螺杆压紧时，选择在零件上压表的方式来控制零件在压紧过程中压紧力的大小，避免零件装夹产生的变形。

3.3　检测方法

1) 对工装加工后的空间斜面平面度找正。

对与定位销接触的工装上工件右平面采用千分表程序找正。

程序为：

$$G91G01X\#1Y\#2Z\#3F100$$
$$X\#4Y\#5Z\#6$$

♯数字表示从平面上选取点的相对数值，选取点的原则是尽量保证三点的连线距离最大，以保证足够的检测面积。

依据：三点确定一个平面。

$$平面度＝移动过程中千分表最大读数－千分表最小读数$$

此检测方法程序简单，可以通过不同的起始点，但无需更改程序就可以进行对同一斜面进行检测。因此可以通过多次检测的方法来进一步提高零件平面度的检测精度。

当然，也可以同三坐标一样，使用平面上多个选点，并且采用点接触的形式，使用数控 G04 暂停功能，手工记录千分表数值的方法，但由于其计算量较为庞大，程序长，不易于加工者进行操作，因此在此不进行详细说明。

2) 对零件已局部半精加工后的倾斜轴通过千分表 Z 值移动进行＋X、＋Y 方向的千分表找正。

3) 通过工装加工时的坐标系确定零件倾斜轴在工装上装正后的位置，进行抢表找正。采用 MDI 下 G90G54G00X0Y0，手动调整机床 Z 值后压表，以确定两次装夹的位置精度误差。

4) 加工出的零件用三坐标来检测。检测项目包括空间角度、球心距离及直径的大小。

3.4　分析

1) 工装加工后的空间斜面平面度＜0.002 mm。

原因：千分表移动过程中的抖动。

工装上零件右侧面理论倾斜面与实际倾斜面的误差＜0.005 mm。

主要原因：装夹后零件在压板压紧力的作用下产生的变形，由于采用打表压紧法，故产生变形较小。

其他原因：零件受定位面平面度影响；零件在装夹过程中的位移。

2）$+X$、$+Y$ 方向上通过千分表 Z 值移动测量出倾斜轴与机床主轴平行度误差均小于 0.005 mm。

主要原因：零件在上一工步中采用编程软件三维平行曲面加工时，编程软件设置精度时将软件原始精度设置的 0.025 mm 更改为 0.003 mm，软件本身精度为 0.003 mm，但由于千分表存在表头直径影响，其数值变化不会太大。

其他原因：零件在采用曲面加工后存在加工残量，采用平行于倾斜轴方向的平行加工法，故影响较小；零件在加工过程中及过程后产生的塑性变形。

3）以工装坐标为基准，确定零件倾斜轴的位置。通过 MDI 定位后抡表。半圆柱中心偏移量 X 向 0.015 mm，Y 向 0.02 mm，发现零件在上一工步加工中靠近直径处有微量振纹，如图 6 所示。

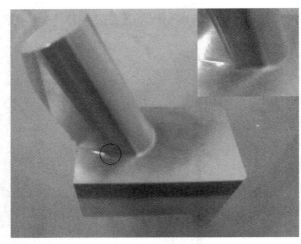

图 6　三维加工局部放大照片

X、Y 向误差原因：

a）球头刀切削的圆弧定位槽与定位销的配合误差。定位销采用现有合金刀刀柄，刀柄直径为 ϕ（10－0.006）mm，加工后圆弧槽尺寸存在刀具直径及让刀误差。

b）编程软件精度为 0.003 mm。

c）前一工步对刀误差。前一工步中采用平口钳装夹，对刀仪精度小于 0.003 mm。

d）工装采用 ϕ16 mm 球头刀平行铣削，刀具半径误差 0.002 mm 左右，软件精度 0.003 mm，切削让刀误差 0.002 mm（采用两次走刀角度相垂直的平行加工法以减少让刀），步距 0.03 mm，残量＜0.001 mm。

e）对于零件在水平直径处有微量低凹现象，千分表数值低凹 0.004 mm，由于千分表受表头直径大小的影响，故低凹处＞0.004 mm。

原因分析：在采用平行铣削法铣削时，当刀具靠近倾斜轴最大直径时，由于切削面积突然增大，造成振动现象，出现微量啃伤。如图 7 所示，切削路径为从 X 的负方向向 X

正方向切削，当切削步局为 $X0.1$ mm，加工直径余量为 0.1 mm 的 $\phi27$ mm 外形时，零件在 A、B 两点的切削面积不同，A 点的切削面积为 0.10 mm²，B 点的切削面积为 0.01 mm²，即 A 点切削面积为 B 的 10 倍，所以零件在 A 点处切削力最大，易产生加工中振纹。因此，当在设置切削参数时，由于影响到零件加工过程是否平稳，应该以 A 点的数值为基准。或者将零件曲面进行剪切，分别设置切削参数。但由于曲面进行三维加工时，切削过程中的主轴转数、进给量的变化都会给零件加工出的表面造成影响，甚至在切削过程中，由于观察需要对于切削液进行关闭，都会造成零件表面质量的不同。因此，对于精度较高的曲面进行三维加工时，最好将零件曲面整体加工，以避免多次加工存在的接刀现象。

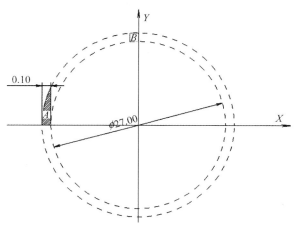

图 7　切削面积示意图

5）局部半精加工后三坐标测量值。测量结果如表 1 所示。

表 1　测量数据统计表

零件尺寸	(47.17 ± 0.03) mm	(24.71 ± 0.03) mm	$8.39°$	$17.08°$	$64.35°$	$\phi27$ 留量 0.1
实际尺寸	47.188 mm	24.696 mm	$8.415°$	$17.173°$	$64.419°$	$\phi27.12$
是否合格	√	√	√	√	√	√

倾斜轴中心到边距误差原因：标注尺寸为零件 8 mm 底面为基准面的尺寸，由于无法实现一次加工控制 8 mm，两次装夹完成后存在积累误差。表 2 说明当零件底面存在 8 mm 误差时，对零件尺寸 47.17 mm 的影响较大，对于尺寸 24.71 mm 的影响较小。

表 2　尺寸对比表

理论尺寸/mm	8	47.17	24.71
假设尺寸/mm	8.1	47.122	24.685

角度及留量值误差原因：软件编程精度及加工时产生变形、让刀等。

6）对比检测、零件工装上找正的结果。

如图 8 所示，坐标系中心代表理论圆心处，右下点表示局部半精加工时的圆心位置，右上点表示工装安装工件后圆心位置，图中圆半径 $R0.03$ mm。圆以内即为合格区域。工装安装工件后圆心位置在圆外，即不合格。因此调整零件坐标系 G54，G52X－0.033Y0.006。三个空间角度由于在 X＋、Y＋找正存在误差＜0.005 mm，因此在工装上加工后角度与局部加工有差异，依据软件分析

$$角度允差＞局部半精加工角度偏差＋工装上零件装夹位移造成的角度偏差$$

所以只通过坐标系调整即可。

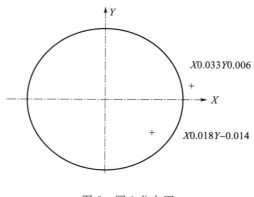

图 8　圆心分布图

3.5　编程

（1）制图

难点分析：

1）由于空间轴三个视图方向都有不同的角度，现有编程软件 MASTERCOM 无法定义其空间倾斜轴的轴心线。

2）采用将垂直的轴线二次旋转的方法，无法得到想要的空间倾斜轴轴线。

制图技巧：将零件倾斜轴轴线与内槽平面的交点处做一个直径为 $SR20$ 的球，分别在 top、front 平面内用相应的角度对球本身进行裁剪，将得到一个公共的斜线，即为零件倾斜轴的轴线，通过对其进行修剪、延伸来实现倾斜轴的位置及长度要求。并且可以在制图完成后对倾斜轴的轴心线进行各个视图的角度分析。

3）工装在设计时选取视图旋转功能，将零件旋转，使倾斜轴在主视图中为垂直轴，抽取零件曲面，确定与零件接触面的工装的尺寸。

注意：

1）考虑工装上装夹螺杆及支撑件的位置。

2）尽量在工装设计时降低高度，以缩短在圆弧定位槽加工时所需的刀具长度，降低刀具在加工过程中由于长度太大造成刀具刚性不足而产生的振动及让刀现象。

（2）编程关键点及技巧

①粗加工以提高切削率和生产效率为主

选取曲面加工中的挖槽加工，使零件被加工部分处于一个封闭轮廓中，以减少不必要

的刀具路径。将程序精度设置成 0.05 mm，以节省零件程序传输所需要的时间。对刀具落刀点进行设置以保证下刀安全，尤其对于飞刀这类不能够直接落刀的工艺更为重要，如图9、图 10 、图 11 所示。

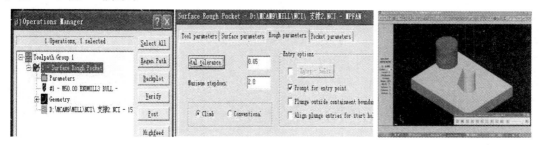

图 9　选择挖槽曲 　　　　图 10　设置精度为 0.05 mm 及 　　　图 11　挖槽加工实
　　面粗加工 　　　　　　　　√处设置落刀 　　　　　　　　体演示图

②精加工以提高零件的精度为主

在零件加工采用平口钳装夹时采用曲面精加工中的平行加工，并且选取与倾斜轴轴心线相平行的加工方式，以保证零件加工时沿着外形母线所形成的加工面，保证下一工步的加工精度。如图 13 所示，将精度更改为 0.003 mm。半精加工及检测如图 12、图 14 所示。零件在工装上加工采用二维加工中的外形加工和曲面精加工中的外形环绕加工、交线清角加工。二维外形加工保证零件倾斜轴上部的加工精度。曲面精加工中的外形环绕加工保证零件倾斜轴下部的连接处加工，使用交线清角来实现每次环绕加工下刀时产生的加工残量，以保证零件的外形质量。

图 12　局部半精加工时的照片

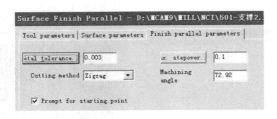

图 13　设置精度 0.003 mm 及平行加工时角度 72.92°　　　图 14　检测时照片

（3）编程经验

1）在使用软件编程加工曲面时，很多是采用短直线的方式去逼近圆弧，这样会影响零件的加工精度。如图 15 所示，当选取上方窗口，将上方初始的 off 更改为 1∶1，便可以将由无数个微量直线命令 G01 改变成圆弧命令 G02 或 G03。尤其当设置加工精度较高时，程序量会成万倍地减少，节省了程序传输的时间，且加工出的零件表面质量得到了提高。在使用曲面加工中的交线清角时，由于零件存在两次加工接刀问题，在加工时应选取零件的干涉曲面留量 0.02 mm，以避免零件的过切现象。同样，当零件在一次装夹二维加工存在接刀时，由于对刀仪存在长度测量误差，为了零件的外观质量，一般都要将接刀时使用的刀具在切深方向 Z 抬起一个高度，高度值根据对刀仪的精度而定。图 16 所示为支撑在工装上切削时的照片。

2）零件在使用软件编程时由于产生的程序量较大，不可能逐一进行检测，只能靠软件本身的实体演示功能去校验，这样程序的正确性只能依靠软件的稳定性去保证。在使用软件 MASTERCOM 加工曲面时就发现三次软件实体演示正确，但是实际刀具路径错误的现象，产生不合格零件。通过与业内人士的交流与探讨，选用另一种软件 MCU2.1（如图 17 所示），可以有效地对任何软件生成的程序进行校验，将出错的程序用该软件进行校验时，均出现了实体演示过切现象，起到了程序复检的功能。并且该软件能够将实体演示中的过切处进行有针对性的逆向，查找出程序中相对应的错误程序，可以进行手工修改，以确保零件程序的准确性。该软件对于零件的落刀点加以分类及提示，确保落刀的安全性。

图 15　程序圆弧指令设置图　　　　图 16　支撑在工装上切削时的照片

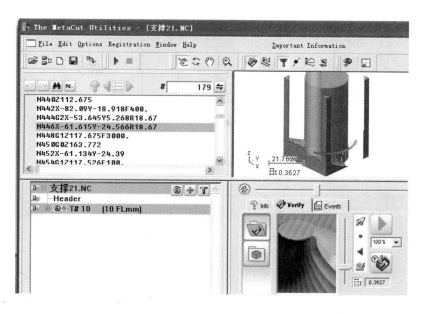

图 17　MCU2.1 程序界面

3.6　加工

机床选用小巨人 LGMAZK VTC-200B。类型：普通立式加工中心（三轴联动）。

对于数控加工来说，保证一般零件尺寸精度不是很难的问题，但还是有些需要注意的地方。对于加工步骤，只要注意到先后加工的影响即可以安排出一套合理的工步；对于支撑的斜面，为了工装上装夹定位就采取最后加工的方法。

粗加工：选用常规夹头的方法以利用机床的插补功能实现一次装夹完成最多面的加工。刀具采用 ϕ50 mm 的面铣刀，转数 7 500 r/min，进给 2 500 mm/min，切削深度 2.5 mm，以实现"少吃快跑"的加工理念，以减少加工中对机床的正常磨损。值得注意的是，在加工中应避免产生共振现象，此次加工使用的机床在 6 000～6 500 r/min 时会产生与机床共振的现象，不利于零件加工及机床的安全使用。

精加工：零件装夹到临床加工的工装后，对零件的所有被加工表面再次进行余量的均匀去除，在切削过程中忌大吃刀、大进给。在统一精铣削前，对于零件与定位销接触面再次选用程序找正法找正，确保加工过程中定位准确可靠。零件的内孔加工选用小孔钻削和铣刀螺旋加工相结合的方法。选用小钻头钻削是为了减少内孔选用螺旋铣削，选用刀具直径较小时，出现刀具满切削，避免切削时产生的振动，以及造成零件切削力大产生零件切削过程中的位移。避免使用大直径钻头，以免切削过程中扭矩的成倍增加造成零件加工中的位移。由于零件内孔及外圆都较长，选取 ϕ10 mm 的铣刀进行切削时，刀刃有效长度小于零件长度，在加工时为避免零件与刀具之间的摩擦，出现加工粘刀一定要在加工时浇注切削液。刀具方面，当进行曲面三维加工时，由于球头刀同样具有布局残余量小的优点，能够进一步提高零件的表面粗糙度。由于存在零件根部圆角问题，可以选用圆鼻刀（立铣刀根部带小圆角）。在此零件半精加工中就选用根部 $R0.5$ 的 $\phi20$ mm 圆鼻刀。

4 技术实施结果

表3说明零件测量结果完全符合零件技术要求。

零件测量结果与上次局部加工分析后存在误差，这说明两次装夹基准转换过程中必然会造成一定的积累误差。

表3 三坐标数据统计表

零件尺寸	(47.17 ± 0.03) mm	(24.71 ± 0.03) mm	8.39°	17.08°	64.35°	$\phi27\pm0.05$
实际尺寸	47.156 mm	24.689 mm	8.421°	17.16°	64.422°	$\phi27.01$
是否合格	√	√	√	√	√	√

5 结论

本次零件的成功加工充分证明了创新的加工思路及数控千分表检测斜线、斜面方法的正确性。此找正法将以前数控的找正基准从直线、平面扩展到可以找正斜线、斜面及空间复合角度，更加适应三轴数控加工复杂零件的多次装夹需要，进一步有效地提高了零件的精度。

典型薄壁件的数控加工探讨

胡兴平

航天五院 529 厂

摘　要　在我厂的数控加工中，许多重要零件为薄壁结构件。本文针对滚动发动机口框具有壁薄、曲面、结构复杂、刚度差、精度要求高、加工难度大的特点，分析和讨论薄壁零件数控铣削加工过程中涉及的工艺路线、装夹方案、高速加工以及切削参数等对加工质量和加工效率的影响，介绍了一种减小薄壁零件数控铣削加工变形，提高其加工精度和表面质量的加工方法和工艺措施。

关键词　数控加工　薄壁件　高速加工　装夹

1　引言

近年来，以载人交会对接为代表的一系列航天任务获得圆满成功，航天事业进入一个快速发展时期，载人三期、月球探测等工程稳步推进，型号产品的高质量、高可靠性、快进度的研制要求越发明显。虽然目前先进的数控加工设备可以达到很高的刚度和精确的运动控制，但是，由于薄壁结构零件刚度差，在加工过程中，残余应力、装夹力、切削力、切削热等因素的综合作用对零件加工影响较大。薄壁结构零件极易发生加工变形和切削振动，导致加工误差，从而难以保证零件的加工精度和表面质量，严重情况下造成零件报废。因而，在保证加工效率的同时，如何采用有效措施控制或减少薄壁零件的加工变形，保证加工质量是一个急待解决的问题。下面以滚动发动机口框（见图 1）为例进行介绍。

图 1　滚动发动机口框零件

2　技术难点

滚动发动机口框为典型薄壁件，它具有外形较大、结构复杂、整体薄壁、定位装夹难等特点。零件外形为 $500 \text{ mm} \times 400 \text{ mm} \times 105 \text{ mm}$，所有壁厚为 $2_0^{+0.10} \text{ mm}$，曲面为 $SR533.8 \text{ mm}$ 的球面，中间圆为 $\phi 320_{-0.10}^{+0.10} \text{ mm}$，毛坯为 LF6 长方体板材，质量约 56.7 kg，通过铣削加工被"掏空"，零件实际质量为 0.423 kg。材料切除率为 99.25 %。金属切除量大，成品壁薄，刚度低，加工中需要解决的首要问题是控制和减小变形，保证尺寸公差和形位公差。

针对典型薄壁零件的特点，在加工过程中因受到切削力、夹紧力以及切削热和残余应力极易产生变形，所以控制加工变形是保证薄壁零件数控加工质量的关键。在众多的加工变形控制措施中，从制定合理的工艺路线、优化装夹方案、高速加工、优化切削参数等方面进行介绍。

3　技术方案

3.1　制定合理的工艺路线

在薄壁零件的数控铣削加工中，为了有效控制加工变形应尽可能降低切削力及装夹变形。根据薄壁件的加工精度和材料的去除量的大小，选择粗、精加工工艺。在滚动发动机口框的加工中分粗加工和精加工两道数控加工工序，粗加工为精加工留出合适的切削余量和装夹定位基准。精加工之前，时效热处理工序有效地消除工件的残余应力，提高薄壁零件的尺寸稳定性。精加工时，为保证零件的加工精度，应选用合理的切削用量以尽量减小切削力，并且合理选择工件的装夹方案，从而减小装夹变形和加工变形；同时精加工时采用高速铣削方式，以及选用合适的冷却方式，在保证加工质量的同时减小切削热对工件产生的影响。

3.2　优化装夹方案

夹具的主要作用是在加工过程中对工件进行定位、约束和支撑，这些作用是通过合理地布置夹具和支撑块的位置及合适的夹紧力来实现的。薄壁零件的数控铣削中，夹紧力是引起零件变形的一个重要因素，装夹方案的优劣直接影响工件的加工精度、表面质量、劳动生产率和加工成本。薄壁零件装夹方案的制定，首先应根据零件的结构特点和技术要求，进行切削过程中的受力和变形分析，特别要注重定位和夹紧的形式、装夹布局和夹紧力的选择，使工件所受的综合作用力尽可能小，作用力矩尽可能小，提高零件的工艺刚度，减轻零件的装夹变形、加工变形和振动。薄壁零件装夹方案的制定要注意以下几个方面（滚动发动机口框夹具如图 2 所示，装夹完成后如图 3 所示）：

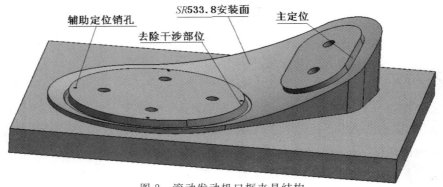

图 2　滚动发动机口框夹具结构

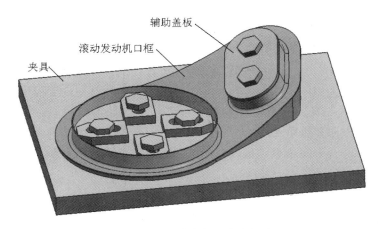

图 3　圆弧面内侧加工装夹状态

1）合理灵活地确定工件的装夹形式，选择合适的定位支撑面。在滚动发动机口框中用 $SR533.8$ mm 的大球面作为支撑面，工装与工件接触面积尽可能大，以提高零件的装夹刚度。工装加工中提高 $SR533.8$ mm 球面精度和 $\phi320$ mm 上平面的位置精度。

2）刚性较差的薄壁零件经常采用过定位方式定位，特别是在刚性薄弱处要加支撑，以提高工件的工艺刚度。在滚动发动机口框加工中，选择腰形孔作为主定位，也提高远离压紧处的刚性，减轻在铣削中的振动和变形。选择一个 $\phi4.2$ mm 的孔作为辅助定位，提高定位精度。

3）在保证零件在加工过程中可靠夹紧的前提下，采用尽可能小的、均布的夹紧力，适当增加夹紧点的数目和增大夹紧力的作用面积；应在零件刚性好的方向施加夹紧力，夹紧力要垂直作用于定位面内，并且作用于刚性好的表面上。在滚动发动机口框装夹中，先均匀压在 $\phi320$ mm 圆内的四个凸台上，再轻压腰形孔上辅助盖板。

4）工装的设计要求装卸简单和测量方便。在滚动发动机口框中装夹圆凸台与定位腰形凸台形成锐角，保证定位面的完整，以腰形凸台的角度铣削圆凸台干涉部位。为了方便测量尺寸 $2^{+0.10}_{0}$ mm，工装的外形比零件的外形四周均匀小 2 mm。

3.3　薄壁零件的高速加工

高速加工对薄壁零件精加工的优点有：

1）由于切削力小，所以在加工薄壁零件时工件产生的让刀变形相应减小，易于保证零件的尺寸精度和形位精度；

2）高速切削时由于切削热大部分由切屑带走，工件温度升不高，工件的热变形小，这对于减小薄壁零件的变形非常有利；

3）高速切削时，刀具的激振频率提高，所以加工薄壁零件时可以在较高范围内选择主轴转速，使激振频率避开薄壁结构工艺系统的振动频率范围，从而避免切削振动，实现平稳切削。

在滚动发动机口框的加工中采用的是德国 DMU125P 五轴联动高速铣削加工中心，它的主要工作参数是：主轴转速 $n=20\,180$ r/min，沿 x，y，z 轴的行程分别为 $1\,250$ mm，$1\,000$ mm，$1\,000$ mm，最大直线进给速 60 m/min，完全满足滚动发动机口框的加工条件。

优化高速铣削加工切削方式，首先需要注意避免传统的大切深小进给的加工模式，应采用小切深，快进给。加工刀路尽量采用环切方式，刀具平滑切入、切出，减少急速转向，突然改变走刀方向和进给速度，尽可能保持切削平稳。在滚动发动机口框加工中先去除腰形凸台和圆形凸台中间余量，再用环形切削分别加工腰形凸台和圆形凸台到尺寸。

3.4　优化切削参数

高速铣削粗加工仍以提高材料切除率为主，一般其切削深度 A_p、径向切深 A_e 和每齿进给量 F_z 比较大。而精加工以达到加工精度和表面质量为主，切削速度 V_c 更高。通过刀具厂商提供的参数和实际加工经验，确认高速铣削塑性铝合金材料时，应当选取铣削线速度至少选取 $V_c>804$ m/min，以便使切削力和切削温度随着 V_c 的提高显著下降，同时减小加工变形、提高加工质量和效率。限机床最高转数、铣刀直径、刀具悬伸和环境温度等制约条件，在实际加工中镶片 $\phi32$ 立铣刀切削速度 $V_c=1\,100$ m/min，$\phi20$ 合金球头铣刀切削速度 $V_c=804$ m/min，$\phi10$ 合金球头铣刀切削速度 $V_c=471$ m/min。粗加工镶片 $\phi32$ 立铣刀的切削深度 $A_p=1$ mm，径向切深 $A_e=24$ mm，每齿切削用量 $F_z=0.2$ mm。根据 $V_c=\pi\times D\times n$（D 为刀具直径，n 为刀具转速）可以计算出刀具转速 $n=11\,000$ r/min，进给速度 $F=F_z\times Z\times n=0.2\times2\times11\,000=4\,400$ mm/min。在精加工中，随着表面质量的提高、粗加工余量不同、刀具直径的减小，每齿切削用量也随之递减，在滚动发动机口框加工中 $\phi20$ 合金球头铣刀的 F_z 选择为 0.1 mm/z，$\phi10$ 合金球头铣刀的 F_z 选择为 0.05 mm/z。根据上述公式计算刀具切削用量如表 1 所示。

表 1　切削用量参数

刀具名称	切削速度 V_c/（m·min^{-1}）	刀具转速 S/（r·min^{-1}）	每齿切削用量 F_z/（mm/z）	进给速度 F/（mm·min^{-1}）
镶片 $\phi32$ 立铣刀	1 100	11 000	0.2	4 400
$\phi20$ 合金球头铣刀	804	12 800	0.1	2 580
$\phi10$ 合金球头铣刀	471	15 000	0.05	1 500

工件在铣削过程中，切削力及切削热的大小与切削参数的选取直接相关，切削参数的具体确定取决于刀具材料、刀具长度、工件材料、机床和 CNC 系统的能力及工件的加工精度和表面质量要求。

4　结论

通过合理的工艺路线安排，提高薄壁零件工艺刚性；采用适当的装夹方式，有效地减小和控制薄壁零件的加工变形；发挥高速切削加工的优势，优化切削参数，保证零件质量，提高加工效率。采取以上工艺优化措施，滚动发动机口框主要形状和位置尺寸精度合格，尺寸 $2^{+0.10}_{0}$ mm 实测为 2.04～2.08 mm 之间，表面粗糙度 Ra≤3.2 μm ，完全达到了图纸要求。

参 考 文 献

[1]　李福生．数控机床技术手册．北京:北京出版社,1996.

[2]　张超英,罗学科．数控机床加工工艺编程及操作实训．北京:高等教育出版社,2003.

[3]　路冬．航空整体结构件加工变形预测及装夹布局优化．济南:山东大学,2007.

[4]　陈蔚芳,倪丽君,王宁生．夹具布局和夹紧力的优化方法研究．中国机械工程,2007(12).

返回舱组合加工专用刀具及
切削方案改进

王连友　林晓青　韩星　张斌

航天五院 529 厂

摘　要　组合加工是保证零、部件基准相对于整舱、整星基准公差配合要求的有效手段，是型号生产中一个重要环节。神舟飞船返回舱为大型薄壁焊接密封舱体，结构复杂，加工刚性弱，精度和表面质量要求较高。在组合加工中大量采用自制特殊刀具，刀具需手工修磨，因刃磨状况不稳定，造成切削质量不稳定，刀具准备时间长，效率较低。本文阐述了一种返回舱组合加工专用刀具及切削方案的改进技术，通过此方案可达到取消手工刃磨、优化切削参数、提高切削质量和效率的目的。

关键词　组合加工　高效刀具

1　引言

神舟飞船返回舱侧壁金属壳体为复杂大型薄壁焊接密封舱体，体积大，刚性差，其组合加工部位涉及前端铝框、后端框、伞舱法兰、天线法兰、俯仰发动机口框、贮箱隔舱口框等十余个零件，如图 1 所示。某些加工特征，如孔、密封面和密封槽等，有着较为严格的精度和表面粗糙度要求，对于刀具的选择、加工方法和切削参数的确定等都有着较高的要求。

图 1　神舟飞船返回舱侧壁金属壳体

返回舱组合加工涵盖车、铣、钻孔、镗等多种加工类型，结构复杂，大量使用自制特殊刀具。自制特殊刀具的切削效果受其刃磨质量限制，加工稳定性差，效率损失严重；某些难加工部位，如伞舱法兰和天线法兰上的密封面或密封槽等，更要依靠合理的刀具及切削参数来改善其加工状况。因此，完善专用刀具及其切削参数是提升返回舱加工质量和效率的最佳途径。

2 技术难点

针对返回舱组合加工专用刀具的改进方案主要有三种：

1）以标准刀具替代原有自制非标刀具，取消手工刃磨环节。

2）对于无法被标准化的刀具的结构进行适当优化。

3）在标准化和固化专用刀具的基础上实现切削参数的优化和固化。

根据返回舱各加工部位结构特点、所处位置、切削方式及加工中所存在的问题，经分析，确定其专用刀具改进要求如表1所示。

表 1　专用刀具及其改进要求

	加工部位	使用刀具	刀具改进要求
1	前端铝框、后端框端面、外圆、内孔	整体式车刀	采用标准车刀，刀刃锋利，可分别完成端面、外圆、内孔的车削
2	前端铝框、后端框密封槽	自制切槽刀	采用标准端面切槽刀，切削稳定，排屑效果好，尺寸达公差要求
3	前端铝框外侧 14 及 R5 回转面	自制车刀	选择标准仿形车刀，刀体不与零件干涉，可直接成形 R5 圆角
4	主、备份伞舱法兰 $\phi 916$ 内孔及端面	自制铣刀	采用标准刀具或优化刀具结构，要求刀尖锋利，前角、后角大，切削轻快；主偏角宜为 90°
5	主、备份伞舱法兰 $\phi 766 \sim \phi 818$ 内端面	自制倒拉铣刀	采用标准刀具或优化刀具结构，要求刀具刚性好，切削轻快
6	主、备份伞舱法兰 16 - $\phi 43$ 沉孔	倒拉镗刀	采用标准 T 形三面刃铣刀，能够获得较高的表面加工质量
7	主、备份伞舱法兰 $\phi 766$ 内孔	自制镗刀	采用标准刀具或优化刀具结构，要求切削行程范围满足要求，可实现精调，质量≤15 kg
8	后端框 $\phi 58$ 孔	$\phi 58$ 倒拉镗刀	采用标准刀具或优化刀具结构，刀具平衡性好，切削抗力小，易装卸
9	天线法兰 $\phi 140$ 内台阶孔	面镗刀，刃部自制	采用标准镗刀或铣刀，要求刀尖锋利，切削轻快；主偏角为 90°
10	天线法兰 5.5 mm×2.5 mm 孔内密封槽	自制切槽镗刀	采用标准内孔切槽刀或铣刀，切削稳定，排屑效果好，尺寸达到公差要求
11	前端铝框、后端框及各法兰 $\phi 12.5$ 以下孔	国产合金钻头	采用标准钻头，定心性好，加工精度高

由表 1 可知，返回舱组合加工专用刀具改进的难点在于：

1）标准刀具必须适合特殊工况的切削，对于其刃部结构、几何参数、切削公差等都有较为严格的要求，给选型造成了困难。

2）优化刀具结构通常有多种因素需要考虑，要求设计者具有丰富的实际操作经验。

3）刀具改进的过程中不能忽略切削方案和切削参数所产生的影响，因此，改进工作必须基于大量的切削试验。

4）试验环境很难模拟真实切削工况，失败的可能性大，因此，刀具改进必须在反复摸索中前进。

3　技术方案

3.1　实施方案

返回舱组合加工专用刀具及切削方案改进实施流程如图 2 所示。

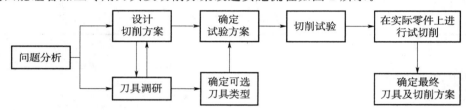

图 2　专用刀具及切削方案改进实施流程

首先，针对加工中的问题设计新的切削方案，并进行刀具调研，确定可选刀具类型、结构形式和重要几何参数；其次，针对可选刀具制定试验方案，包括走刀方式、切削参数等；再次，开展切削试验，对比试验结果，确定方案的可行性；最后，在实际零件上进行试切削，观察切削效果，确定最终方案。

3.2　刀具标准化

刀具标准化改进工作的目的是以标准化结构的刀具，替换原有自制刀具，从而取消刀具刃磨环节，通过大量的调研和反复切削试验，已完成多种类型刀具的标准化工作，如表 2 所示。

表 2　刀具标准化及加工效果

加工部位	原使用刀具	替换标准刀具	特点及加工效果
前端铝框、后端框端面、外圆和内孔	整体式车刀	外圆车刀 SANDVIKSDJCR/L2525 M11 或 ISCAR SVXCR/L2525M16	采用 V 形刀片，主偏角大，刀片锋利，可加工外圆、端面或内孔
前端铝框、后端框 5 mm × 2.5 mm 密封槽	自制切槽刀	切槽刀 SANDVIK RF123H13 – 2525BM	可分别安装 4 mm、5 mm 宽切槽刀片用于粗、精加工，排屑效果好，加工稳定，尺寸达公差要求

加工部位	原使用刀具	替换标准刀具	特点及加工效果
前端铝框外侧 14 及 R5 回转面	自制车刀	仿形车刀 SANDVIKLX123L25 - 3232B - 007 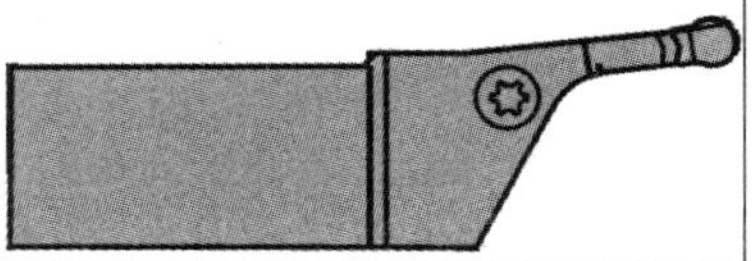	刀体刚性较好，刀片呈圆形，可直接成形 R5 圆角
主、备份伞舱法兰 16 - φ42、φ43 沉孔	自制倒拉镗刀 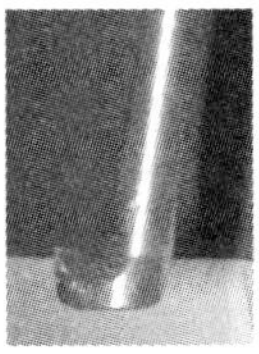	T 形槽铣刀 WALTERP314801 - 28 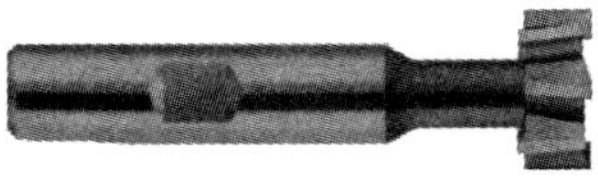	三面刃铣刀可加工正、反面沉孔，刀具锋利，加工精度和表面粗糙度较高
主、备份伞舱法兰 φ916 内孔及端面	自制铣刀 	方肩面铣刀 SANDVIKR590 - 063Q22S - 11M	切削轻快，精度高；但刀尖圆角半径偏大，含修光刃，增加了切削摩擦力，因此仅用于粗加工
主、备份伞舱法兰 φ766 内孔	自制镗刀 	可调镗刀 	采用可调式镗刀杆，可实现精调，质量小，行程范围满足要求
前端铝框、后端框及各法兰 φ12.5 以下孔	国产合金钻头	SANDVIK R840 系列钻头，共 4 种规格	定心性好，加工精度高，可视加工情况取消预钻、扩孔等环节

3.3 专用刀具结构及切削方案优化

对于无法被标准化的刀具，只能通过优化刀具结构及切削方案来改善其切削效果，并消除实际加工中的不稳定因素，确保切削过程的顺利进行。

3.3.1 主、备份伞舱法兰端面精加工

主、备份伞舱法兰端面为密封面，宽 58 mm，要求表面粗糙度为 1.6 μm，在以往的加工中，存在以下问题：

1) 由于该密封面面积较大，加工刚性弱，因此在切削过程中易产生振动，形成刀痕，如图 3 所示。

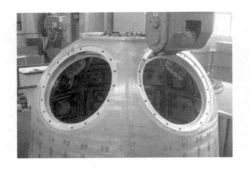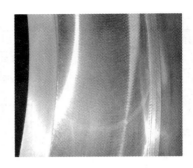

图 3　主、备份伞舱法兰密封面加工过程中因振动产生的刀痕

2）由于在进、退刀处走刀轨迹发生换向，因此易留下明显刀痕，如图 4 左图所示。

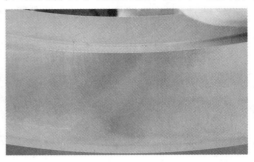

图 4　密封面进、退刀处刀痕改进前、后效果对比图

针对上述问题，确定改进方案如下：

1）优化进、退刀处走刀轨迹及切削参数，减轻刀痕。

2）分别调整进、退刀方式为直线、圆弧或螺旋线，经测试，采用圆弧进、退刀方式，当切深≤0.1 mm 时可获得最佳切削效果，如图 4 右图所示。

3）优化刀具结构，确保精加工过程中无振动，达到较好的表面切削质量。

要想避免在切削过程中产生振动，要求刀具刃部必须非常锋利且具有合理的几何角度。经调研和试验验证，锋利的镗刀片在几何角度上优于各种类型的铣刀片，如图 5 所示，因此采用标准镗刀按照铣削路径进行切削。

由于标准镗刀片的设计多适用于内孔切削，见图 6，与本部位的切削进给方向不相同，因此必须对刀片的结构进行优化，即改变刀片主切削刃方向，使其更适合于平面切削，见图 7。经实际加工验证，优化后的刀片在合理的切削参数下可达到较为理想的切削效果。

3.3.2　天线法兰密封面、密封槽加工

返回舱壳体上共分布有 6 个天线法兰，其密封面、密封槽如图 8 所示。在以往的加工中存在以下问题：

1）采用自动进给面镗刀加工密封面，由于镗刀刃部为手工磨制，因此切削质量不稳定，且镗刀径向进给行程需手动控制，尺寸精度不高。

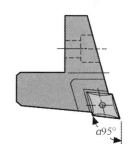

图 5 标准镗夹

图 6 标准内孔镗刀片

图 7 非标面镗刀片

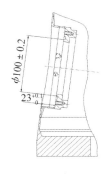

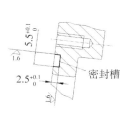

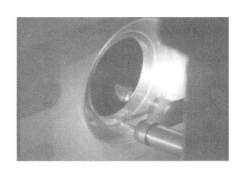

图 8 天线法兰密封面、密封槽示意图

2）采用自制切槽刀加工孔内密封槽，当刀具几何角度不合理或切削刃稍有磨损时，极易产生振动，影响表面切削质量。

针对上述问题，确定改进方案如下：

第一，将密封面的加工方式由镗削改为铣削，尺寸精度由程序控制，经试验和实际加工验证，选择合理的标准铣刀片及切削参数，可以达到较好的切削效果。

第二，将密封槽的加工方式由镗削改为铣削，分为粗加工和精加工两步，尺寸精度由程序控制，采用整体式合金铣刀及合理的切削参数，可以获得较好的切削效果。

3.3.3 后端框 ϕ58 倒拉孔

后端框 ϕ58 孔在加工时采用自制镗刀进行倒刮式切削，如图 9 和图 10 所示。

在切削过程中存在以下问题：

1）刀具整条切削刃参与切削，切削抗力大，平面度和表面粗糙度难以保证。

2）切削过程中采用手动进给，需多次装卸刀具，效率低。

针对上述问题，确定改进方案如下：

第一，优化刀具结构，采用双切削刃设计，以增加切削的平衡性和稳定性，但要求切削刃具有很高的直线度、水平度及锋利程度。

第二，在粗加工时，可考虑在切削刃上开分屑槽，以减小切削抗力。

第三，采用液压刀柄装夹刀具，方便装卸。

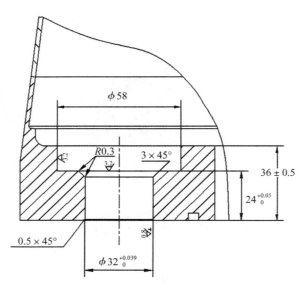

图 9　后端框 $\phi58$ 孔尺寸示意图

图 10　加工 $\phi58$ 孔用倒拉镗刀

4　结论

返回舱组合加工专用刀具改进工作历时近四年，通过大量调研、分析及切削试验与实际加工验证，目前已完成包括车刀、铣刀、镗刀、钻头在内的多种类型刀具的标准化及优化工作，解决了返回舱端框及各法兰零件中密封槽和密封面的加工问题，摸索出较为理想的切削方案，使切削过程趋于稳定，切削部位的精度和表面粗糙度均获得提升。该成果还可直接应用于其他大型金属壳体部件的组合加工中，如飞船轨道舱，天宫一号前、后锥段壳体结构组合加工等。

本项改进工作虽然取得了一定成效，但仍需不断完善，主要表现在伞舱法兰、天线法兰部位的切削质量仍需改进。为了达到更好的加工质量和更高的切削效率，必须研究出更好的加工方案并持续改进，为后续承担更多的组合加工任务奠定基础。

参 考 文 献

[1]　李永钊．数控刀具及国产化探讨．工具技术，1989(3)：2-4.

[2]　王栋，韩变枝．数控机床刀具技术现状及展望．机械科学与技术，2003(S2)．

[3]　陆剑中，孙家宁．金属切削原理与刀具．北京：机械工业出版社，2002.

[4]　李伟．先进制造技术．北京：机械工业出版社，2003.

[5]　刘战强．先进切削加工技术及应用．北京：机械工业出版社，2005.

[6]　徐宏海．数控机床机床刀具及其应用．北京：化学工业出版社，2010.

[7]　郑文虎．刀具材料和刀具的选用．北京：国防工业出版社，2011.

用于碳纤维复合材料结构件镗削加工的工艺改进措施

张斌　张佳朋

航天五院 529 厂

摘　要　碳纤维复合材料高效镗孔加工技术是复合材料应用中亟待解决的难题之一，本文通过实验验证，针对航天器碳纤维复合材料镗削加工，研究了刀具材料、刀具几何角度、刀柄结构等方面对碳纤维复合材料镗削加工质量和加工效率的影响，并根据实验数据对影响规律进行了研究，应用优选的可转位刀具替代传统的整体硬质合金刀具，降低了刀具磨损，提高了加工效率，实现了高效率、高质量加工。

关键词　碳纤维复合材料　镗削加工　可转位刀具

1　引言/技术难点

碳纤维复合材料加工使用整体合金刀具时刀具更换频繁，难以完成切削的全过程，加工效率低下，对加工精度存在一定的影响。目前航天器结构中包含大量的碳纤维复合材料结构件，这些结构件需要通过安装孔进行自身固定和装载仪器设备，所以孔加工是碳纤维复合材料结构件制造过程中极其重要的加工工序，具有精度要求高、加工量大等特点，通常需要精镗才能达到相应的精度要求。由于碳纤维复合材料属于难加工材料，要求刀具必须锋利，孔的尺寸精度主要由刀具的精度保证，使用传统的硬质合金刀具加工时，操作者需要频繁换刀、对刀和磨刀，辅助加工时间较长，严重地影响了加工效率。针对上述背景，本文阐述了一种加工工艺改进方案，该方案采用可转位镗削刀具替代传统整体合金刀具，选用新型耐磨的刀片，采用合理的切削参数，提高刀具的使用寿命，避免手动磨削刀具，避免重复对刀、试切，避免手动修磨，以保证加工质量。

2　技术方案

2.1　可转位刀具系统选择

（1）可转位刀具装夹方式选择

目前可转位刀具刀片的定位夹紧方式主要有螺钉夹紧、上压式夹紧和 iLock 夹紧三种方式。螺钉压紧系统是用沉头螺钉将沉孔刀片夹紧在刀杆上，这种结构制造简单，零件少，成本低，刀头部分尺寸小，结构如图 1（a）所示。iLock 压紧方式是某刀具厂商为了提高刀片定位和锁紧质量新推出的解决方案，iLock 压紧系统中刀片座中有 T 型导轨，在刀片上有相应的槽，结构如图 1（b）所示。上压式压紧结构是采用压紧块直接压向刀片上面而压紧刀片，这种结构的压紧力大，压紧可靠，并通过两定位侧面能获得稳定可靠的定位，但是此种装夹方式刀具所占空间较大，结构如图1（c）所示。

（a）螺钉压紧　　　（b）iLock压紧　　　（c）上压式压紧

图1　三种压紧系统示意图

分别对三种装夹方式进行精度分析，即对同种装夹方式的可转位刀具更换刀片后进行精度测量，分析结果如图2所示，装夹精度分别为 0.005 mm、0.002 mm 和 0.004 mm。

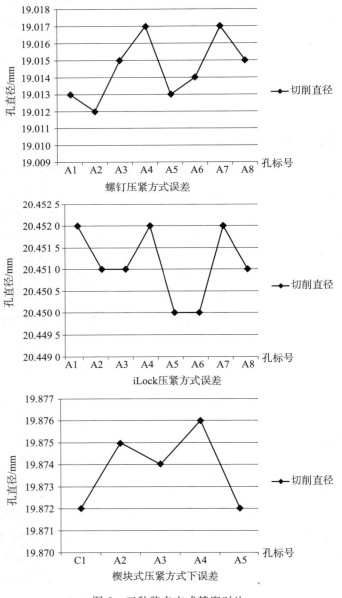

图2　三种装夹方式精度对比

单从刀具定位精度方面考虑，应用可转位刀具可以达到碳纤维复合材料镗削加工精度要求。

（2）可转位刀具刀片选择

碳纤维复合材料具有较高的硬度，因此加工时应选用合适的超硬刀具，刀具材料主要有 PCD 金刚石、CBN、涂层硬质合金、硬质合金等。通过切削试验对比了几类刀具的加工精度和加工质量。

通过试验表明：在相同的试验参数下，硬质合金的磨损量明显高于 PCD 金刚石、CBN、涂层硬质合金，由于加工过程中硬质合金刀具的快速磨损，导致镗削加工的孔带有一定的锥度，为此通过切削试验进行了 PCD 刀具与整体硬质合金刀具在加工精度方面的对比，应用同一刀具连续四次镗削同一个孔，比较两种刀具所加工孔的进出口尺寸，如图3 所示。

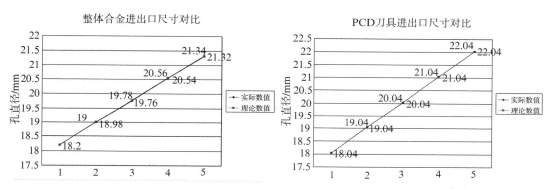

图3　整体合金刀具与 PCD 刀具进出口尺寸对比

因此可以得出：使用硬质合金刀具加工时，当加工深度在 30 mm 左右时，镗削入口直径和镗削出口直径之差大约为 0.01 mm，加工效果如图4 所示。

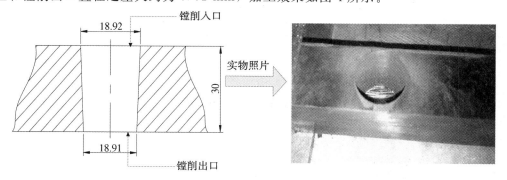

图4　硬质合金刀具镗削加工示意图

CBN、涂层硬质合金刀具由于切削刃不够锋利，使得切削力过大，导致镗削加工孔的表面质量不高，加工效果如图5 所示。

由于使用硬质合金刀具加工时镗削入口和镗削出口尺寸差异大，使用 CBN、涂层硬质合金刀具加工时加工表面质量不高，因此优先采用 PCD 金刚石刀具作为碳纤维复合材料镗削加工的应用刀具。

图 5　CBN 刀具镗削加工效果图

（3）刀具几何参数

通过刀具切削试验验证，碳纤维复合材料镗削加工刀具几何参数具有如下要求：

1）前角：若前角为正，刀片切削刃厚度减小，刀尖强度降低，影响刀具寿命；若前角为负，刀片锋利度降低，造成径向力增加，容易引起刀具振动。所以，前角一般选择 0° 即可。并且，由于碳纤维切屑一般为粉末状，排屑容易，不需要刀具具有专门的排屑槽。

2）后角：前面提到碳纤维导热系数低，散热性差，容易使切削区温度上升。所以后角不应过大，以增加后刀面与零件接触面积，便于散热；但如果后角过小，在镗削小孔时可能因此产生后刀面与孔壁的干涉，造成零件报废。

3）刀片圆角：经研究发现，切削刃锋利性差在造成切削性能下降的同时，也会导致轴向力增大，进而造成毛刺、分层等缺陷。所以，刀片圆角应尽量小，以保持刀片的锋利度，但如果刀片圆角过小则会使刀片耐磨性下降。

碳纤维复合材料镗削刀具几何参数如表 1 所示。

表 1　镗削刀具几何参数表

前角/（°）	后角/（°）	副后角/（°）	刀尖圆角/mm
0～2	11～14	8～10	粗加工：0.4～0.8；精加工：0.2～0.4

（4）刀柄选择

当镗削加工转速超过 2 000 r/min 时，由于镗刀属于不对称刀具，刀具旋转产生刀具离心力会影响到孔的加工精度，如图 6 所示，当不平衡值超过一定的数值时，加工孔的直

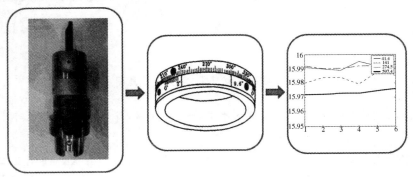

图 6　试验镗刀及孔径对比示意图

径就会超差，因此，镗削刀柄的选择主要考虑因素是其自身的动平衡调节，选用可调平衡的镗刀刀柄。

2.2 切削参数优化

由于镗刀属于非对称刀具，即便进行动平衡调试，其动平衡量也远远不如铣刀动平衡量，因此，其转速受到一定的限制，PCD 刀片不能达到刀具厂商推荐的最优线速度，即不能选用刀具手册上的参数进行切削，必须在线速度一定的范围内选用合理切削参数。为了得到最优的切削参数，通过试验验证的方式，并与传统的合金刀具进行对比，最终确定合理切削参数。

分别选用圆角 0.2、0.4 和 0.8 的 PCD 刀片进行切削试验，根据试验结果，切削深度与圆角半径相近时表面质量最优，当加工范围在 $\phi10$ mm～$\phi20$ mm 时，进给超过 110 mm/min 加工缺陷出现的概率增加；当加工范围在 $\phi20$ mm～$\phi25$ mm 时，进给超过 80 mm/min 加工缺陷出现的概率增加；其原因为刀杆振动加剧所致，同时导致表面质量下降。因此最佳切削参数如表 2 所示。

表 2 最佳切削参数表

进给率/（mm/min）	转速/（r/min）	切深/mm	刀片圆角/mm	加工范围
70	2 000	0.5	0.4	$\phi20$ mm～$\phi25$ mm
70	1 800	0.7	0.8	
70	2 500	0.4	0.2	$\phi10$ mm～$\phi20$ mm
100	2 500	0.5	0.4	

通过与传统硬质合金刀具采用优化的切削参数对比发现：合金镗刀寿命低，当镗削超过 4 个孔时，已出现刀尖磨损严重现象，需要重新刃磨；PCD 镗刀寿命高，当镗削超过 49 个孔时，才出现轻微磨损，因此，应用可转位 PCD 镗刀完全可以替代传统的硬质合金刀具，应用效果显著。两种刀具的寿命对比如图 7 所示，其中 1 表示整体硬质合金刀具，2 表示 PCD 刀具。磨损后的 PCD 刀片与未磨损刀片对比如图 8 所示。

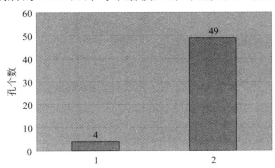

图 7 两种刀具寿命对比

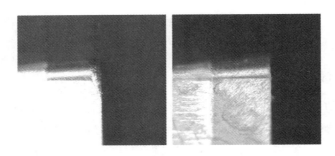

图 8　磨损后刀片与未磨损刀片对比图

3　结论

本文采用 PCD 金刚石刀具，优化镗削加工切削参数，在保证加工质量的前提下使碳纤维复合材料镗削加工效率提高 150％以上，刀具寿命可延长 10 倍以上，将研究成果应用到型号产品加工任务中时，取得了良好的实际应用效果。由于碳纤维镗削、铣削、钻削、磨削等常规切削的切屑形成过程均是材料断裂的过程，所以碳纤维材料的这几种加工方式有很强的共通性，镗削加工影响机理的研究结果，对铣削、钻削和磨削等常规切削具有一定的借鉴作用。

参 考 文 献

[1]　于启勋,金燕鸣. 超硬刀具切削复合材料的实验研究. 河北科技大学学报,2002 (2):1 - 6.

[2]　PUW H Y,HOCHENG H. Milling force prediction for FRP. Proceedings of the ASM2000,Materials Congress,2000.

[3]　蒋建纯,熊翔,杨文堂,等. 碳/碳复合材料切削加工试验研究. 新型炭材料,2000(9):38 - 41.

小直径高压密封装置"O"形橡胶圈、挡圈防"切"蠕动装配法

赵春华

航天六院 801 所

摘　要　本文分析小直径密封装置高压密封元件装配失效原因，提出"蠕动进给"装配方法，用于解决某小型气瓶静密封高压密封付在装配过程中密封元件被"切"的问题，使合格率从 0 提高至 100％。

关键词　蠕动进给　装配

1　引言

某小型高压气瓶的作用是为某武器系统在发射准备阶段提供制冷源，作为制冷剂的压缩气体在气瓶中呈高压状态，启动后经毛细管节流后，在毛细管前端扩散产生冷流。该小型高压气瓶贮存气体压力为 42 MPa，为满足高可靠性和长期贮存的需要，要求其在 10 年以上贮存期内泄漏量不能超过一定值。为保证漏率指标，该气瓶的高压密封装置的装配是关键环节之一。

2　技术难点

2.1　充气组件密封原理

在航天领域，对于高压静密封装置常用的密封方式有金属环垫、"O"形橡胶密封圈加挡圈等密封方式。如采用金属环垫密封方式，则要施加比较大的拧紧力矩，以使金属密封垫产生足够的密封比压。由于该气瓶体积较小，充气组件直径小，且要装入深孔中，难以施加大的拧紧力矩，故而选择"O"形橡胶密封圈加挡圈的密封结构。

充气组件结构简图如图 1 所示，"O"形橡胶圈的压缩量控制在 25％ 以内，聚四氟乙烯挡圈则加置于低压侧以防止"O"形橡胶圈承受高压后从密封槽中挤出造成密封失效。

2.2　装配中的主要问题及原因分析

2.2.1　密封失效概述

为了保证密封，设计师在设计时，将充气组件上的"O"形橡胶圈的压缩量控制在上限。按此要求进行了相应的装配、测试和氦检，结果所装 7 件产品氦检数据全部超差。将充气组件分解后发现，其中 5 件产品上的挡圈没有正常进入密封槽，挡圈 22°切口尖角在

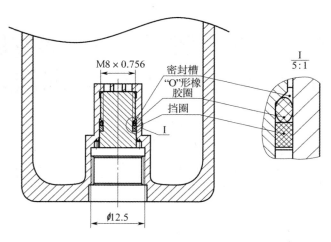

图 1　充气组件密封结构示意图

挤压作用下变形或被"切"，承受高压后无挡圈支承的"O"形橡胶圈从密封槽中挤出，从而丧失密封能力。另 2 件产品为"O"形橡胶圈直接被"切"，导致密封失效。两者失效示意图如图 2 所示。

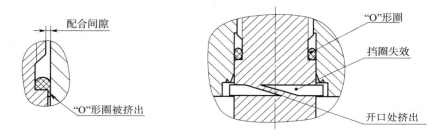

图 2　"O"形圈和挡圈失效示意图

2.2.2　失效原因分析

通常，"O"形圈装配时需在其表面涂一薄层润滑脂，减少"O"形圈装配时与金属件的摩擦力，防止橡胶件扭曲变形。但是，该气瓶的制冷剂直接对光学元件制冷，工艺规定不得使用润滑脂，以防止污染。由于"O"形圈装配时未涂润滑脂，且压缩量较大，造成"O"形圈装入时扭曲翻转，从而导致"O"形圈被"切"，这在 2 件"O"形圈直接失效的案例中得到验证。

橡胶件作为一种超弹体，形状可以有较大改变而体积不能改变。由于"O"形圈未涂润滑脂导致摩擦力增大，且压缩量较大，当装有"O"形圈的充气组件旋入气瓶壳体时，在较大的压缩量和摩擦力增加的作用下，"O"形圈必然产生比正常状态下更大的变形。在有限的密封空间内，"O"形圈对聚四氟乙烯挡圈产生更大的挤压作用。而聚四氟乙烯材料与金属表面的摩擦力极小，从而导致挡圈切口部分更易向外滑移突出，使得挡圈没有正常进入与之配合的孔内。这就解释了为何产品挡圈没有正常进入密封槽的现象。挡圈受挤失效示意图如图 3 所示。

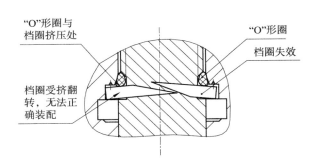

图 3 "O"形圈受挤压失效示意图

3 技术方案

3.1 压缩量的调整、孔口改进

针对"O"形圈被"切"的问题提出改进措施，主要是调整压缩量、优化孔口的设计：

1）微调密封槽径向尺寸，将原来"O"形圈的压缩量从 16% 减少至 10%，提高通过性；

2）将密封槽的表面粗糙度从原来的 3.2 μm 提高至 1.6 μm，这样不仅减少了摩擦阻力，也有益于提高密封性能；

3）优化气瓶壳体孔口，使孔口形成一个小锥度的锥形导入段。

采取上述措施后，重新装配了一批产品，经过测试，氦检漏合格率提高到 30%。通过分解产品，所有产品的"O"形圈均在密封槽内，无被"切"现象。这表明 2.2.2 节中关于"O"形圈的压缩量的分析是正确的，采取的措施起到了效果。

对发生泄漏的产品分解结果表明，其原因是大部分挡圈没有正常进入与之配合的密封槽内。可见虽然密封槽改进后"O"形圈对聚四氟乙烯挡圈的挤压作用有所降低，但还是明显地存在，并使挡圈失效。

3.2 挡圈装配工艺的改进

3.2.1 挡圈结构分析

为了使充气组件上的聚四氟乙烯挡圈能装入密封槽内，必须在挡圈上开一个切口，使 d 能越过充气组件上 M8 螺纹大径，该挡圈选自我所标准，有一个 22°的斜切口。由于切口存在，挡圈不再是一个整体环形结构，在不大的挤压力作用下，挡圈就开始向外翻转直至突出。由于不能使用润滑脂，"O"形圈在装配时必然对挡圈产生更大的挤压作用力。根据 3.1 节的分析可知，要提高装配质量，采取相应的措施使挡圈正常装入密封槽是解决问题的关键。图 4 所示为高压挡圈。

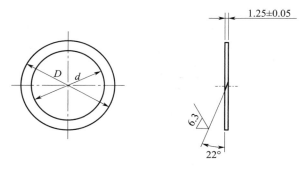

图 4　高压挡圈

3.2.2　第一次改进方案

如能采取措施使斜切口重新连接起来，使得挡圈成为一个整体环状结构，则能极大提高抗挤压的能力。而挡圈为聚四氟乙烯材料，属于非金属材料。非金属连接可以采用胶接的连接方法。采用的粘结剂为 502 胶水，该胶水连接强度满足要求，施工简便，固化时间极短。随即对新一批产品进行了装配工艺试验，再次装配充气组件并进行测试，氦检合格率提高到 50%。分解后结果表明，氦检不合格的主要原因有两个，一个原因是胶水不足，导致挡圈切口处没有完全粘连上，当遇挤压力大于粘结力时，挡圈失效；另一个原因是胶水太多，挡圈切口完全连接上，但多余的胶水淌入密封槽内，胶接了"O"形圈，使得"O"形圈硬化丧失了弹性变形能力，同时胶水充填了密封槽，挤占了"O"形圈弹性变形应有空间，使装入困难，从而无法起到密封作用。

胶接的工艺方法，虽能有不错的密封效果，但胶水的量难以控制，且涂胶的部位不易掌握。多余胶水易形成碎末，成为多余物，且一致性差，对批量生产而言不是一个合理的工艺方法。

3.2.3　第二次改进方案

虽然第一次装配工艺改进效果有限，但证明了提高挡圈抗变形的能力能减少"O"形圈对挡圈的挤压作用的工艺改进方向是正确的。分析原来的装配过程，"O"形圈是一次旋入，挡圈持续承受到挤压作用。第一次工艺改进的思路是增加挡圈的刚度，从改进试验结果来看，进一步改进余地不大。改变一下思路，如果在装配过程中，能不断地释放一些挡圈承受的挤压力，在"O"形圈及挡圈完整进入气瓶壳体孔口后，挡圈没有被挤出就可以达到装配要求。

通过分析研究，提出第二次改进方案。具体如下：

充气组件拧入与之配合的气瓶壳体时，通过尺寸链计算，得出气瓶端面与充气组件端面尺寸达 8.5 mm 时，充气组件上的"O"形橡胶圈与气瓶孔口端面正好接触。此时，螺旋进给量控制在前进≯50°角，然后逆向后退 25°角左右，以蠕动的方法来向前伸展释放"O"形橡胶圈径向压缩变形及橡胶摩擦阻尼而产生对挡圈的挤压力，使"O"形橡胶圈和挡圈顺利通过与之配合的气瓶壳体孔口端面。一旦充气组件上的密封元件"O"形橡胶圈和挡圈通过气瓶孔口端面后就可以直接拧入到止动点。

该方案的关键是通过来回往复以蠕动的方法来释放大部分"O"形橡胶圈径向压缩变形及橡胶摩擦阻尼而产生向后的挤压力，而较小的端面挤压力不会使聚四氟乙烯挡圈切口部分滑移突出。用该蠕动卸荷的方法进行充气组件装配，氦检合格率已达80%左右。

该方法特点是"O"形橡胶圈不停的前后蠕动，故称为蠕动装配法。也可以说是进二退一卸荷法。

3.2.4 蠕动装配法改进

3.2.3节的试验表明采用蠕动装配法的确找到了富有成效性的解决方案，但应进一步改进蠕动装配法，提高装配合格率。

蠕动装配法通过前后蠕动以卸荷释放挡圈承受挤压力，但还有一部分产品氦检未合格表明，还是有部分挡圈受到挤压产生变形导致密封失效。因此应进一步减少对挡圈的挤压变形作用。通过分析发现，"O"形圈蠕动时，前进≯50°角，然后逆向后退25°角的方法还是不足以释放更多"O"形橡胶圈对挡圈作用的挤压力，还存在个别挡圈突出的现象。采取的措施是将蠕动区间再缩小，螺旋进给量控制在前进≯30°角，然后逆向后退15°角左右。

如图5所示，前进≯30°角时，"O"形橡胶圈向前运动，并在摩擦力的作用下向后挤压挡圈，由于转动角度小，挡圈受到的挤压力不大，只产生弹性变形，使得切口略微胀开。当后退15°角时，使"O"形橡胶圈得以伸展。而挡圈不再受到挤压，挤压力的消失使得挡圈恢复原来的形状，切口复原。结果如图6所示。重复这个过程，"O"形橡胶圈就能不断向前运动，而挡圈不断释放所承受的挤压力，同时也不断向前运动，直到"O"形橡胶圈和挡圈均顺利通过气瓶孔口端面。

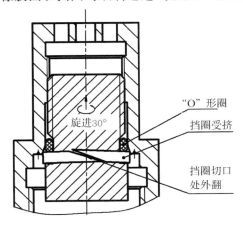

图5　前进≯30°角时密封件状态示意图

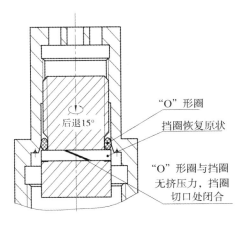

图6　后退15°角时密封件状态示意图

充气组件旋入的螺纹为M8×0.75，这相当于把0.75 mm的行程等分为24个扇形区间，在每个区间以30°角到15°角之间蠕动，"O"形橡胶圈缓慢向前伸展，从而使高压密封副顺利进入气瓶壳体。而"O"形橡胶圈直径为1 mm，加上挡圈的厚度后，只要使旋入量达2圈以上就可以直接拧入到止动点。按上述步骤装配了一批产品，氦检全部合格，验证了这一装配方法的有效性。

3.3　工艺固化

针对上述装配工艺的研究，将蠕动装配卸荷法固化为工艺操作规程，其具体实施过程如下：

1）充气组件拧入与之配合的气瓶壳体时，测量气瓶壳体端面与充气组件端面尺寸，当达到 8.5 mm 时，通过手感来确定"O"形橡胶圈与气瓶壳体密封槽端面接触。

2）此时，螺旋进给量须控制在前进≯30°角；逆向后退 15°角左右，使"O"形橡胶圈和挡圈向前伸展。

3）反复进行步骤 2），以前进≯30°角、逆向后退 15°角为 1 次，动作 48 次，当气瓶壳体端面与充气组件端面尺寸约为 7 mm 时，可以确定高压充气组件上的密封元件"O"形橡胶圈和挡圈已经通过气瓶壳体孔口端面，之后就可以直接拧到止动点。

4　结论

如表 1 所示，以蠕动的方法来向前伸展释放"O"形橡胶圈径向压缩变形及橡胶摩擦阻尼而产生向后的挤压力的装配法，经多次小批量装配均达到 100％的合格率，从而验证了这一装配方法的可靠性，成为该型号产品装配的工艺手段。

表 1　批次合格率统计

日期	批次	数量	合格率/％	备注
2011 – 08	1	7	14	常规方法装配
2012 – 02	2	10	80	第二次改进方案
2012 – 10	3	10	100	蠕动装配法
2012 – 12	4	12	100	蠕动装配法
2013 – 04	5	15	100	蠕动装配法
2013 – 08	6	20	100	蠕动装配法
2013 – 10	7	35	100	蠕动装配法

该装配手法作为一种创新的安装手段，对类似结构的密封装置装配有借鉴作用，为新产品的研发提供了一种新的装配思路。该装配法已经申请中华人民共和国普通发明专利和国防发明专利，受理号分别为：201310046019.5 和 201318001668.4。

备注：2011 年 8 月份进行的首批气瓶研制，只有 1 件产品勉强通过氦检漏，分解发现存在本文开头所述问题，作者分析并提出了解决问题的方法。

基于深孔加工 G 代码指令开发

杨峰

航天六院 7103 厂

摘　要　本文通过对深孔钻削程序指令 G73、G83 在加工深孔过程中刀具进给方式和排屑过程进行分析，找出影响深孔加工质量和效率的因素之一。通过编制宏程序，最大优化加工深孔过程中刀具进给方式，排屑更加科学，提高了深孔加工的质量和效率。

关键词　深孔　宏程序　深孔模块

1　引言

通常将长径比大于 5 的孔定义为深孔。深孔加工的尺寸精度、表面质量和加工效率一直是困扰孔加工的难题。现有的深孔钻削指令采用定深度进给方式，随着孔深的增加，排屑愈加困难，钻屑充填在钻头的容屑槽中与孔壁摩擦，导致孔壁表面粗糙度下降；当钻头退出时，钻屑在冷却液冲刷下会落入孔中，当钻头再次进入后，它将撞击位于孔底部的钻屑，在刀具的作用下开始旋转，被切断或熔化，降低刀具的使用寿命，甚至导致钻头折断。

由于现有的深孔钻削指令不能满足航天工程对产品加工质量的要求，需要对深孔钻削方式进行研究，对深孔加工的程序进行优化和改进，使之满足航天产品高精度、高可靠性要求。

2　存在的问题

2.1　指令格式及参数说明

$$G98/G99 \; G73 \; X\_Y\_Z\_R\_Q\_F\_K\_$$
$$G98/G99 \; G83 \; X\_Y\_Z\_R\_Q\_F\_K\_$$

式中　X，Y——待加工孔的位置；

Z——孔底坐标值（若是通孔，则钻尖应超出工件底面）；

R——参考点的坐标值（R 点高出工件顶面 2～5 mm）；

Q——每一次的加工深度；

F——进给速度（mm/min）；

G98——钻孔完毕返回初始平面；

G99——钻孔完时返回参考平面（即 R 点所在平面）。

如果 Z、K、Q 移动量为零，该指令不执行。

2.2 深孔指令加工的路径

大多数的数控系统提供了深孔钻削指令 G73 和 G83，其中 G73 为高速深孔往复排屑钻，G83 为深孔往复排屑钻，深孔加工的动作是通过 Z 轴方向的间断进给，即采用啄钻的方式，实现断屑与排屑的。虽然 G73 和 G83 指令均能实现深孔加工，而且指令格式也相同，但二者在 Z 向的进给动作是有区别的，图 1 和图 2 分别是 G73 和 G83 指令的动作过程。

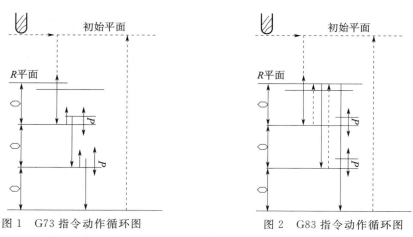

图 1　G73 指令动作循环图　　　　　图 2　G83 指令动作循环图

从图 1 和图 2 可以看出，执行 G73 指令时，即每次向下进给后刀具并不快速返回至 R 点平面，而只是回退一个微小距离（即退刀量 d）以断屑，这里退刀量 d 由 No.5114 参数设定；而 G83 指令，排屑式深孔加工循环，即每次向下进给后刀具都快速返回至 R 点平面，即从孔内完全退出，然后再钻入孔中。深孔加工与退刀相结合可以破碎钻屑，令其小得足以从钻槽顺利排出，并且不会造成表面的损伤，可避免钻头的过早磨损。G73 指令虽然能保证断屑，但排屑主要是依靠钻屑在钻头螺旋槽中的流动来保证的。因此深孔加工，特别是长径比较大的深孔，为保证顺利打断并排出切屑，应优先采用 G83 指令。

2.3 用 G73 和 G83 指令编程存在的问题

由图 1 和图 2 可以看出，利用现有固定循环指令 G73 和 G83 进行深孔钻削编程时存在如下问题：G73 和 G83 指令在钻孔时孔底动作均为快速返回，无暂停的动作。在实际加工中，当钻头退出时，钻屑在冷却液冲刷下会落入孔中。当钻头再次进入后，它将撞击位于孔底部的钻屑。钻屑在刀具的作用下开始旋转，被切断或熔化。同时对于深孔加工，随着孔深的增加，排屑必然愈加困难，如果为固定钻深，开始时合适，待到接近孔底时却不一定合适；如果按孔底加工情况来设定钻深，则势必严重影响加工效率。所以，有必要对深孔钻削的动作进行相应的调整，宜采用可变钻深，开始时钻深最大，随着深度的增加，钻深逐渐变小，确保刀具充分冷却和顺利排屑。

3 技术方案

3.1 深孔钻削方式的改进

现以图 3 所示零件为例，通过建立数学模型，编制宏程序，开发数控机床深孔加工模块指令，在一毛坯为 100 mm×1 500 mm×100 mm 的方料上加工 4 个深为 100 mm 的孔。

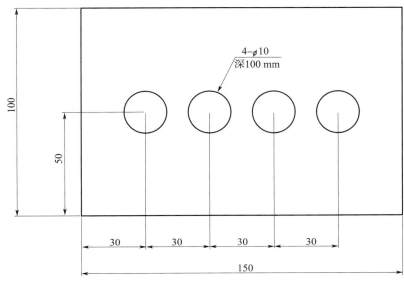

图 3　加工零件图

3.1.1　单个孔宏程序开发

对于深孔单步切削深度递减的加工程序，首先需要寻求建立数学模型，通过查阅相关资料，发现利用数学中的等差数列计算公式，可以进行开发。

1）等差数列通项

$$a_n = a_1 - (n-1)\, d$$

前 n 项计算公式

$$s_n = (a_1 + a_n)\, n/2$$

根据孔加工的相关参数定义各个符号含义：

a_1——第一次加工孔的深度；

a_n——第 n 次加工孔的深度；

n——加工的次数；

d——每次加工的递减量；

s_n——计算加工的深度。

2）依据图纸，带入相关数据进行计算

$$a_n = a_1 - (n-1)\, d \tag{1}$$

$$s_n = (a_1 + a_n)\, n/2 \tag{2}$$

联立式（1）和式（2）可得

$$s_n = [a_1 + a_1 - (n-1) d] n/2 \qquad\qquad (3)$$

带入数据

$$100 = [a_1 + a_1 - (n-1) d] n/2 \qquad\qquad (4)$$

其中，n 必须为整数，a_1 的值取 10，n（加工的次数）值取 15，带入式（4）得

$$100 = [10 + 10 - (15-1) d] 15/2 \qquad\qquad (5)$$

由式（5）解得：$d = 10/21$。

3.1.2 编制孔加工宏程序

（1）参数设定说明

＃1	10.0	第一次钻孔深度
＃2	1.0	加工孔的次数
＃3	10/21	每次孔深递减值
＃4	＃1－［＃2－1］＊＃3	每次加工的孔增量值
＃5	［＃2＊［＃1＋＃4］］/2	每次加工的孔深值

（2）刀具选择

刀具选择 ϕ10 钻头。

（3）加工程序（FANUC）数控系统

```
                O9010；
        G90G54G00X0Y0S600M3；
                G0Z50.0；
                 Z10.；
                 M8；
               ＃1＝10.；          第一次钻孔深度
               ＃2＝1.0；          加工孔的次数
               ＃3＝10/21；        每次孔深递减值
  N10 ＃4＝＃1－［＃2－1］＊＃3；     每次加工的孔增量值
  ＃5＝［＃2＊［＃1＋＃4］］/2；      每次加工的孔深值
             G1Z－＃5F60；
               G0Z10.；
              ＃2＝＃2＋1.0；
        G0Z－［＃5－2］（快速下刀）
       IF［＃5LT100.］GOTO10；
           G0Z50.0M05；
                 M9；
                 M30；
```

3.2 结合数控机床深孔加工模块指令开发程序

由于在仿真中开发出的加工程序是一个孔的加工程序，而零件图中需要加工四个孔，因此在机床中利用 G 代码开发技术，把开发出的宏程序用一个指令替代，通过给一个孔的位置，调用一次宏代码的方式完成零件图的加工，这样可以达到简化程序、方便加工的目的。

3.2.1 调用 9000 号以后程序的相关参数

参数号：N6050，设定值：0，功能是设定调用程序号 9010 的用户宏程序的 G 代码。

3.2.2 深孔加工模块指令开发过程

由于在系统参数号中有参数号：N6050，设定值：0，功能是设定调用程序号 9010 的用户宏程序的 G 代码，因此准备采用在 N6050 中将设定值改为 5（选择此值时最好避免与常用指令冲突），把所开发的宏程序的程序号改为 9010。这就意味着在程序中采用 G5 指令替代 O9010 这个程序。

（1）系统参数修改过程

系统参数修改步骤如下：

1）使系统处于急停或 MDI 状态下。

2）按下功能键［OFFSET SETTING］。

3）按下章节选择的软键［SETTING］，出现 SETTING 画面，如图 4 所示。

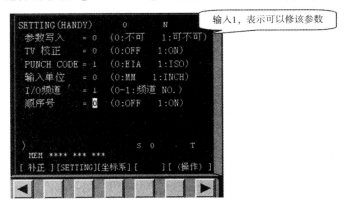

图 4　SETTING 画面

4）在 SETTING 数据中，当画面提示"PARAMETER WRITE（PWE）"时输入 1。出现报警 P/S 100（表明参数可写）。

5）按下软键［SYSTEM］。

6）按下章节选择的软键［PARAM］，出现参数画面。

7）修改参数。

8）按下软键［OPRT］。

9）按下功能键［OFFSET SETTING］。

10）按下章节选择的软键［SETTING］。

注：在 SETTING 数据中，当画面提示"PARAMETER WRITE（PWE）"时输入 0。

（2）利用 CF 卡进行程序的传输，程序导入数控系统

1）使系统处于 EDIT 状态下，按下操作直至出现图 5 所示的画面。

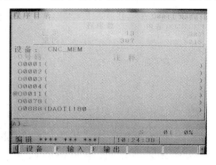

图 5　按下操作出现的画面

2）点击"设备"将会出现图 6 所示的画面。

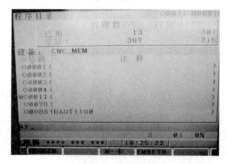

图 6　点击"设备"后出现的画面

3）按下 ▇▇▇ 将会出现图 7 所示的画面。

图 7　按下"M－卡"后出现的画面

（3）查找参数 6050

查找参数 6050，将会出现图 8 所示的画面。

图 8　查找参数 6050 后出现的画面

（4）在编辑状态下，编辑程序

O1；

T1M6；

G90G54G00X30．Y50．S600M3；

G0Z50．0；

Z10．；

M8；

G5；

G0 X60．0 Y50．；

G5；

G0 X90．Y50．；

G5；

G0 X120．Y50．0；

G5；

G0 Z50．M5；

M9；

M30；

当运行的过程中，我们发现如果 O9010 程序中最终结束符为 M30 时，只加工一个孔，需要将结束符改为 M99；经多次调试，最终成功完成的程序为：

O1；

T1M6；

G90G54G00X30．Y50．S600M3；

G0Z50．0；

Z10．；

M8；

G5；

G0 X60．0 Y50．；

G5；

G0 X90．Y50．；

```
G5；
G0 X120. Y50.0；
G5；
G0 Z50. M5；
M9；
M30；
O9010；
G0Z10.0；
#1＝10.；
#2＝1.0；
#3＝10/21；
N10 #4＝#1－［#2－1］＊#3；
#5＝［#2＊［#1＋#4］］／2；
G1Z－#5F60；
G0Z10.；
#2＝#2＋1.0；
G0Z－［#5－2］；
IF［#5LT100.］GOTO10；
G0Z50.0M05；
M9；
M30
```

4 结论

1）改进后的加工方式改定深度进给为变量进给，有效地解决了钻屑排屑困难，造成孔壁质量和尺寸精度下降的问题。

2）改进后的加工方式不但能更好地钻削通孔，而且根据赋值的变化也可钻削有精度要求的盲孔。

3）改进后的加工方式避免了钻屑对钻头的挤压，提高了刀具的使用寿命。

4）改进后的加工方式提高了生产效率。

喷注器架车铣复合加工方法

谢建强

航天六院 801 所

摘 要 将新引进的九轴车铣复合中心成功地运用在了复杂零件喷注器架的生产上，在提高产品质量稳定性的前提下，大幅度地降低了这种类型零件的加工周期。本文主要介绍如何开发利用这种新型的设备配合先进 CAM 软件和数控仿真系统，以及将车铣复合加工技术、数控编程技术、数控刀具技术有机地结合在一起的加工模式。

关键词 车铣复合加工技术

1 引言

带自动换刀刀库的多轴 CNC 车铣复合中心，带有 Y 轴和 B 轴，可实现在一台机床上车铣的完整加工，双主轴均采用电主轴设计，主副轴均带有空调恒温系统，主轴－29 kW，副主轴－22 kW，设备床身结构刚性强、配置了刀库、上料机构、下料机构、自动对刀装置，下刀塔可两面装刀，上铣削主轴可大角度偏摆，具有 9 轴加工功能，其中 5 轴可联动加工。

2 技术难点

2.1 基本结构

图 1 所示为某型号双组元发动机用喷注器架零件三维模型图，其最大端直径为 $\Phi184$，主要由安装脚、氧化剂支座安装位、燃料支座安装位、喷管安装位、喷注芯体安装位、测压管嘴安装位等组成。

图 1 某喷注器架零件三维模型图

2.2　加工难点

1）该喷注器架的材料为 7715D 钛合金，是一种较难加工的航天特种材料，主要性能指标见表 1。

表 1　7715D 钛合金主要性能指标

试验温度/℃	力学性能，不小于					
	R_m/MPa	$R_p0.2$/MPa	A/%	Z/%	Aku_2J	HBS
室温	1 020	850	8	20	20	250
600	600	500	15	—	—	—

这种特殊材料的加工相对于普通钛合金的加工具有更加粘刀的特点，切屑不易折断，加工过程中易引起刀头烧坏等现象。若是采用普通高速钢刀具加工，刀具磨损较快，对于这种材料去除率大的零件来说十分不利。

2）喷注器架零件中的接口尺寸公差较为苛刻，例如与燃料支座的接口 $\phi9$，与氧化剂支座的接口 $\phi67$，与喷注芯体对接的 $\phi70$ 等尺寸，其允差均为 0.01 mm，同轴度也在 0.015 之内，加工要求较高，这些重要尺寸若有超差，即可导致零件报废。

3）从零件的基本结构来看，既有车加工内容，如各种尺寸内孔；又有铣加工内容，如各种减轻凹槽；还有偏心车加工内容，如 $\phi72$ 偏心圆。若按以往加工方法，采用普机、数控车床、加工中心等设备，工序长达近百道，工件在不同机床、不同工位上流转，流转时间、等待时间、装夹校调时间较长，由于采用了多种设备加工，需要采用多个基准对不同的加工内容进行定位，导致了最终产品质量不稳定，合格率低下。

新的方案采用了一体化加工的思路，所有工序车、铣、钻、镗、铰均在一个设备上完成，这种方案的难点在于如何选取适当的基准，使所有的工序都能基准统一，避免来回换基准造成的精度误差问题；如何编制合理的刀路，使整件零件在不拆卸下来的情况下完成所有工序；如何避免这种精密复杂的九轴车铣复合设备在加工过程中发生碰撞，导致难以估量的经济损失。

3　技术方案

3.1　车铣复合加工工艺

3.1.1　基本流程图

图 2 为喷注器架在九轴车铣复合中心上加工的基本流程图。

3.1.2　加工工序编排

根据车铣复合中心具有既能车加工、又能铣加工的特点，特别设计了喷注器架的一体化加工工序。加工前，坯料加工成 $\phi190 \times 54$、内孔为 $\phi50$ 的圆环形坯料。

根据基准统一原则，加工基准与建模基准采用同一基准，即圆环端面的中心点。

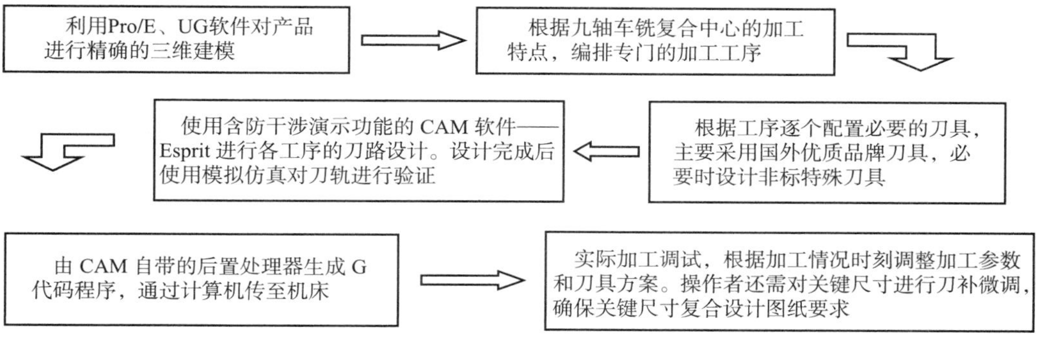

| 利用Pro/E、UG软件对产品进行精确的三维建模 | → | 根据九轴车铣复合中心的加工特点，编排专门的加工工序 |

| ← 使用含防干涉演示功能的CAM软件——Esprit进行各工序的刀路设计。设计完成后使用模拟仿真对刀轨进行验证 | ← | 根据工序逐个配置必要的刀具，主要采用国外优品品牌刀具，必要时设计非标特殊刀具 |

| 由CAM自带的后置处理器生成G代码程序，通过计算机传至机床 | → | 实际加工调试，根据加工情况时刻调整加工参数和刀具方案。操作者还需对关键尺寸进行刀补微调，确保关键尺寸复合设计图纸要求 |

图 2   喷注器架在九轴车铣复合中心上加工的基本流程图

加工具体思路为，先在正主轴上加工安装喷注芯体的一端，端面上的螺纹孔、若干结构减轻槽和减轻孔及三个角座的外形轮廓，见图 3。

利用九轴车铣复合机床产品对接的功能，实现一次装夹无拆装，由副主轴配合软三爪夹持铣好的三个脚座，将工件转移到副主轴上来。

在副主轴上先将坯料余量进行去除，之后对氧化剂支座端进行车、铣等加工，见图 4。

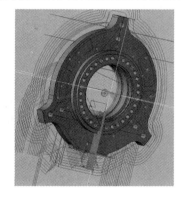

图 3   正主轴加工内容图

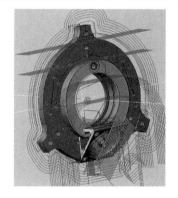

图 4   副主轴加工内容图

在燃料支座端（斜面端）建立坐标系，利用机床的多轴联动加工完成斜面上的各项内容，见图 5。

图 5   斜面端加工图

3.1.3　刀具的选择和设计

刀具采用微晶粒硬质合金的材质，普遍都带有牌号为 1025 的涂层，这种涂层为 PVD 涂层（即物理气相沉积法涂层），PVD 涂层与普通 CVD 涂层（化学气相沉积法涂层）相比具有以下优点：

1）涂层有效厚度只有几微米（可小于 5 μm），适于涂覆高精密刀具；

2）涂层纯度高，致密性好，与基体结合牢固；

3）涂层均匀，刀刃和圆弧处无增厚或倒圆现象；

4）这种涂层用于耐热优质合金和钛合金的低速切屑，良好的耐热冲击和耐沟槽磨损性使它适用于长时间切削和断续切削。

对于钻头和铣刀这类工具，采用具有中心内冷的刀具，保证加工过程中深槽与深孔的内容能有良好的冷却性能。

除了常规的刀具外，为喷注器架中一些特殊结构还设计了一些非标刀具。如图 6 所示，底面有一圈 φ5 的声腔孔，其孔底为平底设计，孔口有 R0.5 的结构，为此设计了一种能将底平面和倒角及孔壁精加工一次完成的刀具，如图 7 所示。

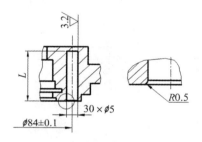

图 6　声腔孔结构简图　　　　　　　图 7　倒角平底钻照片

在燃料支座端（斜面端）有一个碗形结构，如图 8 所示。以往加工这个结构，需要通过特制的工装倾斜支座平面，校调将燃料支座轴线与车床轴线吻合，通过车加工来加工这个结构，其中刀具还要避开 φ9 的管口，防止发生刀具的碰撞，加工过程十分复杂繁琐。

在新工艺中设计了能贴合这个碗形结构的铣刀，且在铣刀中心做内孔以此避开 φ9 的管口，完成后的铣刀实物见图 9。

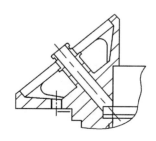

图 8　斜面碗形结构简图　　　　　　　图 9　定制成型刀照片

3.2 CAM 软件及数控仿真系统

3.2.1 刀路的设计

（1）车加工刀路

车加工以车削部分的轮廓作为特征，根据特征应用其 CAM 模块生成粗加工循环刀路，在端面方向与直径方向设置 0.05 mm 的精加工余量，最后由精加工刀路一刀完成。

（2）铣加工刀路

喷注器架的铣加工以铣凹槽和轮廓为主，铣削加工的切刀宽度控制在刀具直径的 30% 左右，由轮廓作为基形向外部逐层扩大，直至将整个切除材料部分包容。此外对于切除深度较大的余量，不仅在宽度方向上分层切除，在深度方向上也进行分层切除，以保证刀具合理的切深。

由于车铣复合中心以车削为主，受结构限制，故在刀路设计中利用了 CAM 软件的端面缠绕加工模式，即在铣刀塔工作的同时，主轴一起作相应的旋转运动，由计算机自动计算其缠绕加工时 X、Y 轴轨迹，使此零件上尺寸较大的铣加工内容均能顺利完成。

（3）斜面碗形型腔刀路设计

斜面碗形结构为零件的较难加工部位，在使用成型铣刀加工碗形结构前，还需要进行粗加工去余量。应用 CAM 软件，设计了一种斜面阶梯状刀路，考虑到加工效率问题，在粗加工平面质量与加工时间中取一个较平衡的值，每个阶梯高度设定为 0.5 mm，加工刀路见图 10。

（4）仿真模拟

在所有刀路设计完成后，还需要对刀路进行仿真模拟，以验证刀路是否正确，其中包括：刀具是否切深过大而超出设定值；刀具和刀柄在加工过程中是否会和机床发生碰撞；零件在移动过程中是否会和机床发生碰撞；正副主轴对接位置是否正确。

图 11 为车加工一内槽的仿真模拟图。

图 10　阶梯结构示意图

图 11　加工内槽仿真模拟图

4 实际加工

4.1 加工思路

在实际加工过程中，采用了将整个过程拆分成若干个模块的加工思路，即单个加工工序独立进行加工。发现问题后，对 CAM 进行反馈，不断地修正。待验证无误后进行下一项工序，最后由若干个此类单独的加工步骤组成整个加工程序，见图 12。

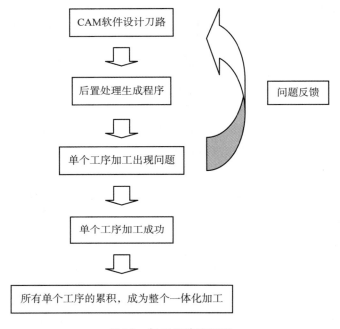

图 12 加工思路流程图

4.2 零件装夹和基准找正

零件加工从头至尾只采用了一次人工装夹，所以只需采用一次基准找正，按传统方式在毛坯端面上车出一个平面，记录这个平面的 Z 轴的机床坐标值，作为零件加工的零位平面，零件对接到副主轴时，通过计算将坐标系转换至毛坯背面即可。

4.3 切削参数的选择

前端面的加工内容以外圆车加工和外形铣轮廓为主，外圆内孔粗加工采用 50 m/min 恒定线速度，限制主轴最高转速 300 r/min，避免车加工至轴心附近时，速度趋向于无穷大。精加工时进给速度 $f = 0.08$ mm/r，待精加工将进给降至 0.05 mm/r，以保证表面 Ra3.2 的粗糙度。粗加工每刀切深 1 mm，留 0.05 mm 余量最为最后精加工。

经反复加工试切实践，在钻加工时，如 M4 螺纹的底孔 $\phi 3.3$、M6 螺纹孔的底孔 $\phi 5$ 等采用线速度 25 m/min，进给 $f = 0.04$ mm/r；采用逐钻加工方法，逐钻单步深度为 2～

3 mm,保证排屑顺畅。

整体硬质合金铣刀粗铣外形速度设置在 $20 \sim 30$ m/min，$f = 0.06$ mm/r，精铣加工则将线速度提高至 40 m/min，$f = 0.03$ mm/r，零件表面质量和尺寸均能达到要求。但是在使用 $\phi 63$ 端面铣刀铣背面余量时，机床振动较大，加工发热较大，冷却油遇刀尖，烟雾现象严重，在以降低线速度至 10 m/min 左右时，可实现平稳地加工。

对于定制铣刀，由于刀具切削面积较大，故采用比常规刀具更加保守的切削速度，$\phi 5$ 平底钻采用线速度 20 m/min，$f = 0.03$ mm/r，锥面碗形成型铣刀线速度为 15 m/min，$f = 0.02$ mm/r，保证了特制刀具的使用寿命。

4.4　正副主轴对接

正副主轴对接零件是实现一次装夹、一体化加工的关键。零件、卡盘、床身作为一种刚体在大功率电机的推动下，对接过程计算稍有闪失，产生碰撞后会对这种昂贵的设备造成难以估量的损伤。

零件对接点的原理是通过设置的 G55 坐标系，结合副主轴退回的位置、设置的快进、对接距离，自动生成对接的位置值，其关键是要设置正确的 G55 坐标系。

采用 CAD 作图计算，由卡盘距离、坯料厚度、量块厚度、副主轴退回位置、算出 G55 坐标系位置，最后由 CAM 软件仿真验证对接点位置的正确性。

由于夹持位为三个角座，软三爪与三个角座间有个相对角度的问题，通过修改机床参数来修正副主轴的初始角度定位，让其上的软三爪与三个角座重合，不至夹紧错位。

最后实际对接时，采用单步模式，监视每一步的加工动作是否符合仿真效果。若有错误，立刻停止实行手动复位，最终完成整个对接的动作。

图 13~图 16 为这种正副主轴对接零件的模拟仿真步骤。

4.5　产品实物

图 17 为喷注器架的最终完成照片，经检验，所有关键尺寸和基本尺寸均符合图纸要求，随时可以应用于实际规模化生产。

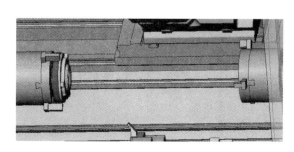
图 13　副主轴准备示意图

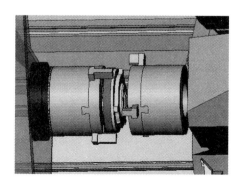
图 14　副主轴进入工作区域示意图

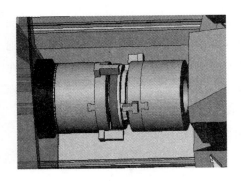 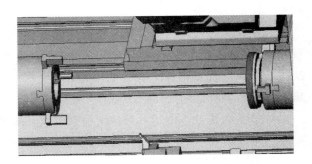

图 15　副主轴对接零件示意图　　　　图 16　主轴松开，副主轴夹紧归位示意图

图 17　产品最终完成照片

5　结论

通过开发和研究，使车铣复合加工零件的新工艺成为了现实。项目开发过程中主要取得了以下的效果：

1）工序高度集成化；

2）以铣代车确保一体化加工；

3）机床原始参数微调，实现正副主轴对接时的精确定位；

4）通过装夹微调提高机床动力刀座的加工精度；

5）应用三维模拟仿真防患于未然。

通过车铣复合加工将原先单件零件周期时间节约近 80％，加工效率有了一个质的飞跃。对加工程序、刀具、切削参数进行固化后，实现零件加工精度的稳定性。

参 考 文 献

［1］　袁哲俊,刘华明. 刀具设计手册. 北京:机械工业出版社,1999.

［2］　宝山钢铁股份有限公司. 航天用高温钛合金(7715D)等温锻件技术条件　BTXI 004－2006.

高温合金涡轮壳体数控车加工技术

王建刚

航天六院 7103 厂

摘 要 某预研型号发动机的涡轮壳体是涡轮泵的关键部件，为高温合金（GH202）和不锈钢（S-08）两种难加工材料的焊接组合件。由于该壳体形状复杂，加工精度要求高，数控加工重点集中在车加工工序，通过精确的工装定位，刀、量具选择，切削用量选择，并且在编制数控程序等多方面采取正确、有效的合理措施，解决了高温合金加工难题，缩短了研制和加工周期，提高了生产效率，保证了产品质量，为今后快速高效加工提供了借鉴。

关键词 涡轮壳体 高温合金 精密加工

1 引言

某预研型号发动机在研制过程中，其涡轮壳体为高温合金（GH202）和不锈钢（S-08）两种难加工材料的焊接组合件。

经过三个多月实际加工和探索，从影响加工的各个要素入手，优化工艺流程，选择合适的刀具及切削参数，编制了一套完整的数控程序，采取相应措施使其加工质量稳步上升，很好地达到了设计图纸的要求。

2 材料分析

涡轮壳体采用的是镍基沉淀强化型高温合金（GH202）。该材料在 1 000 ℃下具有优良的抗燃气热腐蚀能力，具有高温强度大，冷作硬化严重，切削性能极坏，它的切削加工性能为 0.5～0.2，比不锈钢加工难度更大，是最难切削的高温合金之一。

3 技术难点

3.1 从产品的结构特征进行分析

3.1.1 产品结构图

产品结构和尺寸要求分别如图 1 和图 2 所示。

图 1 产品结构图

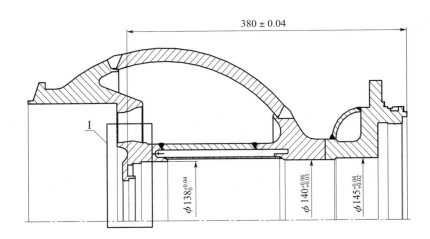

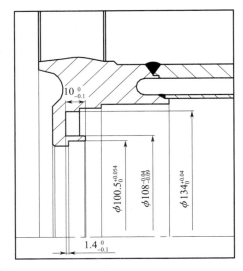

图 2 产品结构示意图

3.1.2　尺寸精度分析

从产品的结构特征分析，加工难度重点集中在低温端型面壳体内腔型面的加工。低温端型面尺寸多且加工精度要求高，壳体内腔的轴向长度深（380±0.04）mm，形位公差要求高，表面粗糙度要求高，特别是内腔底部的 U 型密封槽，公差要求非常严（$\phi138_0^{+0.04}$ mm），加工时根本无法目测观察，要求刀杆长，而刀杆长则刚性差，造成对刀非常困难。从形位公差上分析，要求低温端型面与壳体内腔必须一次加工完成，且保证各型面尺寸之间的垂直度、同轴度在 0.01 mm 范围内，才能满足设计图纸要求（见图 2）。

3.2　从加工材料进行分析

高温合金的主要成分为镍和铬，还添加了少量的其他元素，如钽、铌、钨等（35～45HRC）。这些都是用来制造硬质合金或（高速钢）刀具的重要成分，用这些刀具加工会产生扩散磨损和磨料磨损，其特征表现为：在高温下仍保持着高强度；切削加工硬化严重；与刀具材料有较强的亲和力；切削加工中，合金存在少有的高动态剪切强度；热导率差；含有硬性碳化物等磨损性物质和高延展性。

鉴于高温合金材料的以上的特征，其在加工难度方面存在如下特点。

3.2.1　加工硬化倾向大

高温合金切削加工后会产生 0.03 mm 厚的硬化层，加工硬化现象对刀寿命有很大影响。通常会使刀具产生严重的边界磨损，硬化层产生后极难消除。

3.2.2　切削力大

高温合金强度比一般合金钢高 30％以上，在 600 ℃以上切削温度下，镍基合金的强度仍高于普通合金钢。

3.2.3　材料导热性差

切削高温合金时产生由刀具承受的大量切削热。刀刃部分承受高达 800～1 000 ℃左右的切削温度。在高温与大切削力的作用下，将导致切削刃产生塑性变形粘结与扩散磨损。

3.2.4　较强的亲和力

加工时高温合金零件和通用刀具发生反应，导致焊合和形成切削瘤，使切削刃产生部分缺损，降低刀具的寿命。

3.3　加工工艺分析

涡轮壳体采用的高温合金材料，为稳定其内部的组织结构，涡轮壳体在加工前必须先进行深冷处理。

涡轮壳体加工的轴向及端面基准为涡轮静子端面，加工低温端型面、壳体内腔型面时必须以涡轮端端面定位装夹。为此需在加工前先以涡轮静子端面为基准，车加工大端端面，再精车涡轮端内孔为下道工序精加工提供找正基准，加工低温端型面、壳体内腔时，以大端端面定位，找正静子内孔，精加工低温端型面及内腔型面。为此根据零件深度直径特别订制了专用刀杆，专门刃磨了特殊刀具进行加工。

4 技术方案

由于涡轮壳体的结构特殊，形位公差要求高，普通机械加工根本无法保证，因此设计制作了两套装夹定位胎具。

4.1 工装制作

图 3 所示工装用于大端端面定位，压板装夹，找正胎具外圆、端面在 0.01 mm 以内，如端面跳动量超过 0.01 mm，则必须进行精车，以保证其平面垂直度在 0.01 mm 以内，λ面为定位机床连接面。

图 4 所示工装用于低温端型面，加工涡轮转子端面焊接坡口专用工装，压板装夹，找正内孔、端面 0.01 mm 以内，如端面跳动超过 0.01 mm，则必须进行精车，以保证其平面度垂直度 0.01 mm 以内，λ面为定位机床连接面，螺纹孔为零件夹具连接孔。

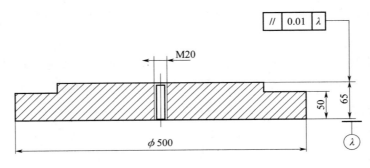

图 3 工装示意图 I

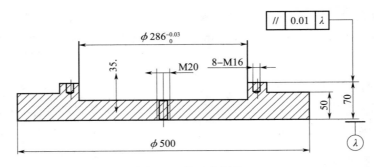

图 4 工装示意图 II

只有这样，加工出来的涡轮壳体两端端面的平行度才能保证在 0.01 mm 之内，才能为后续的配镗定位销子孔提供强有力的保障。

设计此装夹定位胎具找正方便、快捷，装夹可靠，完全满足设计图纸的形位公差要求。

4.2　刀具选择

4.2.1　刀具牌号

根据涡轮壳体高温材料的特性，分别选用了国产 YG6、YD15 硬质合金刀具及进口刀具进行试加工，经过反复加工验证，不断改进刀具的刃磨角度，根据使用情况进行分析比对：进口刀具切削角度小、磨损快，不适合粗车、精车的加工，最终选用 YD15 硬质合金刀具，解决了刀具问题，满足加工尺寸要求。

4.2.2　刀具刃磨

根据涡轮壳体的型面结构特殊，需要使用并手工刃磨多种类型的刀具，如外圆车刀、车槽刀、螺纹车刀、型腔孔车刀等，由于涡轮壳体内腔的轴向深度深，空间狭小，普通刀具无法使用，根据产品的实际结构设计并刃磨了特殊形状的刀具，以避免狭小空间发生干涉、碰撞，经多次摸索试验，最终刃磨如图 5 所示的刀具。

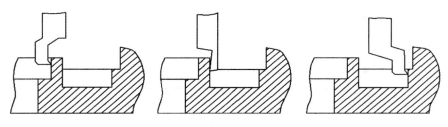

图 5　刀具结构示意图

4.2.3　刀具角度选择

理论上高温材料一般在粗车时，采用刀具前角约为 10°～20°，后角为 2°～4°，主偏角为 70°～90°，副偏为 2°～4°；在精车时，采用刀具前角约为 20°～25°，后角为 5°～8°，主偏角为 60°～70°，副偏角为 10°～15°.

针对涡轮壳体的实际加工情况，在粗车时，采用刀具前角为 10°，后角为 2°～4°，主偏角为 80°，副偏角为 4°，刀尖圆弧约为 0.2，断屑槽应开得大一些，以增强刀具耐用度。

在精车时，采用刀具前角为 25°，后角为 10°，主偏角为 60°，副偏角为 10°，刀尖圆弧约为 0.1，并保持刀具锋利。

4.3　刀具切削用量的选择

涡轮壳体在试加工过程中，发现吃刀深度少于 0.1 mm 时，加工硬化现象严重，刀具磨损快，刀具耐用度急剧降低。因此针对高温合金材料反复试验，不断改变切削用量，最终选择以下切削用量，收到了满意效果。

1）粗车时，选用 25 r/min 转速，吃刀深度 4 mm，走刀量 0.15 mm/r。

2）精车时，选用 20 r/min 转速，吃刀深度 0.2～1 mm，走刀量 0.1 mm/r。

4.4 零件的测量

涡轮壳体的测量难点主要集中在 U 型密封槽的内孔、外圆上，内孔 $\phi138^{+0.04}_{0}$ mm 尺寸可用三爪千分尺测量，由于无法目测到尺寸，只能借助小镜子和手电筒来完成，见图 2。而对于外圆 $\phi108^{-0.04}_{-0.09}$ mm 尺寸，现有的量具无法解决测量问题，见图 2 放大图。为此特别制作了专用量规。图 6 所示为综合量规，用于检测内孔、外圆是否符合要求，图 7 所示为槽宽量规，主要用于检验 $\phi108^{-0.04}_{-0.09}$ mm 尺寸是否合格。通过近几年的实际加工验证，用此套量规测量的产品完全满足设计图纸要求。

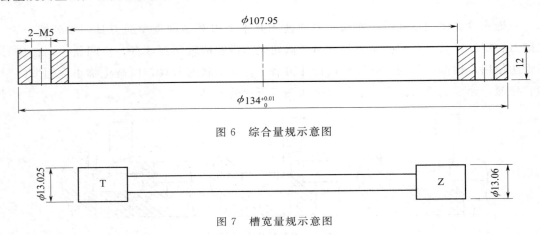

图 6 综合量规示意图

图 7 槽宽量规示意图

4.5 切削液的选用

切削液选用是否合适，对于加工高温合金起着非常关键作用，在切削实验过程中，选用了几种不同种类的切削液，如乳化液、豆油、机油、水基冷却液，分别作了切削试验，最终选用了国外生产的水基冷却液，效果良好，加工出来的产品表面粗糙度满足图纸要求。

4.6 数控程序编制与验证

由于涡轮壳体的复杂结构及高温合金的特性，加工过程中需要根据不同部位更换多种不同结构的刀具，故无法编制一套完整的加工程序，因此，加工程序只能分部位、分段编制，大致分为以下几段：低温端法兰基准面及外圆加工程序；80°密封面加工程序；低温端内孔加工程序；螺纹加工程序；涡轮静子环形槽加工程序；内孔加工程序等。程序编制采用工艺人员绘制并给出关键程序数控点，操作者手工编制，并不断修改完善，采用试加工验证，最终编制了一套完整的合理数控程序。

5 结论

根据产品结构特性，高温合金材料难加工特性，设计制作的专用工装，确定了刀具材料、结构、加工参数，制作了专用量具，编制合理的数控程序，不但生产出了满足设计要求的产品，而且提高了生产效率，降低了刀具费用，缩短了生产周期。经过多次试车验证，解决了生产过程中的实际问题。

参 考 文 献

［1］ 金属切削加工．北京:中国宇航出版社,1995.

［2］ 加工中心操作工．北京:中国劳动保障出版社,2000.

［3］ 易维坤．航天制造技术．北京:中国宇航出版社,2003.

［4］ 尚育如．航天工艺基础知识培训教材(下).北京:中国宇航出版社,2005.

不对称薄壁框架结构零件加工工艺研究

周军　杨从科

航天七院 7105 厂

摘　要　本文对薄壁不对称框架零件在数控铣加工过程中的颤动现象进行了研究。加工过程中的颤动现象，将严重影响零件的表面质量和尺寸精度。作者结合实际加工经验，对薄壁不对称框架零件进行理论分析和计算，找出了颤动产生的可能原因；并在此基础上提出了改进方案，在实际生产中验证了该方案的正确性和可行性。经过多次对该方案的实际验证，实验数据表明，零件在加工过程中的颤动现象得到了有效的控制，零件的表面质量和尺寸精度有了明显的改善，加工效率也得到了提高。

关键词　颤动现象　定位装夹方式　加工精度　框架

1　引言

图 1 是我厂常见的不对称框架零件，与普通框架零件相比较，它主要有以下特点：

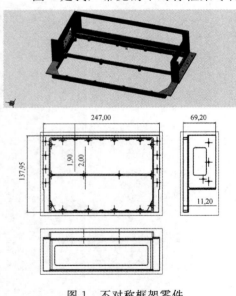

图 1　不对称框架零件

1）由于该零件属于卫星上的零件，其质量就要求尽可能轻，因此设计选用了密度较小的特种铝材，同时在保证装配要求的情况下尽量去除较多的材料。

2）零件要具有较高的强度、抗腐蚀性、抗疲劳强度，还要具有一定的韧性。

3）零件的尺寸、形位精度要求高。如果尺寸、形位精度超差，容易造成与之装配的控制电路板安装困难，或者控制电路板安装以后发生扭曲变形，导致控制器件失效。

4）零件结构形状便于装卸控制电路板。

针对零件以上特点，工厂现有的工艺流程是在铣床上进行粗加工，然后在加工中心上进行粗铣型腔和最后的精加工。零件经铣床、加工中心粗加工后形成多组复杂的支架结构，这种支架结构的零件作为被加工系统，具有难装夹、加工时易振动、加工易变形等三大特点。

（1）难装夹

零件结构复杂，结构为"框架"形式，可用于装夹定位的部位较少，并且要考虑装夹力的大小对零件加工产生的影响。如果只采用单一、传统的定位夹紧方式，则不能达到理想的加工精度和其余设计要求。

（2）加工时易振动

1）被加工系统刚性较差；

2）多组框架、复杂结构造成零件在加工过程中各个部位受力不均匀。

（3）加工易变形

1）零件去除材料多：90％以上的材料都要被去除，这样将造成零件内应力集中。

2）零件的筋超高，壁薄，厚度为 1.85 mm。

3）不对称结构时，加工中应力集中造成零件变形，严重时将造成零件报废。

4）零件材料将由 H112 状态改变为 T4 状态（铝合金材料在 T4 状态下加工变形比较严重）。

针对零件在加工过程中的以上特点，要求零件在后续精加工过程中对应不同的加工部位必须采用非常规的装夹方式。

传统的定位夹紧方式用虎钳夹或者压板压。作者发现，两种方式都不能解决加工主视图型腔过程中零件出现的颤动现象。而当它的颤动频率与机床切削系统（包括刀具、刀头、主轴头）振动频率基本一致的时候，切削系统就会发生共振，具体表现为加工系统发出刺耳的嚣叫声。当共振出现时，现场操作者只能暂停加工过程，通过修改加工参数（主要是降低转速，降低切削用量等），用降低效率的方式来消除或减轻颤动现象。

一旦出现了共振、颤动现象，零件在加工完后的表面粗糙度很差（无法满足 Ra 3.2 μm），局部甚至出现严重的划痕；同时经过测量，尺寸和位置精度都大大降低，不能满足设计要求。

如何减少零件在加工过程中的颤动及变形程度，提高零件的加工精度和表面光洁度，同时提高加工效率——这一系列问题都亟待我们研究和解决。

2 技术难点

2.1 发现问题

毛坯材料在进行粗铣和热处理加工工序以后，零件在数控铣上进行精加工，零件的孔系尺寸精度和位置精度要求都非常高（最高要求达到 0.02 mm）。工厂通常在加工该零件时采用虎钳夹、压板压等常规的装夹方式，零件在加工过程中出现颤动现象，操作者将铣刀的转速降低，切削用量降低，加工过程中的颤动现象依然没有明显改善；零件在加工后，经过三坐标检测，部分尺寸精度和位置精度不能达到设计要求，零件的表面粗糙度超差严重；如果采用表 1 的参数进行加工，生产效率也较低，不能满足实际生产的效率要求，因此，需对零件在加工过程中的装夹方式进行改进，采用的切削参数如表 2 所示。

表 1 改进前的加工参数

切削参数	刀具转速/ (r/min)	切削深度/ mm	进给量/（mm/min)	颤动 现象	加工时间/h
旧装夹 方式	4 500	0.5	600	有	6

表 2 改进后的加工参数

切削参数	刀具转速/ (r/min)	切削深度/ mm	进给量/（mm/min)	颤动 现象	加工时间/h
新装夹 方式	30 000	0.2	20 000	消失	1

2.2 问题分析

（1）装夹方法不可靠

由于零件壁薄、筋高，受力状况很不好。刀具的切削力作用在加工部位，而零件的壁薄，当受到的切削力大于其所能承受的刀具切削力时就会产生颤动，因此可以判断出形成被加工系统颤动现象的主要原因不是零件的脆弱杆在受到压紧力后产生的压缩变形，而是切削力和由切削力产生的翻转力矩。如何减小切削力和翻转力矩 MXZ 刀是我们下一步研究的方向。

因此不正确的装夹方法是造成零件在加工过程中产生颤动、造成零件报废的主要原因。

（2）加工工艺路线不合理

原加工路线为：下料→粗铣→淬火→精铣→钳工→入库。由于该零件是将 H112 状态经过淬火改变成 T4 状态，零件加工去除量很大，加工内应力没有得到充分释放和均化，使得零件在加工过程中变形很大，因此只进行粗铣、精铣两次铣加工工序是不能保证零件的加工精度的，因此必须考虑在零件加工过程中穿插热处理工序，消除加工内应力，增加半精铣。因此不合理、不完善的加工工艺路线也是造成零件报废的主要原因之一。

（3）刀具选用不合理

由于该零件加工深度为 60 mm 圆角 R3，所以使用的刀具长度必须超过这一长度，刀具的大小、长短、刚性直接影响零件的加工质量。若刀具直径与长度比过小，即刀具较细、较长，刀具材料刚度差，那么此类刀具在加工零件时，便具有"让性"，会加大刀具本身及零件的颤动，加工出的零件表面粗糙度及精度自然达不到设计要求。

其次，刀具的齿刃多少及螺旋角的大小，直接影响零件在加工过程中受到的切削力大小。若刀具齿刃多，螺旋角小，那么零件受到的切削力就大，颤动便会加大。

因此，刀具选择不合理，使切削力更进一步加大，造成颤动，这是零件报废的主要原因之一。

（4）切削参数不合理

切削参数主要包括：转速、切削深度、进给量。这三种参数的选择必须根据零件材料、结构及加工部位而进行有针对性的选择，若选择了不合理的参数，不仅会加大刀具的磨损，更是加工不出合格的零件，零件的表面质量及尺寸精度会受到极大的影响。

切削参数的选择不合理，也会造成加工过程产生颤动，这也是零件报废的主要原因之一。

（5）机床选用不合理

普通数控机床主轴转速较低，零件在刀具低转速加工时，大部分切削热残留在零件加工部位，导致应力局部集中，在加工中产生较大变形。另外，普通数控机床控制系统的可靠性、传动系统的稳定性也较差，容易使零件在加工过程中产生颤动。

若机床选用不合理，机床性能差，转速提不高，会加大零件加工过程的颤动及变形程度，导致零件报废。

3 技术方案

3.1 采用新的定位装夹方式增加零件强度

在加工零件正面时单纯靠虎钳或压板已经不能满足此零件的加工，所以作者选择自己设计的工装定位（见图2），一则零件基准面嵌入工装，与工装接触面增大，支撑辅助零件，增加强度、减小变形。二则用工装定位可靠、减小接刀痕。在设计工装夹具时，在工装上按实际零件结构特点设计出螺钉安装位置，在零件加工过程中，压紧中间筋增加零件的刚性，此间可以倒压板，防止中间筋因切削力而产生颤动，这样先加工一腔，在倒压板加工另一腔。这样既增加了零件的强度，也很好地保证了零件的精度。

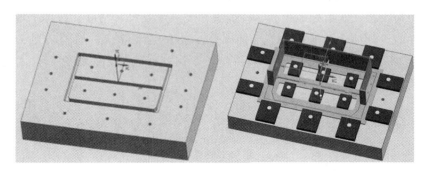

图 2 工装及精铣正面装夹图

工装图中槽为零件主视图台阶形状，起到装夹定位点作用，工装上表面为基准面

3.2 改善工艺方法

由于粗加工→淬火→精加工的工艺方法已经不能满足此零件的加工，因此在粗加工淬火后改变状态后增加半精加工（工艺路线为下料→粗铣→淬火→半精铣→钳→热处理失效消除加工内应力→精铣→钳工→入库），增加热处理失效，消除让零件的加工，应力得到充分释放，再留均匀的余量 0.5 mm 在精加工工序，这样减少了零件的加工应力变形。可

以更好地保证零件的尺寸及位置精度。

3.3 刀具

在刀具的选择上,精加工一般选择刀具螺旋角较大,(如图 3 所示,螺旋角较大,参与的切削刃就多,当前一个切削刃还没有离开切削表面后一个刃就已经参与切削了,这样切削过程就比较平稳)、长度为 100 的整体涂层硬质合金铣刀,这样参与切削的刃接触面积小,切削阻力就小,就可以消除加工中出现的颤动现象,加工出来的表面质量就会得到提高。

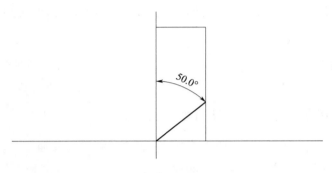

图 3　螺旋角标识图

3.4 切削参数

切削参数在加工过程中至关重要,合理的切削参数可以延长刀具的使用寿命,使机床达到最佳的切削状态,能很好地提高零件的表面光洁度及尺寸精度,在加工此零件的过程中,由于零件的设计尺寸高为 69.2,底面圆角要求 $R=3$,需从一面进刀的刀具长度达到 60 以上。众所周知,刀具直径越小,夹持越长,切削性能越差。加之零件本身的强度很弱,切削参数就成了一个关键的因素。

经过反复验证,粗铣选用 12 mm 的整体硬质合金玉米铣刀,半精铣选用 8 mm 整体硬质合铣刀,精铣选用 6 mm 整体硬质合金铣刀,加工参数见表 3~表 5。

表 3　粗加工使用切削参数

刀具规格	刀具转速/（r/min）	切削深度/mm	进给量/（mm/min）
12 mm	6 000	5	1 500

表 4　半精铣刀具切削参数

刀具规格	刀具转速/（r/min）	切削深度/mm	进给量/（mm/min）
12 mm	6 000	1	1 500

表 5　精铣切削参数

刀具规格	刀具转速/（r/min）	切削深度/mm	进给量/（mm/min）
6 mm	30 000	0.2	28 000

3.5　机床

加工好工装夹具，选择好合适的刀具，试验出合理的加工参数后，机床的选择也非常关键，虽然普通的加工中心也能加工出此零件，可加工效果并不是太理想，再者，加工时间也较长，与工厂质量与效益管理严重不相符。因此，选取高速加工中心。高速加工中心与普通加工中心相比，具备主轴转速高，控制系统效率高，传动系统稳定等特点，加工能达到高转速、高效率、高精度的显著效果。

在转速提高的过程中，零件的表面光洁度及圆角颤纹明显改善，高速加工不但把加工效率提高 3～6 倍，还能显著降低加工应力，因为高速铣在加工过程中切削力和切削热大部分都是由切屑带走。切削力和切削热的减少将减小零件的加工应力变形，从而提高零件产品合格率。

4　结论

在实际生产过程中，根据零件的特殊性及难加工性，及时发现、分析问题，并制定出合理的加工方案及设计出合适的工装夹具。在框架类零件的加工中，合理的工装夹具是必不可少的，这样既能增加零件刚性及强度，也能更好地方便定位装夹，对零件精度的保证提供了保障。

对某型号零件阀体的加工优化

胡波

航天七院 7111 厂

摘　要　本文重点对某型号零件阀体在数控车加工中，提高一次交检合格率的加工工艺优化方法的研究，并作优化前后的对比性介绍。

关键词　数车加工　同轴度　加工路线　装夹定位

阀体具有尺寸精度高、形状复杂、数量多的特点，为提高加工效率，改为数控车床加工。但经过几批次加工后，出现尺寸精度不易保证、一次交检合格率低的情况。经过加工方法优化，不断地改变加工方式，拟定出合理可行的加工工艺，保证了零件质量和生产进度。

1　引言

某型号零件阀体是该型号产品上的关键零件，见图 1。

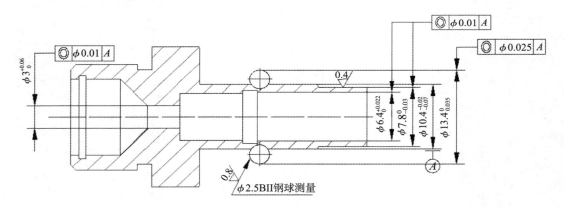

图 1　某型号零件阀体

该零件设计要求：内孔 $\phi 6.4_0^{+0.022}$ 与 $\phi 3_0^{+0.06}$ 的同轴度要求为 $\phi 0.01$ mm。

因为孔 $\phi 3_0^{+0.06}$ 属于深小孔，无法一次装夹完成，必须调头装夹进行二次加工，这样就使同轴度难以保证。而 $\phi 6.4_0^{+0.022}$ 与 $\phi 3_0^{+0.06}$ 的同轴度是否合格将直接影响阀体的密封性能及阀杆在该零件 $\phi 3_0^{+0.06}$ 孔里的偏摆，因此 $\phi 6.4_0^{+0.022}$ 与 $\phi 3_0^{+0.06}$ 同轴度的加工质量至关重要。2012 年首次在数控车床上进行 11 件该零件的加工，同轴度全部不合格，影响该产品质量及交付进度。

2 技术难点

2.1 加工中的难点分析

2.1.1 工艺加工路线分析

工艺图纸中 $\phi 6.4_0^{+0.022}$ 与 $\phi 3_0^{+0.06}$ 的同轴度要求为 $\phi 0.01$ mm，而这两个尺寸需要二次装夹分别加工，且 $\phi 3_0^{+0.06}$ 尺寸属于深小孔加工，因此与零件加工步骤的选择、零件的关联尺寸精度、零件的装夹精度等都有非常重要的关系。

按数车加工原加工工艺路线，$\phi 3_0^{+0.06}$ 小孔是在零件掉头加工时，软爪装夹，用工装铰刀（工装铰刀号为 sf120－164）进行铰削加工，从而保证 $\phi 6.4_0^{+0.022}$ 与 $\phi 3_0^{+0.06}$ 的同轴度，而在实际加工中，暴露出以下问题。

原加工步骤为：工步一：车 $\phi 10.4 \rightarrow$ 车 $\phi 2.5$ 圆弧槽 $\rightarrow$ 扩钻 $\phi 6.4$ 孔 $\rightarrow$ 镗 $\phi 6.4$ 孔；工步二：调头装夹 $\phi 10.4$ 外圆，加工 $\phi 3$ 孔。

$\phi 10.4$、$\phi 6.4$ 与 $\phi 3$ 都标注有形位公差，是关联尺寸，虽然 $\phi 10.4$ 与 $\phi 6.4$ 的同轴度通过检测为 $0.007 \sim 0.009$ mm，符合图纸要求，但是在调头加工 $\phi 3$ 孔时，$\phi 10.4$ 外圆为装夹基准，如果 $\phi 10.4$ 与 $\phi 6.4$ 同轴度控制不好，那么 $\phi 6.4$ 与 $\phi 3$ 的同轴度就难以保证。

2.1.2 三爪形状不合理定位精度较差

三爪夹持面为零件的直径为 $\phi 10.4$ 的直通圆弧面，装夹时三爪圆弧面完全接触阀体 $\phi 10.4$ 外圆，而阀体 $\phi 10.4$ 外圆上有 $\phi 2.5$ 圆弧槽，多次装夹后，三爪圆弧面因受力不均容易变形，如图 2 所示。

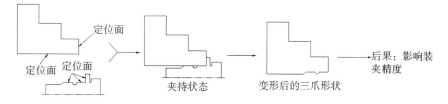

图 2 三爪装夹圆弧面变形示意图

由于阀体需要调头加工，三爪的定位精度至关重要。普通的三爪镗制方法镗制的三爪（见图 2）装夹跳动大于 0.01 mm，定位精度较低，不能满足阀体掉头加工时，跳动小于 0.005 mm 的装夹定位精度要求。

2.1.3 铰刀在数车加工中问题

钻夹头是夹持铰刀的基准，它的定位精度将影响铰刀的工作状态，通过对钻夹头夹持铰刀后进行轴向和径向跳动的检测，跳动均大于 0.01 mm，其定位精度不能保证铰刀的装夹基准。而刀位装夹铰刀后，铰刀与主轴的轴心线难以重合，使得铰刀在铰削加工时与零件内孔由于位移而形成轴向切削力，导致内孔形位公差超差。

以上三点是导致阀体同轴度超差的主要因素，形成了阀体零件在数车加工过程中的难点。

2.2 阀体零件的超差统计分析

对 6 组数车加工的 146 件不合格品原因进行统计分析（见表 1），发现 $\phi 6.4_0^{+0.022}$ 与 $\phi 3_0^{+0.06}$ 的同轴度超差是导致一次交检合格率低于考核指标的主要原因。只要保证 ◎$\phi 0.01$，就能有效提升一次交检合格率。

表 1　已加工 6 组零件的不合格原因分析

不合格原因	频数	百分比/%	累计百分比/%
◎$\phi 0.01$ 超差	138	94.5	94.5
ϕ（6.4＋0.022 0）超差	4	2.7	97.2
ϕ（10.4－0.02 －0.07）超差	2	1.4	98.6
粗糙度 Ra0.4 μm 超差	1	0.7	99.3
程序试刀	1	0.7	100
合计	146	100	100

3　技术方案

3.1　优化加工工艺路线

具备了良好的定位基准以及采取小孔镗刀替换铰刀加工后，阀体零件加工步骤的合理安排，就显得尤其重要。经过多次试加工，得出下列加工步骤是合理可行的。

3.1.1　工步一

按工艺步骤加工完 $\phi 10.4$ 外圆后，再加工 $\phi 2.5$ 外圆槽。由于切削力较大，导致在随后加工 $\phi 6.4_{-0.005}^{+0.012}$ 孔时，外圆与内孔同轴度在 $\phi 0.005 \sim 0.009$ 之间，所以在调头装夹 $\phi 10.4$ 外圆加工 $\phi 3_0^{+0.06}$ 孔时，同轴度 $\phi 0.01$ 始终难以保证。

针对这种情况，改变了加工步骤：先加工 $\phi 10.4$ 外圆与 $\phi 6.4$ 内孔，后再加工 $\phi 2.5$ 外圆槽。加工 5 件后送三坐标计量，同轴度都控制在了 $\phi 0.002$ mm 以内。

切削参数：$S=1\,500$ r，$F=0.04$ mm。

刀具选择：$R0.8$ 切槽刀，$\phi 3.8$ 内孔镗刀，35°外圆精车刀。

3.1.2　工步二

调头加工时，先加工螺纹及外槽达图，内孔尺寸留 0.05～0.1 mm 精车。

切削参数：$S=1\,200$ r，$F=0.04$ mm。

刀具选择：外螺纹刀，$\phi 3.8$ 内孔镗刀，35°外圆精车刀。

3.1.3　工步三

精镗软爪后，再精镗 $\phi 3_0^{+0.06}$ 孔及内锥面。为了确保每件零件的装夹精度，将 $\phi 10.4$ 外圆留出 4～5 mm 长的位置，利用杠杆千分表打表找正后精车。加工 5 件阀体送三坐标计量检测，同轴度完全能够控制在 $\phi0.01$ mm 以内。

切削参数：$S=2\ 500$ r，$F=0.01$ mm。

刀具选择：自制内孔镗刀，$\phi3.8$ 内孔镗刀。

3.2 提高三爪装夹的定位精度

在镗三爪时，采用以下步骤：

1）粗镗：粗镗前需保证软爪活动范围在 0.2 mm 以内，夹持的料头应与三爪间隙吻合，粗镗后留余量 0.1 mm。

2）精镗：采用锋利的刀片镗制三爪，保证三爪圆弧面的尺寸为 ϕ（10.4±0.02）mm，要求三爪底面与内孔一次镗成，然后将三爪夹持面镗空一部分，与阀体 $\phi10.4$ mm 外圆形状一致，见图 3。

图 3　软爪精镗示意图

用粗、精镗法镗制的软爪装夹精度在 0.002～0.004 mm 之间，符合装夹的精度要求。

切削参数选择为：$S=1\ 500$ r，$F=0.02$ mm。

3.3 自制小孔镗刀替代铰刀

由于阀体零件材料为 9Go18，经过热处理后硬度达到 38～42HRC，经过试车削，发现材质细腻均匀，排屑正常，零件的粗糙度及尺寸较易保证，具有较好的切削性能。使用小孔镗刀能够保证 $\phi3$ 孔尺寸及粗糙度。

鉴于铰刀在数控车床上使用的局限性，决定利用废旧的硬质合金铣刀柄部自制小孔镗刀，替代铰刀进行 $\phi3$ 孔的加工，根据零件形状特点，自制小孔镗刀形状尺寸如图 4 所示。

4　效果检查

在对后续 5 组阀体零件进行加工时，采取了优化后的加工措施和加工工艺路线。三爪装夹 200 件以上零件，打表检测未见三爪变形；自制小孔镗刀加工尺寸稳定，内孔粗糙度满足工艺要求；且加工路线能够保证 $\phi6.4_0^{+0.022}$ 与 $\phi3_0^{+0.06}$ 的同轴度在 $\phi0.01$ 以内。经统计，阀体数车加工一次交检合格率由原来的 61.58% 提高到 98.63%，达到优化改进目标 97%，说明优化措施有效。

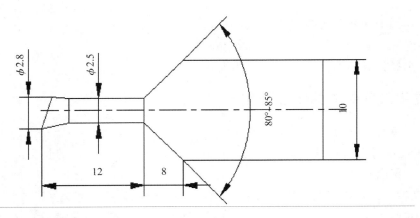

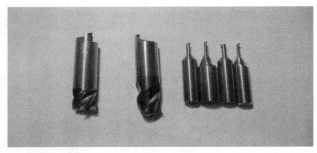

图 4   自制小孔镗刀

为对于优化后的加工方法，采取了如表 2 所示的巩固措施。

表 2   巩固措施固化方式

提高三爪精度	将软爪镗制程序保存，并将该方法推广
用小孔镗刀代替铰刀	将小孔镗刀制作方法形成图纸保存，并固化为工装刀具
改善加工步骤	对工艺提出修改工艺步骤（已修改）

5   结论

此次对阀体零件在数车加工中的加工优化，措施有效，效果明显，并形成了成熟的工艺路线；在保证加工质量的同时，进一步提升了阀体数车加工的生产效率。

参 考 文 献

[1]   杨荣富,董申 . 金属切削原理 . 北京:机械工业出版社,1988.
[2]   李为民,张亚萍,黄淑琴 . 机械零件数控加工 . 北京:中国人民大学出版社,2009.
[3]   马鹏飞,张松生 . 机械工程材料与加工工艺 . 北京:机械工业出版社,2008.
[4]   郭连湘,黄小平 . 机械零件加工质量检测 . 北京:高等教育出版社,2012.
[5]   刘蔡保 . 数控车床编程与操作 . 北京:化学工业出版社,2009.

浅谈壳体类不锈钢隔膜的车削技术

高大斌 徐薇薇

航天七院 7102 厂

摘 要 某军协产品部件由壳体、尾段及隔膜等零件组成，隔膜在壳体和尾段中间通过焊接而成为重要部件，隔膜的质量好坏直接影响部件是否合格和军协产品质量。

关键词 不锈钢隔膜 切削特点 加工方法

1 引言

隔膜零件材料为 1Cr18Ni9Ti，该材料具有又粘又硬、塑性大的特点，因此切削变形大，难于加工，报废率高。从开始实验到现在的批量加工，每批加工都要求增加数量来保证使用数量。其中 $\phi 30$ 尺寸公差要求 ± 0.02 mm，厚度（0.3 ± 0.04）mm，直径大而薄，加工中易造成 0.3 两面呈伞形状（见图 1），容易使零件在焊接时焊透，因此保证零件的质量就显得很重要。

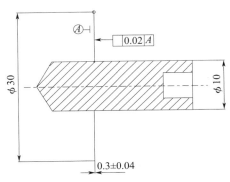

图 1 隔膜零件图

2 技术难点

2.1 材料的切削特性

1Cr18Ni9Ti 属于奥氏体不锈钢，其中含 Cr 约 18％，含 Ni 约 8％～11％，含碳量很低，经固溶后，塑性韧性好，强度较低。该材料切削加工性比中碳钢差得多。以普通 45 号钢的切削加工性作为 100％，奥氏体不锈钢的相对切削加工性为 40％。

不锈钢在切削过程中有如下特点：因为不锈钢的塑性大，使切削力增加，在切削应力和切削热的作用下，切削加工时产生严重硬化层，前一道工序所产生的加工硬化现象严重影响后续工序的顺利进行。切削时塑性变形及与刀具间的摩擦都很大，产生的切削热多；加上不锈钢的导热系数约为 45 号钢的 1/4～1/2，大量切削热都集中在切削区和刀屑接触的界面上，散热条件差。在车加工时，由于不锈钢的韧性很大，切削连绵不断，不仅影响操作的顺利进行，切削还会挤伤零件表面。在高温、高压下，不锈钢中 Cr 和 Ti 等元素的存在，易和刀具中 Cr 和 Ti 等元素发生亲和作用，使刀屑间产生粘结、扩散，从而使刀面形成积屑瘤，加剧刀具磨损，并出现撕扯现象而使已加工表面恶化，使刀具发生急剧的磨损。加上不锈钢中的碳化物（如 TiC）微粒硬度很高，切削时直接与刀具接触、摩擦、擦伤刀具，还有加工件容易产生热变形，尺寸精度较难控制。由于含镍较多，加热时组织不变。通过冷加工硬化可大幅度提高强度。在加工过程中产生的带状切屑易对零件的表面产生划伤。加工中易发生加工硬化现象，硬化层给下一层切削带来很大难度。

2.2　不锈钢车削加工刀具的选择

（1）刀具材料选择

根据不锈钢的切削特点，车削刀具应具有耐热性好、耐磨性高、与不锈钢的亲和作用小等特点。目前常用的刀具有高速钢和硬质合金。

在相同的车削条件下，选用含碳量较高的高速钢，这是由于提高了钢的含碳量，从而增加了刀具中碳化物含量，常温硬度提高。部分调整钢刀具不易在高温条件下加工不锈钢，容易造成刀具的快速磨损，因此在选择高速钢刀具时除了选择耐高温的材料外，一般只做精加工选择（见表 1）。

表 1　高速钢刀具加工特点

材料	硬度/HRC	600 ℃时硬度/HRC	应用特点
W18Cr4V	63～66	48.5	综合性能好，通用性强
W6Mo5Cr4V	63～66	47～48	强度好，热硬度较差
W12Mo3Cr4V3N	67～69	55	超硬高速钢，用于低速加工

硬质合金的选择：YG 类硬质合金的韧性和耐磨性较好，可用较大的前角，刀刃磨得锋利些，使切削轻快，切屑与刀具不易产生粘结。特别是在振动的粗车和断续切削时，YG 类合金的这一优点更为重要。YG 类合金的导热性较好，其导热系数比高速钢高将近 2 倍，比 YT 类合金高 1 倍。因此 YG 类合金在不锈钢切削中应用较多，特别是在粗车刀、切断刀、扩孔钻及铰刀等制造中应用更为广泛，一般都采用 YG6、YG8。而 YT 类刀具由于和不锈钢中 Ti 元素发生亲和作用，一般不被采用。YW 类刀具耐磨性差，但耐热性较好，可以作为精车刀使用。

（2）刀具几何角度选择

前角 γ_0：不锈钢硬度强度不高，但其塑性、韧性都较好，切削时切屑不易被切离。在保证刀具有足够强度的前提下，应选用较大的前角，这样不仅能够减小被切削金属的塑性变形，而且可以降低切削力和切削温度，同时使硬化层深度减小。车削各种不锈钢的前角大致为 12°～30°。对奥氏体不锈钢，前角应取较小值，大约是 10°～15°。

后角 a_0：加大后角能减小后刀面与加工表面的摩擦，但会使切削刃的强度和散热能力降低。后角的合理值取决于切削厚度，切削厚度小时，宜选较大后角。在进行粗加工时，为了提高切削效率和降低硬化程度，应该选择较大的切削深度，因此应该选择小的后角，同时也保证刀具有足够的强度。在精加工时，为了保证零件的尺寸精度和形位公差，降低变形，应该选择较大的后角。不锈钢车刀或镗刀后角通常取 $10°\sim20°$（精加工）或 $6°\sim10°$（粗加工）。

主偏角、副偏角和刃倾角：减小主偏角可增加刀刃工作长度，有利于散热，但在切削过程中使径向力加大，容易产生振动，常取 $k_r=45°\sim75°$，若机床刚性不足，可适当加大。副偏角常取 $k'_r=8°\sim15°$。为了加强刀尖，一般应磨出 $0.5\sim1.0$ mm 的刀尖圆弧。刃倾角：为了增加刀尖强度，刃倾角一般取 $-8°\sim-3°$，断续切削时取较大值 $-15°\sim-5°$。生产实践中，为了加大切屑变形，提高刀尖强度与散热能力，采用双刃倾角车刀，取得了良好的断屑效果，也加宽了断屑范围。第一刃倾角 $\lambda\geqslant0°$，第二刃倾角在接近刀尖部位，$\lambda\approx-20°$，第二刃倾角的刀刃长度 $l_{s2}\approx a_p/3$。当双刃倾角车刀的 $g_0=20°$、$a_0=6°\sim8°$、$k_r=90°$或$75°$、倒棱前角 $\gamma=-10°$、$r_e=0.15\sim0.2$ mm 时，在 $V_c=80\sim100$ m/min、$f=0.2\sim0.3$ mm/r、$a_p=4\sim15$ mm 的条件下切削，断屑效果良好，刀具耐用度高。要求刀具前后刀面的表面粗糙度值小。

（3）刀具断（卷）屑槽和刃口分析

由于不锈钢的变形，在加工中易产生带状切屑，因此刀具需选用合理的卷屑槽，以便控制铁屑的流向，通常采用全圆弧或直线圆弧形卷屑槽。卷屑槽宽度 $B_n=3\sim5$ mm，槽深 $h=0.5\sim1$ mm，$R_n=2\sim8$ mm。一般在粗加工时进给和切深大，卷屑槽应该宽而浅；精加工时进给和切深小，卷屑槽应窄而深。卷屑槽形状见图 2。

切削加工过程中，如果发生切屑缠绕在工件或刀具上的现象，表示断（卷）屑槽过宽过浅，可加大进给量，使切屑折断；如果切屑挤轧在槽内，发出吱吱叫声，或切屑飞溅伤人，表示断（卷）屑槽太窄太深，这时可减小进给量。同时还要注意控制断（卷）屑槽的位置。

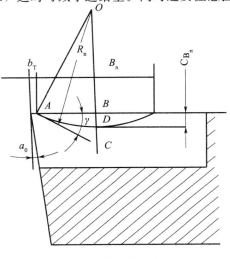

图 2　卷削槽形状

带状铁屑很容易使刀刃蹦缺，因此刀刃应做一定的倒棱处理（见表2）。

切屑加工过程中，如果发生切屑缠绕在工件或刀具上的现象，表示断（卷）屑槽过宽过浅，可加大进给量，使切屑折断；如果切屑挤轧在槽内，发出吱吱叫声，或切屑飞溅伤人，表示断（卷）屑槽深，这时可减小进给量。同时还要注意控制断（卷）屑槽的位置。

表 2　卷屑槽基本尺寸

工件直径/mm	半径 R_n/mm	宽度 B_n/mm	前角 g_0	倒棱尺寸 b_r/mm
20～40	3	3	30	粗车 0.05～0.1 精车 0.1～0.2
	3.5	3.5	30	
	4	4	30	

2.3　不锈钢车削的切削用量

切削用量对不锈钢加工产生很大的影响，合理选择切削用量（见表3和表4）不仅提高了刀具的耐用度，也可提高零件的表面加工质量。

表 3　粗加工切削用量

工件直径/mm	切削速度/（r/min）	进给量/（mm/r）	切削深度/mm
10～20	300～400	0.1～0.3	2.5～4
20～40	200～300	0.1～0.3	2.5～4

表 4　精加工切削用量

工件直径/mm	切削速度/（r/min）	进给量/（mm/r）	切削深度/mm
10～20	350～400	0.1	0.1
20～40	250～350	0.1	0.1

切削速度 V_c：加工不锈钢时切削速度提高，切削温度就会上升，刀具磨损加剧，耐用度则大幅度下降。为了合理提高刀具的耐用度，就要降低切削速度，一般按普通碳素钢的 40%～60% 选取。

切削深度 a_p：粗加工时余量较大，应选用较大的切深，可减少走刀次数，同时可避免刀尖与毛坯表皮接触，减轻刀具磨损。加大切深应注意不要因切削力过大而引起振动。精加工时可选较小的切削深度，还要避开硬化层，一般采用 0.1～0.5 mm。

进给量 f：进给量的增大不仅受到机床动力的限制，大的进给量可以作为一种断屑方式，但切削残留高度和积屑瘤高度都随进给量的增加而加大，因此进给量不能过大。为提高加工表面质量，精加工时应采用较小的进给量；同时，也不得小于 0.1 mm/r，避免微量进给，以免在加工硬化区进行切削，并且应注意切削刃不要在切削表面停留。

2.4　车削的冷却要求

切削液作为机械加工的重要辅料，主要起到冷却、润滑、清洗和防锈四个主要作用，它可以延长刀具的使用寿命，提高零件的加工精度和切削加工效率，降低零件表面粗糙度。

由于不锈钢的切削加工性较差，对切削液的冷却、润滑、渗透及清洗性能有更高的要求，常用的切削液有以下几类：

1）硫化油：是以硫为极压添加剂的切削油。切削过程中能在金属表面形成高熔点硫化物，而且在高温下不易破坏，具有良好的润滑作用，并有一定的冷却效果，适用于一般车削、钻孔、铰孔及攻丝。硫化豆油适用于钻、扩、铰孔等工序。直接硫化油的配方是：矿物油 98%，硫 2%。间接硫化油的配方是：矿物油 78%～80%，植物油或猪油 18%～20%，硫 1.2%。

2）机油＋煤油：润滑性可以，但渗透性差。

3）豆油或菜籽油等：润滑性能较好，适用于车螺纹及铰孔、攻丝等工序。

4）乳化液：具有较好的冷却和清洗性能，有一定的润滑作用，可用于粗车加工。在使用时要采用在流量和高压方式，严禁断断续续。

目前比较常用的是豆油或专用不锈钢冷却油。

3 技术方案

（1）工装设计

为了保证零件厚度尺寸（0.3±0.02）mm，在加工时需使用自制工装（见图 3），一方面可以保证零件的定位精度，另一方面可以提高零件的刚性。工装可以采用 45 号材料加工，外圆直径可以略大于工件最大外圆，内孔与工件 ϕ（10±0.02）mm 进行配合，间隙尽量小，厚度约 1 mm，两个端面的平面度要保证在 0.005 mm，采用研磨方法保证，且两面的表面粗糙度达到 0.8 μm，两侧无伤痕，防止零件在加工过程中被划伤。

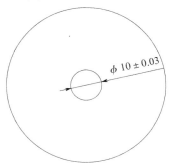

ϕ 10 ± 0.03

图 3 自制工装图

（2）加工方法

隔膜零件（见图 1）从外形看，由外圆、锥度、内孔三部分组成，零件结构简单，但保证厚度（0.3±0.02）mm 和平行度 0.02 mm 有很大难度。根据不锈钢材料变形特点，首先对零件进行粗加工，去除多余的材料，消除部分内应力，保证厚度为（1±0.03）mm，并且保证平行度不大于 0.04 mm。切削速度为 300 r/min，进给量为 0.15 mm/r，切削深度 2 mm。0.3 mm 尺寸的两个侧面采用手动或自动走刀方式由外圆到中心的顺序进行加工，最后一刀在原始的刻度上重复车削一次，目的是消除内应力和减小加工过程中的变形。整个过程利用冷却液进行充分冷却。加工过程中，及时对刀具进行刃磨修复，保持刀具的锋利程度，防止刀具在磨损状态下挤压切削，造成切削力增大，切削热提高，导致零件在粗加工和半精加工过程中出现较大的尺寸应力变形和热变形。

精加工过程中，先加工零件左端 A 基准面，加工中严格保证刀具的锋利程度，切削速度选 360 r/min，进给量为 0.1 mm/r，切削深度 0.1 mm，并保证零件左端外圆尺寸为 ϕ（10±0.02）mm，为精加工右端使用工装奠定基础。再加工零件右端时，采用左端 ϕ（10±0.02）mm 为定位基准，并将工装安装在左端 ϕ（10±0.02）mm 外圆上（见图4），并与 0.3 mm 端面紧贴，测量时可以和工装一起测量。因为大的余量已经去除，再次进行半精加工和精加工，并且刀具要刃磨锋利，最后一刀仍采用由外圆到中心的走刀方式，以消除内应力引起的变形，加工过程中要保证足够的冷却液，选用小的进给量。零件在装夹时要擦洗干净，以免划伤零件表面。

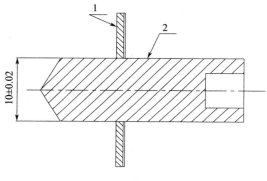

图 4　安装示意图

1—工装；2—零件

4　结论

不锈钢隔膜虽然难以加工，但经过对材料、刀具、切削参数的合理分析，以及前期大量的实验摸索，有效地控制了零件的加工变形，逐步掌握了相应的解决方法，使隔膜零件的加工合格率有较大提高，达到了设计和使用要求。

参 考 文 献

［1］　许德珠．机械工程材料．北京：高等教育出版社，2001.

［2］　刘俞铭．新型不锈钢材料、制品设计生产加工新技术与工艺流程优化及工程应用实用手册．香港：中国科技文化出版社，2007.

［3］　北京第一通用机械厂．机械工人切削手册．北京：机械工业出版社，2004.

［4］　金禧德．金工实习．北京：高等教育出版社，2003.

浅谈壳体类零件深孔钻削技巧

李华兵　李东奇　干卫华

航天七院 7102 厂

摘　要　壳体零件的深孔加工是航天产品机械加工工艺的难点之一。本文通过对航天壳体类零件的深孔钻削工艺特性进行深入分析，设计了一套专用深孔钻削模具，优化了钻头刀具角度和加工工艺，总结了一套深孔加工工艺优化的思路和方法，并在实际生产中取得了良好的优化效果。

关键词　壳体　深孔钻削　加工方法

1　引言

航天产品的壳体类零件由于安装和装药的需要，90％以上的壳体零件都有孔且多为深孔[1]，深孔加工是航天壳体类零件机械加工的重要组成部分。深孔是指长径比 L/D 大于 5 而小于 10 的孔[2]，在深孔加工中，刀具多采用普通麻花钻，而刀具的排屑、冷却润滑和导向等问题难以解决，特别是对于小直径的深孔，这三类问题显得尤为突出[3]。此外，夹具、量具和机床设备等各个工艺环节都影响着深孔加工的质量。因此，如何充分利用企业现有的普通麻花钻和机床设备完成深孔钻削加工，成为能否有效优化航天壳体类零件深孔加工工艺和提高生产效率的关键。

2　技术难点

以××-0500-101 军协产品外壳体零件为例，对壳体类零件的深孔钻削工艺特性进行分析。该型号产品钻孔孔径为 $\phi1.2\ mm$，零件尺寸参数如图 1 所示。

零件在生产过程中，通常采用先划线、打样冲眼等工序，该方法加工单件需用时 30～40 min。同时，加工中易出现以下问题：

1）壳体类零件的深孔钻削主要集中在外圆弧面，且钻头直径和截面积较小，钻杆悬臂量较大，钻削加工中刀杆的刚性较差，会出现定心不稳，钻头偏斜的现象，使孔的尺寸精度和位置精度无法满足设计要求；

2）加工过程中切屑较宽，容屑尺寸受到限制，且该零件材料为 1Cr18Ni9Ti，高温强度和高温硬度高，切屑不易切离，出现卷曲和折断现象，致使排屑过程中，出现较大的摩擦、挤压、拉毛和刮伤已加工表面现象，降低孔表面质量；

3）深孔加工孔径普遍较小，切削液很难注入半封闭的孔内，刀具和工件之间所产生的摩擦热无法有效排散，大部分热量会被刀具吸收，导致刀具温度较高，特别是在断续切削时，刀具极易产生磨损和粘结破损，降低刀具使用寿命。

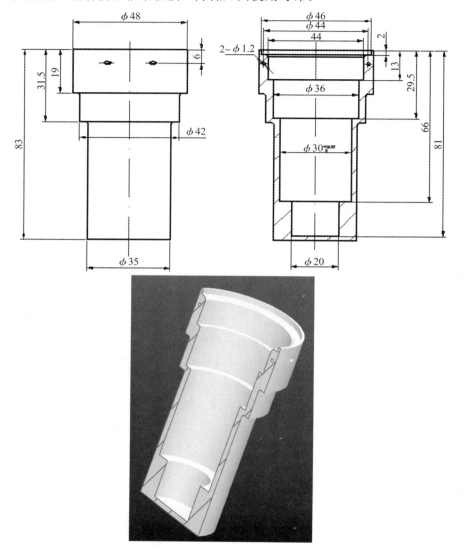

图 1　典型壳体零件工件图

对该类零件在钻削加工中出现以上问题进行全面分析，作为对机加工艺优化的参考依据，为最终保证深孔钻削的尺寸精度和位置精度，以及提高刀具使用寿命和加工效率的提高奠定基础。

3　技术方案

该零件的加工要求在弧形壳体面钻削孔径为 $\phi1.2$ mm 的深孔，假设在加工中仅使用 $\phi1.2$ mm 口径的麻花钻对其进行加工，可以得到刀具切入过程中麻花钻受力情况，如图 2 所示。当刀具与被加工零件表面接触时，刀具会受到零件表面对刀具施加的反作用力 F，

方向近似为刀具与零件接触点切线的法线方向。对反作用力在沿刀具轴向和径向方向上进行力学分解，可以得到

$$F_{径} = \cot 24° \cdot F_{轴} \tag{1}$$

式中　　$F_{径}$——反作用力在刀具径向方向上的分力；

　　　　$F_{轴}$——反作用力在刀具轴向方向上的分力。

通过对式（1）的计算，可以得到刀具在切入过程的起点所承受的径向载荷为轴向载荷的 2.2 倍。因此，在加工中必须对钻削加工采取相应措施来避免刀具的引偏。

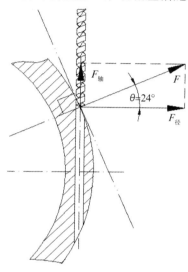

图 2　麻花钻加工载荷分解

参照壳体类零件深孔钻削中出现的问题，以及对零件在深孔钻削中工艺特性的详细分析，针对外圆弧面孔加工（特别是深孔加工）易出现钻头引偏的现象，理论上可采用预钻锥形定心坑；使用中心钻在弧面钻削定位孔；应用键槽铣刀预铣削工艺平面等措施避免引偏。由于该零件所钻孔直径过小，且刀具所受径向载荷相对轴向较大，因此不能应用上述方法，故采用预钻定位孔与使用专用钻孔模具相结合的方法避免壳体类零件深孔钻削的刀具引偏现象；另一方面通过优化现有麻花钻刀具角度和控制机加过程的方法，提高刀具使用寿命、加工效率和保证被加工孔的尺寸精度及位置精度。

4　实用范例

4.1　钻削专用模具的设计与应用要点

参照涉及的壳体类零件的尺寸外形，以及对该深孔的中心线在弧形外圆面上的相对位置分析，自行设计了一套钻孔模具。该模具安装定位面为与壳体零件外弧面相贴合的内弧面。为保证深孔加工前模具安装的准确性，确保模具与壳体零件的有效贴合，模具总体采用组合安装形式，定位面采用非完全圆弧面。模具安装过程中通过平口钳施加一定的预紧

载荷以确保模具与零件贴合（模具具体结构如图 3 所示）。专用模具安装工作完成后，使用 $\Phi 1.2\ mm$ 的短钻头以专用模具的钻套为导向引孔，在零件外弧面引出 $2\sim 3\ mm$ 深的导向孔。导向孔加工完成后卸下钻模，使用 $\phi 1.2\ mm$ 长钻头完成余下钻削。

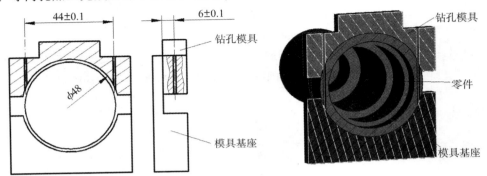

图 3　钻模结构图

虽然该导向孔的加工位置位于圆弧面弧度较大处，但专用模具的使用确保了导向孔加工的准确和高效。导向孔的准确加工为后期深孔钻削奠定了良好的基础。

4.2　钻削麻花钻刀具角度优化

深孔麻花钻是深孔加工工艺中所使用的重要工具之一，通过对近年来相关文献的查阅，国内外研究学者在对切削参数进行优化中，主要分别从切削力、刀具寿命和工件表面粗糙度等方面运用中心复合实验设计、响应曲面等多种方法对刀具切削过程进行了大量研究[4-5]，然而忽视了刀具几何参数对切削效果的影响。

对深孔钻削过程所产生的切削载荷 F（如图 2 所示）与顶角 α、后角 β、螺旋角 γ 进行非线性数学建模，为便于优化计算可将参数关系进行简化处理

$$z_1 = \frac{(\alpha - 135) \times 2\Delta}{140 - 130} \tag{2}$$

$$z_2 = \frac{(\beta - 7) \times 2\Delta}{9 - 5} \tag{3}$$

$$z_3 = \frac{(\gamma - 64) \times 2\Delta}{66 - 62} \tag{4}$$

式中　α——变化范围为 $130°\sim 140°$；

　　　β——变化范围为 $5°\sim 9°$；

　　　γ——变化范围为 $62°\sim 66°$；

　　　Δ——值为查询正交平方表所得，此处取值为 1.215。

经过数学公式处理后的各几何参数因素取值范围均为 $[-\Delta, \Delta]$，通过对数学模型的多元非线性回归运算，可以确定麻花钻角度参数，并根据实际生产中的加工经验，不锈钢材料硬度较高，因此加工中对钻头的耐磨度要求较高，考虑到普通角度的钻头不耐磨的因素，因此取顶角 $\alpha = 134°$、后角 $\beta = 63°$、螺旋角 $\gamma = 63°$。

4.3 钻削加工过程控制

该壳体类零件的深孔加工选用 Z6006 高速台钻，转速设定为 1 500～3 000 r/min。进给方式采用手动进给，加工时依据工人的加工经验进给量应控制为钻头直径的 20%～30%。

在钻削过程中，为改善钻头的切削性能和排屑条件，需要注意以下方面。

1）修磨钻头切削部分的几何角度达到前文所述优化角度；

2）使用黏度低的全损耗系统用油或植物油（菜油或豆油）进行润滑，不可用冷却乳化液润滑；

3）加工中若出现跳动现象，应使刀具加工中存在一定的缓冲范围，或在加工一定时间和一定深度后沿加工轨迹提起钻头进行排屑，借以排出切屑并冷却刀具，以增大刀具的使用寿命。

5 结 论

经过多年的加工和摸索，将以上工艺和参数优化应用在多批次壳体类零件的加工中，使原有工艺加工的合格品率为 85% 左右，提高到如今的 98%～100%，减少了零件的报废率，生产效率提高了 1～2 倍，缩短了加工周期（加工单件仅用时 10～15 min），降低了生产成本。

该项深孔钻削工艺的优化，实现了充分利用企业现有的普通麻花钻和机床设备完成深孔钻削，具有一定的借鉴作用和参考价值。相应加工方法和加工技巧已推广到对不同的金属材料和不同结构类型的深孔加工中。

参 考 文 献

[1] 张国全,于洪峰,高淑云.在弹、箭零件加工中深孔加工的探讨.国防制造技术,2012(4):45-47.

[2] 潘永志,艾兴,唐志涛,等.基于切削力预测模型的刀具几何参数和切削参数的优化.中国机械工程,2008,19(4):428-431.

[3] 赵军,郑光明,李安海,等.超高速切削 Inconel718 刀具寿命研究及切削参数优化.哈尔滨理工大学学报,2011,16(1):9-12.

[4] 赵茂俞,薛克敏,李萍.多元非线性回归的铝合金覆盖件成形模拟优化设计.农业机械学报,2008,39(9):166-169.

[5] 黄大明,蒋顺梅,李兆军.基于最小特性值的破碎机机构参数优化设计.广西大学学报:自然科学版,2011,36(2):222-227.

某导弹发射车方位角零位标定测量技术

姚晓峰

航天八院 149 厂

摘　要　某导弹发射车车载导航仪是立体的，密封且不外露，如何准确测量到车载导航仪主机工作轴线是问题的关键。经过不断的探讨、研究，最终采用经纬仪与陀螺经纬仪相结合的测量方法，有效解决了发射车零位标定的问题。

关键词　零位标定

1　引言

某导弹发射车（以下简称"F"车），是八院导弹武器测控系统研制计划中一项重要的任务。在初样阶段中，为了满足总体技术要求，除了保证零件加工精度和组件装配精度之外，总装后的质量状态非常重要，尤其是机械结构与电子产品之间的接口关系，以及确定空间方位角零位标定的测量方法。为了真实、客观地反映出"F"车总装后的精度要求，采用合理可靠的测量技术显得尤为重要。

"F"车集筒弹运输、筒弹起竖和导弹发射于一体，采用车载定位定向导航系统、垂直冷发射技术，共装 6 发筒弹进行地对空发射。武器测控系统采用的是以导弹为中心的北天东（$OXYZ$）坐标系，垂直发射需要将导弹发射前的导弹起始位置（北向方位角、经度、纬度、高度）装订至测控系统，其中北向方位角参数决定导弹的射向，直接影响命中精度。导弹起始位置的北向方位角由"F"车车载导航仪测定，车载导航仪测量的是其主机轴线与正北的夹角，由于加工公差及装配误差的存在，每一辆"F"车的车载导航仪起始位置的北向方位角电气零位与机械零位（实际零位）间存在一个固定的偏差值，为保证导弹初始方位角装订的正确性、减少射向误差，必须对导弹起始位置的北向方位角零位误差进行标定，提供给测控系统，对初始装订的导弹方位角参数进行补偿修正。

因为车载导航仪固定在"F"车车体上，导弹是通过集装架固定在"F"车车体发射架上，这样车载导航仪主机轴线与导弹之间的相对位置是固定的，只要测量出车载导航仪主机工作轴线与正北之间的角度参数，就可确定导弹与正北之间的初始方位角。

除此之外，为了考核车载导航仪的稳定性，以及"F"车在不同方位状态下的综合误差，采用同样的测量方法，测量出"F"车在航向 360° 范围内 8 种方位状态（即以正北为零位，"F"车每间隔约 45° 转一个方位）下，车载导航仪主机工作轴线与正北的夹角，将其结果与车载导航仪进行比对。

根据八部设计总体的技术要求，零位标定误差 ≤0.09°。

2 技术难点

为提高导弹的命中率，车载导航仪主机轴线与正北之间的空间方位角的"零位标定"是一个非常重要的环节。要对车载导航仪起始位置的北向方位角零位误差进行标定，而"F"车车载导航仪是立体的，密封且不外露，要找出它的轴线并准确地测量也是个难题，如何准确测量到车载导航仪主机工作轴线是问题的关键。为了可靠、稳定地测量出零位误差，采用合理可靠的零位标定技术——方位角测量技术和测量方法显得尤为重要。

3 技术方案

经过不断的探讨、研究及不同测量方法对比，决定使用一套经纬仪系统（含一台电子经纬仪、一台陀螺经纬仪和一只高精度六面体光学立方镜），将电子经纬仪准直功能与陀螺经纬仪的寻北功能相结合，利用三角形几何角度求解原理，制定了以下测量方案：在车载导航仪主机上粘上精度5″的六面体光学立方镜（以下简称立方镜），使立方镜的轴线与车载导航仪主机工作轴线平行，利用经纬仪的准直立方镜，使经纬仪与立方镜垂直，即与车载导航仪主机工作轴线垂直，再利用陀螺经纬仪的直接寻北功能，经过两仪器的两两互瞄，得出陀螺经纬仪寻北读数和互瞄的读数，通过三角形几何方法的数据处理，就可以计算出"F"车在各种状态下车载导航仪主机工作轴线与正北的夹角。

"F"车北向方位角测量原理见图1。

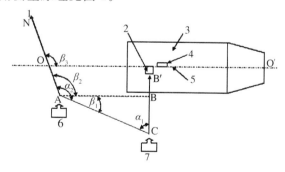

图1 北向方位角测量示意图

1—真北；2—光学立方镜；3—发射车；4—车载导航仪；5—车体轴线；

6—陀螺经纬仪；7—电子经纬仪

陀螺经纬仪也可以用一台电子经纬仪加北向地标来等效替代

为了减小测量系统误差和读数误差带来的影响，在"F"车航向360°范围内测量8种状态（以正北为零位，每间隔约45°"F"车转一个方位）下的车载导航仪主机工作轴线与正北的夹角。将每一个状态下经纬仪系统测量得到的北向方位角与车载导航仪测量的北向方位角进行比较，可得出车载导航仪北向方位角零位误差的平均值。

3.1 测量方法

3.1.1 在导航仪的定位面上粘贴立方镜

按照测量方案，将立方镜粘贴在车载导航仪外侧定位面（见图2），该定位面与导航仪主机工作轴线并行。粘贴立方镜前，先用细砂皮将立方镜粘贴面打毛，再均匀涂上502胶后迅速粘贴在导航仪定位面即可。

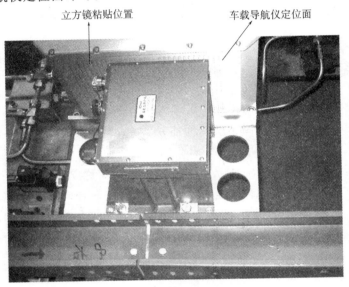

图2　将立方镜粘贴在车载导航仪外侧定位面

3.1.2 陀螺经纬仪定位

根据"F"车的停放位置，将陀螺经纬仪定位在可以与电子经纬仪进行互瞄的合适位置。或者是利用预先装订的北向地标，将替代陀螺经纬仪的电子经纬仪置于北向地标的连线上并且可以与另一台电子经纬仪进行互瞄的合适位置。

3.1.3 陀螺经纬仪寻北

按照陀螺经纬仪操作细则，陀螺经纬仪完成寻北操作。此时陀螺经纬仪的零位就是正北方向。

3.1.4 电子经纬仪定位

将电子经纬仪置于合适位置，利用电子经纬仪"准直立方镜"使经纬仪与立方镜垂直，也就是经纬仪与车载导航仪主机工作轴线垂直，准直后把电子经纬仪的水平角读数清零。

3.1.5 测量过程及数据处理

1）电子经纬仪与陀螺经纬仪互瞄，分别记录互瞄读数（水平角读数）。α_1为电子经纬仪读数，α_2为陀螺经纬仪读数。

2）画出"F"车北向方位角计算图（参照图1），取 A 点为陀螺经纬仪、C 点为电子经纬仪，射线 AN 为陀螺经纬仪寻北线，射线 CB' 为电子经纬仪准直线，直线 OO' 为车体轴线（车载导航仪工作轴线），作 AC 连线，得角 α_1 为电子经纬仪准直线与互瞄线之间的夹角，角 α_2 为陀螺经纬仪寻北线与互瞄线之间的夹角，车体轴线（车载导航仪工作轴线）OO' 与陀螺经纬仪的寻北线 AN 相交得夹角 β_3，从图1中可以看出，β_3 就是车载导航仪主机工作轴线与正北的夹角。过 A 点作直线 AB，使 AB 平行于导航仪轴线 OO'，形成直角三角形 $\triangle ABC$。从图1中可以推导出

$$\beta_1 = 90° - \alpha_1 \qquad (1)$$

$$\beta_2 = \alpha_2 - \beta_1 \qquad (2)$$

$$\beta_3 = \beta_2 \qquad (3)$$

$$\beta_3 = \alpha_2 - \beta_1 = \alpha_2 - (90° - \alpha_1) \qquad (4)$$

从式（4）可以方便地计算出车载导航仪主机工作轴线与正北的夹角 β_3。

由于 α_1 为电子经纬仪读数，α_2 为陀螺经纬仪读数，因此该计算值只与电子经纬仪、陀螺经纬仪的测量读数有关，而与作图精度无关。

3）以正北为零位，每约45°"F"车转一个方位，分别测量"F"车在每一个方位时的车载导航仪主机北向方位角，同时记录每一个方位下的车载导航仪测量的北向方位角。

"F"车共有8个不同的位置和方向需要测量，因为陀螺经纬仪寻北时间较长（一般寻北一次需耗时45 min以上），所以陀螺经纬仪在第一次寻北工作结束后，不再移动。只需将电子经纬仪随着发射车的转动而移位，每次安放在既能"准直"立方镜，又能与陀螺经纬仪互瞄的位置。每一个方位重复第3.1.4和第3.1.5节中的操作步骤，并按照式（4）计算出车载导航仪主机工作轴线与正北的夹角。

4）将发射车每一个状态下经纬仪系统测量得到的北向方位角与车载导航仪测量的北向方位角进行比较，8次差值取平均值，即可得出车载导航仪北向方位角零位误差的平均值。

3.1.6　测量系统误差、精度分析

（1）误差项来源

前面已提及用上述方法测量的发射车导航主机北向方位角计算值只与电子经纬仪、陀螺经纬仪的测量读数有关，而与测量方法（作图精度）无关。这样测量误差的组成如下：

δ_1 陀螺经纬仪误差：$\pm 15''$；

δ_2 电子经纬仪误差：$\pm 2''$；

δ_3 立方镜制造误差：$\pm 5''$；

δ_4 立方镜粘贴误差：$\pm 2''$；

δ_5 经纬仪互瞄误差：$\pm 4''$；

δ_6 人员操作误差：$\pm 4''$。

（2）误差值计算

取各误差项的均方根值为测量值的极限误差，得测量极限误差

$$\delta = \pm \sqrt{\delta_1^2 + \delta_2^2 + \delta_3^2 + \delta_4^2 + \delta_5^2 + \delta_6^2}$$

$$= \pm \sqrt{15^2 + 2^2 + 5^2 + 2^2 + 4^2 + 4^2} = \pm 17''$$

（3）精度分析

发射车制造与验收规范要求导航寻北数据标准差 δ 不大于 $0.09°$，即 $5'24''$。通常情况下，测量仪器（测量方法累计）的精度达到被测值公差的 $1/3$，就满足测量精度要求，应用该测量技术达到的测量精度仅为被测值公差的 $1/19$，大大优于通常情况下的要求值，完全满足武器系统制导精度测量要求。

4 实用范例

此测量方案经过初样阶段的探讨对比，ADK16A 导弹发射车方位角零位标定测量方案不断完善，用于独立回路、闭合回路、设计定型各阶段飞行试验考核验证，该测量方案的检测精度完全满足武器系统制导精度的技术要求，而且测量操作过程简明、合理、可靠，测量结果置信度高。

5 结论

将电子经纬仪准直功能与陀螺经纬仪的寻北功能相结合，利用三角形几何角度求解原理，制定方位角零位标定测量方案。该方案被设计工艺采纳，现用于批量生产中各状态的测量。

参 考 文 献

[1] 张，王. 装配和加工公差分配的稳定性设计. IIE 传动,1998(30):17 - 29.

[2] 朱根龙. 简明机械零件设计手册(第二版). 北京:机械工业出版社,2005.

提高光学镜架部套的运动精度

林再跃

航天八院 149 厂

摘 要 本文介绍了原光学镜架机构出现的回程间隙大及运行轨迹精度低的情况，分析了其造成的原因，针对该机构出现的状况提出了改进措施，并通过实测验证了改进措施。改进后的光学镜架机构达到了设计初衷，满足了产品技术要求。

关键词 滑动机构 回程间隙 运动精度

1 引言

光学镜架精调机构是激光末端光学组件的一个重要组成部分。激光末端光学组件，其功能是将 n 组光学镜架收集起来的光束聚集在一起，形成一个超强的能量，从而进行激光发电，它是一种可再生的无污染的新能源，同时也可用于军事领域。激光末端光学组件是光学镜架精调机构的精密运动构件，通过精确运动确保 n 组光学镜架提供精准的光束，以保证能量传输的功率。如果 n 组光束存在偏散性，将会失去激光机械的应有效率，由于回程间隙的控制是保证精密机械设备传动精度的关键要素，如何消除光学镜架精调机构中的回程间隙是提高提高激光末端光学组件精度的重要任务。

2 技术难点

2.1 光学镜架精调机构的原理

光学镜架精调机构由真空电机、支座、连接套、传动丝杆、消隙螺母、光学镜架、机架、传递销轴等零件组成，如图1和图2所示。它的原理是由真空电机传递扭矩，带动连接套，通过传递销轴带动传动丝杆，在消隙螺母的作用下，使传动丝杆伸缩运动，从而带动光学镜架作角度变化，使其达到预定的对焦位置。

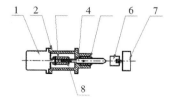

图 1 光学镜架精调机构结构示意图

1—真空电机；2—支座；3—连接套；4—传动丝杆；

5—消隙螺母；6—光学镜架；7—机架；8—传递销轴

图 2 光学镜架精调机构模型图

2.2 存在的问题

在测试过程中，发现电机输出的脉冲信号和丝杆运行的轨迹出现了较大误差。虽然电机输出了等量的脉冲信号，但丝杆移动的距离却时长时短。并且在电机反转、丝杆回程时，电机在发出了 13 个脉冲信号后，丝杆才开始移动。

2.3 原因分析

该机构的传动滑动机构如图 3 所示，理论上，连接套上销轴孔和传递销轴的轴线应完全重合，传动丝杆的槽宽和传递销轴的配合应为零间隙。

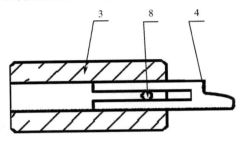

图 3 传动滑动机构

3—连接套；4—传动丝杆；8—传递销轴

在实际操作中，连接套上的销轴孔和传递销轴的同轴度会存在一定的误差，致使传动丝杆的叉型头部不能顺利地装配进连接套的销轴孔中去。这就必须修锉丝杆的叉型槽面，由于槽宽为 2 mm，而用小什锦锉修配时，锉刀的刚性较差，且槽内为半封闭状态，难以测量，修锉后的槽面会出现轴向的波浪形及径向的圆弧形，如图 4 所示。

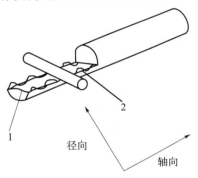

图 4 修挫后的接触面

1—圆弧面；2—波浪面

又由于传动销轴和传动丝杆为线接触，接触处的形位误差将大大影响丝杆移动的精度。这就是前面描述的电机输出了等量脉冲信号，丝杆移动的距离却时长时短的原因。修正后的丝杆叉型头部在工作时只有一个面接触，造成了单面工作，降低了传动件的刚性，同时也增加了丝杆回程间隙，从而影响了轨迹的精度。

该机构没有达到设计预定的精度，主要存在以下问题：

1）传动接触面为线接触，使传动面因缺陷而影响传递精度；

2）叉形槽的测量及修正的难度较大，使修正面产生了严重的形状误差；

3）制造和加工的误差，使传动销轴孔和丝杆叉形面的对称性存在一定的误差，导致了叉形槽的两个面不能同时传递扭矩，降低了传动件的刚性以及传递的准确性。

3 技术方案

3.1 改进方法

改进后的丝杆结构由原来的叉型形状，改为半圆台阶形状，如图5所示。1）传动接触面由原来的线接触变为面接触；2）结构由原来的封闭式改为开放式，便于修整；3）由于半圆块的尺寸互补，弥补了机械加工的形位误差对部套运动精度的影响。首先测量丝杆半圆形面的平面度及对中心的平行度，一旦加工后半圆面出现形位误差，就对其进行修正。完成后，记录下半圆面的尺寸读数，并为其配一块导向半圆块，要求丝杆的半圆尺寸和导向块半圆尺寸之和，须比孔径尺寸大 0.01 mm，再通过铲削半圆导向块平面，使两个半圆尺寸之和比孔径小 0.002 mm。

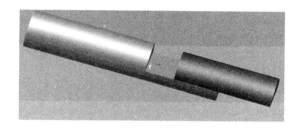

图5　半圆台阶形状传动机构

3.2 改进后工作原理

将传递销轴改为导向块传动，如图6所示。部套组件由真空电机、连轴套、传动丝杆、导向块、圆柱销组成。导向块通过圆柱销和连接套固定为一体。工作原理如下：通过真空电机传递扭矩，带动连接套和导向块作正反运转，以带动传动丝杆转动。丝杆通过消

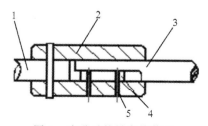

图6　改进后的导向块传动

1—电机轴；2—连接套；3—传动丝杆；4—导向块；5—销

隙螺母的作用作伸缩运动。

4　结论

试验证明，该改进方法可使传动面由线接触变为面接触，提高了传动面的接触刚度与丝杆的移动精度。其次，采用了开放式的结构，方便测量，大大提高了修配的可操作性，丝杆导向面在径向方向出现圆弧面的现象得以消除，并且消除了电机在反转时的回程间隙及由圆弧面产生的回程角度。丝杆的回程间隙由原来的大于 0.02 mm 降低为 0.002 mm。在电机分段输出等量脉冲信号时，丝杆的位移精度也达到了小于 0.002 mm，满足了产品的技术要求。

参 考 文 献

[1]　李国英. 表面工程手册. 北京:机械工业出版社,2001:115 - 123.

[2]　机械设计手册编委会. 机械设计手册. 北京:机械工业出版社,2007:78 - 120.

[3]　赵增文,马国容. 航天精密仪器设备技术手册. 上海:上海航天技术研究,1995:26 - 110.

舱体零件高精度孔数控加工方法

唐建平　蒋延峰　戚菊芳

航天八院 800 所

摘　要　本文以战术型号产品中的关键零件舱体为例，分析了舱体类零件孔系加工的主要问题，并从机床精度、零件装夹、刀具调整及高精度孔加工方法四个方面介绍了舱体类零件孔系加工的方法和注意事项，为此类零件的加工提供了重要的技术参考。

关键词　舱体　高精度孔　数控加工

1　引言

舱体属于型号产品中的重要、关键零部件之一，其中有许多精度要求较高的复杂孔需要加工。舱体的材料一般为镁合金或铝合金，同时舱体属于薄壁零件，加工时容易变形，装夹时找正比较困难，孔的形位公差要求也较高，而且装配时要求具有很好的互换性。因此可以从机床精度、零件装夹、刀具调整及高精度孔加工方法四个方面入手，确保舱体零件高精度孔的顺利加工。

2　技术难点

舱体零件高精度孔在加工过程中存在以下四个难点。

2.1　机床几何精度

零件能够加工合格，首先需要机床几何精度的保证，使机床精度稳定在一定的范围内，主要技术指标如下：

1）机床主轴轴线与圆转台工作台面的平行度；

2）机床主轴回转轴线与圆转台工作台面 X、Y 方向的垂直度；

3）各轴移动时与圆转台工作台面的垂直度和平行度；

4）各轴导轨之间移动时的垂直度和平行度；

5）机床主轴的径向跳动和轴向窜动；

6）各轴移动时的直线度。

机床主轴轴线与转台 X 向对称面如有偏离，将导致舱体加工后孔的同轴度有误差，不能满足舱体装配要求，甚至无法与其他零件进行装配，无法满足装配互换性要求，因此中心找正成为保证孔的同轴度的最重要环节。另外，机床运行的误差，也会加大孔的同轴度要求误差。

2.2　零件装夹

舱体的材料是铝合金或镁合金，同时舱体属于薄壁件，易变形，装夹找正比较困难。过去采用一面两销定位和轴向夹紧的方法进行装夹。夹紧后发现如下问题：

1）舱体装夹完成后，径向跳动在 0.05～0.20 mm 之间，有时甚至超过 0.20 mm；

2）舱体中心轴线与转台 X 向对称面不重合，镗出来的孔偏离舱体中心，舱体加工后达不到图纸要求和装配要求。

造成以上问题主要有以下原因：舱体定位孔加工有误差，舱体本身有变形误差，定位端面和舱体轴线有垂直度误差，舱体工装有制造误差等。

另外，由于舱体零件一般为薄壁件，最薄的舱体壁厚仅为 1.5 mm。舱体上的孔加工完成后，通常在机床上检查加工结果，但是当松开压紧螺母再检查时，发现孔与孔、孔与基准之间尺寸超差。

2.3　刀具长度和直径的误差

刀具长度一般采用对刀仪进行测量，然后将刀具参数输入到机床刀具表。但由于对刀仪与机床不协调、对刀时的操作人员目测误差、刀具静态及动态切削误差等，使加工出来的舱体径向尺寸发生超差，转台中心尺寸与编程值不符。特别是精加工镗孔刀具尤其重要，因为该刀具的直径直接影响到高精度孔的最终加工尺寸。

2.4　高精度孔加工工艺

对于不同尺寸和精度要求的孔，在加工过程中要采用相对应的加工工艺，确保以最有效的方式完成不同孔系的加工。

3　技术方案

通过对上述四个技术难点的分析，在实践中探索出了相对应的解决方法。

3.1　保证机床精度

采用镗孔试切中心找正法来找正中心的方法来比较实用。这种方法的优点是比较直观、操作简便、误差小。找正步骤大致如下：

1）零件加工前机床预热半小时，使机床达到热平衡。

2）准备一个长方形试切件，厚度为 50 mm 左右，装夹在机床圆转台的中心，设置工件坐标系，使主轴轴线与圆转台的中心重合设定为 X_0，Z_0 设定在转台回转中心，Y_0 设定在试切孔中心。具体装夹方法和坐标设定如图 1 所示。

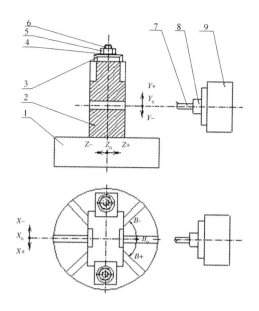

图 1　机床主轴中心校正示意图

1—转台；2—试件；3—压板；4—垫片；5—螺母；

6—螺栓；7—镗刀；8—刀柄；9—主轴

3）采用钻头在试件坐标系 X_0、Y_0 位置上钻一个直径为 $\phi20$ 左右的通孔；

4）采用镗刀在试件上进行 0°和 180°对镗孔。

加工程序如下：

> O1000；
>
> N10 G54 G90 G21 G40 G49 ；
>
> N20 T1 M6；
>
> N30 S800 M3；
>
> N40 G0 G43 H1 Z300 M8；
>
> N50 G76 X0 Y0 B0 Z−30 I0.05 R25 F40；
>
> N60 B180；
>
> N70 G80；
>
> N80 M30

注：

N10——建立坐标、绝对编程、公制编程、取消刀具直径、长度补偿；

N20——把镗刀从刀库装夹到主轴上；

N30——主轴顺时针旋转，转速为 800 r/min；

N40——刀具长度补偿，切削液开；

N50——在转台 0°时镗孔，深度超过转台中心，每分钟进给 40 mm；

N60——B 轴转 180°镗孔，深度超过转台中心；

N70——取消镗孔固定循环，退刀距 Z 轴零点 300 mm；

N80——程序结束。

如果对镗出的孔内有台阶，说明主轴轴线与转台中心有偏离，调整 X 轴坐标，调整距离约为台阶深度的一半，重新设定为 X 轴零点；然后把镗刀尺寸调大，重复上述步骤；直到对镗出的孔内部没有台阶，即可表明主轴轴线与转台中心重合。

机床运行误差的解决方法：坐标轴的移动方向尽量保持一致，如 X、Y 轴都从正方向移动至镗孔位置，以减小移动的反向误差；同理，工作台沿用同一方向进行旋转，以减小转台正反旋转时引起的转角误差。

3.2 零件装夹定位

解决方法：用一面一菱形销定位，找正位置在镗孔高度附近，用百分表测量并调整舱体径向跳动，保证径向在 0.01 mm 之内。注：由于舱体变形，圆截面成椭圆形，找正时只测量舱体外径四个点位置，即 B_0、B_{180} 在 0.01 mm 之内，B_{90}、B_{270} 在 0.01 mm 之内。

为防止零件在在装夹过程中由于夹紧力过大导致零件弹性变形而引起尺寸超差，应采取以下方法进行装夹：

1）压紧力的大小，用定力扳手进行调整；

2）粗加工时压紧，但在精加工前必须将螺母稍微松一下，再稍稍夹紧，防止因夹紧力过大产生的零件变形。

3.3 刀具长度和直径的调整

舱体零件上加工有径向尺寸要求的部位时，应先对所使用的刀具长度进行校正。具体解决方法如下：

采用加工试件的方法来调整刀具长度。在试件 B_0 位置处加工一个小平面，然后工作台旋转 180°再加工一个小平面，如图 2 所示，接着用外径千分尺测量所加工平面的尺寸，把该尺寸数值与编程值进行比较，若有误差，则调整刀具长度参数，直至使加工出的平面的尺寸数值与编程值一致。

精加工镗孔刀具直径的调整方法：首先使用刀仪对镗刀直径进行调整，调整数值比实际孔径小一些，一般为 0.2 mm 左右，然后通过试切加工将镗刀尺寸调整到图纸要求尺寸。精加工孔时所使用的刀具长度不要相差太多，否则会引起孔的同轴度误差。

3.4 高精度孔的加工工艺

对于有尺寸精度要求的孔一般先进行粗加工，再进行精加工。

1）小孔一般采用的加工工艺：钻—粗镗—精镗。

2）大孔一般采用的加工工艺：钻—扩—粗镗—精镗。

3）舱体薄壁处的孔和有台阶的孔一般采用的加工工艺：用铣刀通过机床的圆弧插补功能铣去余量后再粗镗、精镗孔。

4 实用范例

以某型号的控制舱为例进行证明，如图 2 所示，主要加工内容为 $4-\phi72.79_{0}^{+0.019}$ 舵轴孔，同轴度要求 $\phi0.025$，$2-\phi16.3_{0}^{+0.019}$，$\phi13.9_{0}^{+0.019}$ 的安装孔。舱体一般使用四轴卧式加工中心（X 轴、Y 轴、Z 轴、B 轴）进行加工。该零件采用辛辛那提公司 TT15 - 1000 卧式加工中心进行加工，其机床 X、Y 轴定位精度为 0.010 mm，重复定位精度为 0.006 mm。

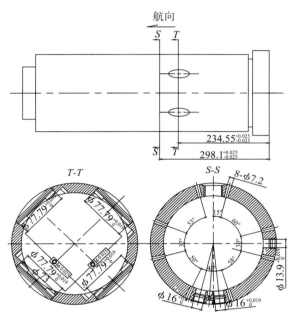

图 2 某型号控制舱结构图

该零件装夹方法如图 3 所示。

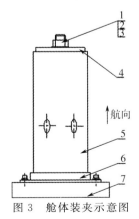

图 3 舱体装夹示意图

1—螺杆；2—压紧螺母；3—垫片；4—压盖；5—舱体；6—工装；7—机床圆转台

按照技术方案所述的方法进行该零件高精度孔系的加工，确保其加工质量。

5　结论

通过对舱体零件高精度孔数控加工中所遇到的技术难点进行分析，提出相对应的解决对策，并对舱体孔系数控加工方法的经验进行了总结和提炼。采用这些经验方法，使各种型号的舱体零件的加工合格率达到百分之百，实现了与本体零件的装配互换性，为企业创造了很大的经济效益。同时，本方法对于类似零件的高精密孔的数控加工具有一定的借鉴意义。

参 考 文 献

[1]　赵志修. 机械制造工艺学. 北京：机械工业出版社，1984.

[2]　毕承恩. 现代数控机床. 北京：机械工业出版社，1992.

[3]　机床数控技术翻译组. 机床数控技术，北京：机械工业出版社，1978.

多层大直径薄壁波纹管成形工艺研究

王意和

航天八院 800 所

摘　要　针对新研制的多层大直径薄壁波纹管，提出了多层大直径薄壁波纹管液压成形工艺，分析了液压成形工艺中的水密封、下料尺寸控制、涨形压力、成形压力、液压机推力及下降速度等参数对成形质量的要求，并且从理论上计算了液压成形的各项工艺参数。

关键词　多层大直径波纹管　液压成形　工艺参数

1　引言

波纹管属于一种补偿元件，其原理是利用工作主体波纹的有效伸缩变形，来补偿管线、导管、容器等由于热胀冷缩等原因而产生的尺寸变化，或补偿管线、导管、容器等的轴向、横向和角向位移，也可用于降噪减振。在航天工业中，波纹管多用于增压输送系统中，因而对波纹管的研制工艺提出了较高的要求。

随着波纹管在航天领域中的应用范围不断扩展，不但设计强度在逐步增加，而且其设计直径也在逐渐增大。目前，国内大口径波纹管的研制一般采用滚压成形方法或液压成形方法。液压成形方法具有无需专门设备，液压传力均匀，成形后的波纹管表面质量好等特点。作者根据自身多年生产大口径波纹管的实际工作经验，针对我所在 CZ-5 运载火箭研制过程中遇到的大口径多层波纹管的生产提出了一种液压成形工艺方法。

2　技术难点

在 CZ-5 运载火箭研制过程中，出现了设计强度高至 1.8 MPa 的单式 U 型膨胀节，波峰处直径达到 376 mm 的波纹管，产品设计压力较常规产品的 0.8 MPa 有了较大提高，材料为不锈钢 1Cr18Ni9Ti。经计算，波纹管厚度要求为 1.5 mm，为此设计采用了双层结构形式，每层厚度为 0.8 mm。但是工艺试验表明，由于壁厚较之前产品增加，涨形及成形压力较大。在产品试制过程中，成形压力超过模具紧固压力临界值，造成了模具开裂，无法用于生产。经与设计人员沟通，提出了采用三层结构的形式，每层厚度为 0.5 mm，如图 1 所示。

图 1　三层波纹管结构示意图

3 技术方案

波纹管液压成形技术是在波纹管管胚内注水（油）的情况下，施加压力，利用水（油）压，并在模具的周向限制和压机沿管胚的轴向压缩下一次成形完成的技术，多层大直径波纹管采用液压成形的关键技术主要在两个方面：水密封、工艺参数。

3.1 管胚水密封

多层大直径波纹管液压成形时管坯内须注水加压，管坯内水的密封有两种方法，第一种方法是可设置橡胶袋囊。在管坯和内衬筒之间设置橡胶袋囊，上部盖以密封橡胶。对橡胶袋囊进行注水充压，袋囊膨胀使管坯鼓出成形，通过密封橡胶的高度防止袋囊膨胀时与管胚顶部接触，损伤袋囊，造成成形失败。目前，这个方法已在大直径波纹管的液压成形中得到应用，如图2和图3所示。还有一种方法是在管坯和内衬筒之间不设置橡胶袋囊，靠上、下环梁处的密封条密封进行液压成形，这种方法具有节约成本的优点，但也存在由于结构、材料等原因极易导致密封成功率不高的问题。目前产品的生产中，采用第一种方法来完成管坯内水密封的工作。

   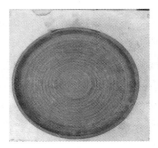

图 2 模具图　　　　　　　　　　图 3 密封橡胶图

3.2 三层波纹管研制工艺

多层波纹管在制造过程中会出现一些新的问题，如下料尺寸、成形过程中的各种参数等相关问题。为使上述问题得以妥善解决，下面从下料、套筒成形参数等方面对多层波纹管的成形进行研究。

3.2.1 波纹管下料尺寸测算

图4为三层波纹管的结构示意图，图中 D_h 为外层波纹管波峰处直径，d_h 为外层波谷处直径，H 为波峰高度，r_1 为外层波峰半径，r_2 为外层波谷半径，t 为壁厚，C 为波峰直线段距离。选取外层波纹管波峰 A 处作为研究对象，如图5所示。通过计算该处波所需管胚的尺寸，与波数叠加计算后可得多层波纹管一次某层成形时所需尺寸料。

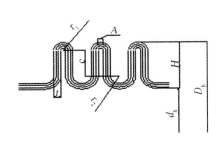

图 4　三层波纹管结构示意图

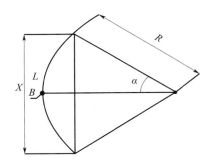

图 5　波纹管 A 处初波示意图

设多层波纹管中任意一层的波纹管单波展开长为 x，鼓形母线长 L。开始时，管坯在成形模具的约束下，在液压力 P 的驱使下，初波成鼓形。设初波角为 α，鼓形母线曲率半径为 R，则 L 与 x 的关系为

$$L/x = \pi\alpha/360 \sin \alpha$$

根据初波成形前后，管壁体积相等计算可得

$$L = 2/d \left[(D \times r_1 \times r_2) /2\pi + r_1^2 + r_2^2 + D \times C - C^2 \right] \tag{1}$$

其中

$$D = D_h - 2r_1 - t \tag{2}$$

$$d = d_h + t \tag{3}$$

通过式（1）～式（3）算出波纹管管胚下料高度尺寸，下料时需在衬有软垫的下料平台进行划线。划线时要注意的是钢板的张紧程度和下料用钢卷尺的张紧程度应保持一致，即划线时钢板和卷尺均用弹簧秤拉直，且钢板和卷尺沿长度方向的弹性应变应保持一致。下料时，外层波纹管管坯直径要略大于内层波纹管管坯的直径，大约 1 个材料厚度，所以外层周向方向下料尺寸也要比内层大 2～3 mm。

3.2.2　筒坯套筒及实施方法

图 6 为三层波纹管成形前筒坯套筒后结构示意图，图中 d_1 为内层筒坯，d_2 为中层筒坯，d_3 为外层筒坯。选取 d_2 为基准筒坯，根据生产经验 d_1 展开尺寸比 d_2 的小 1 个材料厚度再减 2.25 mm，d_3 展开尺寸比 d_2 的大 1 个材料厚度加 2.35 mm，这样可保证筒坯之间有一定的装配间隙，从而使套筒得以顺利进行。由于三层波纹管的工作环境是在 -200 ℃ 及以下，为防止夹层因有水分而在工作状态下结冰，从而影响波纹管的强度，在采用无水乙醇擦洗后，应及时装配，并采用滚焊封口。

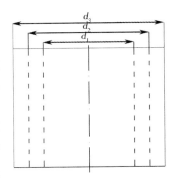

图 6　三层波纹管成形前筒坯套筒后结构示意图

3.2.3　成形参数

成形参数主要包括涨形压力、成形压力及轴向液压机推力、机头下降速度等。

（1）多层波纹管初波涨形压力

涨形压力是波纹管成形时的重要参数，其值确定管胚成波处进入塑性状态，当初波角为 α 时，管坯处于屈服状态[1]。如图 5 所示，根据对称性，取母线中点 B 作为研究对象（忽略垂直管坯方向的很小的应力），B 点处于两向应力状态，B 点可以近似看做球壳上一点。则建立初波压强公式为

$$P = 2\sigma_s \cdot t[\sin(\alpha/x) + 1/d_h] \tag{4}$$

式中　σ_s——材料屈服极限；

　　　t——管坯壁厚度（mm）。

一般初波角度为 $120°\sim150°$，考虑到设备压力传递过程中的水量损失，取强度系数 1.2，则初波压力为 5.6 MPa。

（2）成形压力及轴向液压机推力

成形过程是波纹管最终产品生产工序，需要保证波纹管成形时波峰、波谷间距及整体多层波纹管强度、结构稳定性，控制波峰处减薄量，一般取为成形压力及液压机轴向推力[2]。初波后成形压力 $P_成$ 若过小则会造内侧波形参差不齐现象，但也不应过大，防止压力 $P_成$ 进入塑性失稳压力区间，造成波纹管内波参差不平，如图 7 所示。一般取成形压力为

$$P_成 = (1.3 \sim 1.5)P \tag{5}$$

式中　P——初波压强（Pa）。

当管坯经初波后，液压机主缸即可下行压制波纹管，在此期间，液压机轴向推力主要由压制波纹管的变形力 $F_变$ 和管坯中的液压力 $F_液$ 所决定

$$F_变 = 0.13 \times Et^2/[3 \times (1 - u^2)]^{1/2} \tag{6}$$

式中　E——管坯材料弹性模量；

　　　u——材料的泊松比。

管坯中的液压力 $F_液$ 一般是在波纹管制作成形过程中，由成形压力 $P_成$ 所产生的，一般为

$$F_液 = \pi \times (Dh - 2t)^2 \times P_成 /4 \tag{7}$$

$$F_推 = F_液 + F_变 \tag{8}$$

在实际中，考虑一定的液压机载荷富裕度，取 $F_推 = 1.3F_液$，根据计算选取 300T 液压机作为成形设备。

图 7　波纹管内波参差不平

（3）机头下降速度

在实际生产过程中，发现波纹管成形质量与机头下降速度有一定的关系。当机头下降

速度过大时，成形压力发生波动，范围甚至大于 50%，极易造成压力失衡，导致机头下降速度小于模具内压上升速度，不利于橡胶袋囊的密封。在前期的试验过程中，有 30% 皮囊破裂发生于成形压力处于标准压力之上的 30% 左右。当机头下降速度过小，下降速度小于模具内压，此时引起模具向外延伸的速度下降，皮囊也会发生破裂。在本波纹管生产过程中，取下降速度为 $4\sim7$ mm/s。

4　实用范例

目前，多层大直径薄壁波纹管成形技术已成功运用在 CZ-5 运载火箭增压输送系统中。研制的波纹管波形均匀，内外表面质量良好，同时通过了设计要求的强度试验考核，得到了相关设计人员的一致认可。为将该种技术应用范围扩大，通过大量工艺试验的验证，现 $\phi424$ mm 及以上的波纹管成形均采用这种技术，同时还将其推广应用于 CZ-6 运载火箭增压输送系统中大直径波纹管的研制。

5　结论

本文以弹塑性变形理论为基础，并结合我所实际生产经验，从管坯水密封、下料尺寸、初波压力、成形压力及轴向液压机推力、机头下降速度等方面对三层薄壁大直径波纹管液压成形工艺进行研究。研究表明，可采用在管坯和内衬筒之间设置橡胶袋囊来实现管坯的水密封；通过理论联系实践，算出三层管坯的下料尺寸及涨形压力、成形压力及轴向液压机推力、机头下降速度对波形成形过程的影响，经过试验研究发现，当初波压力为 5.6 MPa、成形压力为 $7.28\sim8.40$ MPa、机头下降速度为 $4\sim7$ mm/s 时，波纹管成形良好，并通过了设计考核。与前期研究"成形压力与速度"不同，前者主要通过工艺试验得到成形较好的压力与速度参数，而本次则是在前期研究基础上，通过建立数值模型、进行数学推导得出波纹管成形参数，不但从理论上完善了三层薄壁大直径波纹管液压成形工艺，而且从实践中吸取了宝贵的经验，从而保证了我所 CZ-5 新运载火箭中大直径薄壁补偿原件波纹管顺利研制，也保证了型号科研生产工作的顺利进行，同时为后续进一步深入研究打下了理论基础并积累了实践经验。

参 考 文 献

[1] 钟玉平,哈伟.整体成形碟形波纹管的制作方法:中国,1586758A.2005-03-02.
[2] GB16749-1997,压力容器波形膨胀节标准释义.

某型号导弹引信装配工装改进

李文　张伟

航天八院 800 所

摘　要　某型号导弹引信舱体由于结构限制，尺寸狭小、壁厚较薄，同时舱体表面又均布着 6 路光学玻璃收发窗口，可装配性较差，之前设计的引信装配工装由于尺寸较大、结构不合理，存在挤压舱体及刮蹭玻璃窗口的可能，装配安全性较差。通过改进引信装配工装的结构，减小工装的宽度以避开引信的 6 路窗口，同时采用在引信上增加工艺孔及工装上增加定位销的方法，改进工装在使用过程中的扳紧力。最后，通过理论计算机、工艺试验验证得到改进工装对玻璃窗口安装孔的影响数据，验证改进工装的合理性。

关键词　引信　装配　工装改进　工艺试验

1　引言

某型号导弹引信舱体由于弹体结构及内部结构件的限制，其外形尺寸较小，为：$\phi 127 \times 112$；舱体的壁厚较薄，最薄处厚度为仅为 2.5 mm。同时，舱体表面均匀分布着六路收发窗口，分别负责发射及接受光学信号，窗口表面材料为 K10 光学玻璃，光学玻璃通过粘胶的方式粘贴在引信壳体上。舱体结构如图 1、图 2 所示。上述因素导致引信的可装配性较差，没有合适的工具保证装配的安全性及装配的可达性。

图 1　舱体三维模拟图

图 2　舱体实图

2　技术难点

由于舱体上没有可供装配的工艺结构，因此，只有靠工具与舱体表面的摩擦力来实现引信舱体的紧固，根据这一想法，设计了引信装配的专用工装，其结构由四部分组成，分别为：抱箍（宽 40 mm）、手柄、橡胶垫及标准件。引信装配时使抱箍抱住舱体，考虑到窗口的脆弱性，抱箍与舱体接触的位置让开引信窗口，螺钉及螺母使抱箍抱紧舱体，其结构如图 3、图 4 所示。

经过几个批次的使用，发现该工装存在一定的缺陷，特别是在某次验证飞行试验时，试验导弹进筒前，发现引信上一个接收玻璃窗口边缘存在裂纹，分析原因可能是由引信在周转或装配过程中受外力撞击或磕碰引起，但是不排除引信玻璃窗口受压引起玻璃窗口破裂，由于现有的引信装配工装会对接收窗口的周围施加一定的压力，同时由于舱体较薄，工装在使用过程中会使舱体变形，存在影响玻璃窗口的因素。同时，由于引信装配工装的结构较宽，虽然让开了引信窗口，但是一旦螺钉螺母紧固不到位就可能存在剐蹭玻璃窗口的危险，因此现有的工装无法保证引信装配的安全性。

图 3　装配工装三维示意图

图 4　装配工装实物图

3　技术方案

为了提高现有引信工装在装配过程中的安全性，经过与引信舱体的设计师及实际使用人员的探讨，从舱体设计及工装改进两方面实现引信的安全有效装配。

由于引信的整体结构无法改变，因此引信装配工装的设计沿用之前的工装类型，仍然采用工装与舱体之间靠摩擦力的方式紧固引信舱，同时将引信装配工装的宽度由原来的 40 mm 减小至 12 mm，这样装配工装可往下端移至无引信窗口的地方，可以让开并远离引信窗口，不仅避免了工装在使用过程中刮伤玻璃窗口，而且减少了工装对引信舱体的影响。

但是，由于工装与舱体的接触面积减小，工装能提供的摩擦力也随之减小，工装不能提供足够的摩擦力来保证引信舱体拧紧。因此，考虑在引信的相应位置加强筋 180° 方向上打两个 $\phi 3 \times 3$ 的沉头工艺孔，舱体表面增加该沉头孔经设计验证并不会对舱体强度产生较大影响；同时，工装上增加相应的销子作为定位及紧固的辅助机构，增加工装与舱体的结合力，来保证引信在紧固过程中具有足够的拧紧力，并且可以防止工装发生滑动。改进的工装的结构如图 5、图 6 所示。

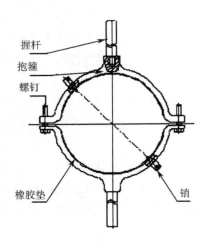

握杆

抱箍

螺钉

橡胶垫

销

图 5　改进工装结构图（宽 12 mm）　　　图 6　改进工装实物图

4　强度校核与工艺试验

由于工装宽度从 40 mm 减少到 12 mm，为了保证改进的引信工装确实可用，对改进的引信工装进行了强度计算及工艺试验，以验证改进后的工装满足引信的装配安全性需求。

4.1　强度计算

利用经典公式进行压力和强度的计算，验证在拧紧过程中舱体壁承受的压力及工装上定位螺钉受到的剪切力能否满足实际要求。

压力与压强之间的关系式[1]

$$P = \frac{F}{S} = \frac{F}{\pi RL} \tag{1}$$

式中　F——舱体所受压力；

R——舱体半径；

L——引信工装的宽度。

螺纹拧紧力矩与预紧力关系式[1]

$$T = k_t Fd \tag{2}$$

式中　k_t——拧紧力矩因数，经查相关手册，可近似取 $k_t = 0.2$；

d——螺纹的公称直径。

由式（1）和式（2），取螺钉的拧紧力矩为 $T = 2$ N·m，计算得出 $P = 0.69$ MPa。通过多个值的计算得出表 1 中的数值。

表 1　舱体受到压强统计表

力矩值/（N·m）	1	2	2.5	3
P/MPa	0.345	0.69	0.862 5	1.035

螺钉及舱体壁孔受到的剪切应力为[1]

$$\sigma = \frac{F_1}{S} \tag{3}$$

螺钉及舱体壁孔受到的剪切力为[1]

$$F_1 = \frac{T_1}{R} \tag{4}$$

销钉与舱体壁孔的接触面积[1]

$$S = l\pi\phi/2 \tag{5}$$

由式（3）~式（5），在施加 100 N·m 力矩情况下，求得剪应力为 115 MPa，舱体材料为 LY12CZ，经过查询实用金属材料手册[2]知，该材料的许用应力为 334 MPa，满足强度要求。

单纯的经验公式计算并不能准确反映实际情况，因此对改进的引信工装进行了工艺试验，通过试验确定工装螺钉的最佳拧紧力矩，并检测该力矩下改进工装对舱体窗口处的影响。

4.2 定力矩试验

由于工装采用两个抱箍的结构，并采用螺钉螺母拧紧，同时由于舱体为薄壁件，因此工装在使用过程中会使舱体发生变形，螺钉螺母拧得越紧，舱体变形得越厉害，因此通过定力矩试验选择合适的螺钉拧紧力矩，保证工装既能实现引信的可靠装配，又能将工装对舱体的影响降至最小。

本试验通过采用两个试验件，来研究工装螺钉拧紧力矩对舱体变形的影响，选取的两个试验件分别为引信空舱体及引信模拟舱，引信空舱体未加装任何元器件，引信模拟舱在引信空舱体中装有模拟的元器件。通过测量引信舱体两端与其他舱段连接的螺纹上三个点的螺纹的大小，来判断螺钉拧紧力矩对舱体的影响。引信空舱体的试验结果如表 2 所示，引信模拟舱的试验结果如表 3 所示。

表 2　引信空舱体加载试验结果

加载	公称值	实测		
		1	2	3
空载	M122	121.86	121.78	121.74
	M126	125.80	125.82	125.86
2 N·m	M122	121.34	122.0	122.26
	M126	125.88	125.90	125.68
2.5 N·m	M122	121.34	122.06	122.34
	M126	125.90	125.92	125.68
3 N·m	M122	121.26	122.18	122.40
	M126	125.92	125.96	125.66
空载	M122	121.88	121.80	121.74
	M126	125.80	125.84	125.90

表 3 引信模拟舱加载试验结果

加载	公称值	实测		
		1	2	3
空载	M122	121.74	121.88	121.96
	M126	125.84	125.80	125.80
2 N·m	M122	121.70	121.84	122.0
	M126	125.84	125.82	125.78
2.5 N·m	M122	121.68	121.80	122.02
	M126	125.80	125.82	125.80
3 N·m	M122	121.70	121.86	122.0
	M126	125.84	125.80	125.80
4 N·m	M122	121.70	121.84	122.0
	M126	125.84	125.82	125.80
5 N·m	M122	121.68	121.84	122.22
	M126	125.84	125.80	125.80
空载	M122	121.68	121.88	122.0
	M126	125.82	125.80	125.78

通过对比表 2 与表 3 可以看出，工装的螺钉增加拧紧力矩，引信空舱体的变形也随之加大。引信空舱体受工装的拧紧力矩的影响较大。拧紧力矩的增加对引信模拟舱的变形并没有显著影响。分析其中的原因，由于模拟舱体中增加了端盖及模拟配件，舱体的结构强度增加，舱体的抗变形能力增强，同时，工装与舱体之间的橡胶垫吸收了大部分变形，因此螺钉力矩的加载对模拟舱体的影响较小。由于模拟引信与正式引信相似，因此可以得出工装螺钉力矩在 0～5 N·m 的范围内影响较小。

由于 0～5 N·m 的范围太广，因此对改进工装进行了补充试验以获得最佳的螺钉拧紧力矩，试验通过对工装螺钉逐级增加拧紧力矩，并通过试拧的方式，确定在该力矩，不使用工装定位销的情况下，工装在使用过程中是否会发生滑动，经试验发现，工装螺钉在施加 2 N·m 的力矩就可以保证使用过程中不会发生滑动，因此最终选择 2 N·m 作为工装螺钉的最佳拧紧力矩。

4.3 工装对窗口的影响试验

由于引信舱体上还有 6 个比较薄弱的玻璃窗口安装孔部位，为了得到改进工装对舱体的安装孔是否会产生比较大的影响，对舱体进行了测应力-应变试验。试验件采用引信空壳体，对两个窗口的两边进行应力-应变采集，应变片安装位置见图 7。

首先测试了引信装配工装的螺钉施加 2 N·m 的情况下舱体玻璃窗口安装口的应力-应变情况，具体数据见表 4。之后进行了引信装配过程中工装对舱体玻璃窗口安装口影响的应力-应变情况（见图 8），具体数据见表 5。

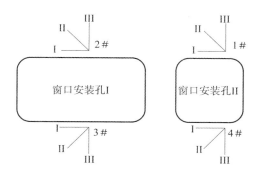

图 7　应变片安装位置

表 4　工装螺钉施加 2 N·m 拧紧力矩时的最大应变-应力数据（花片）

测试点	εⅠ （με）	εⅡ （με）	εⅢ （με）	σ1/ MPa	σ2/ MPa	θ（主应力方向）/ （°）
1#	0	−31	−64	−1.68	−5.1	0.89
2#	−6	−15	−16	−0.82	−1.51	−19.33
3#	8	−15	−17	0.39	−1.35	−20.02
4#	6	−3	1	0.74	0	−34.48

图 8　改进工装使用应力-应变检测

表 5　工装使用过程中的最大应变-应力数据（花片）

测试点	εⅠ （με）	εⅡ （με）	εⅢ （με）	σ1/ MPa	σ2/ MPa	θ（主应力方向）/ （°）
1#	46	15	−21	3.12	−0.47	2.13
2#	35	32	21	3.4	2.54	14.87
3#	40	10	25	4.71	2.18	−35.78
4#	44	25	39	5.29	3.51	−40.69

由表 4 及表 5 可以看出，两种状态对于引信空舱体的最大应力在 4 号窗口，其应力值为 5.29 MPa，对比该舱体材料的许用应力（334 MPa）可以得出：改进后的引信装配工装在工装安装及使用过程中均对引信窗口的安装孔影响较小。

5 实用范例

目前改进后的工装已经应用到该型号的生产过程中，并在本型号及其他型号相似连接方式的舱段上得到了推广。经过几个批次的总装，引信玻璃窗口未发生损伤，同时舱体在装配过程中的变形得到了有效控制，验证了改进工装及其定力的有效性。

6 结论

通过对引信舱体结构的研究，优化引信装配工装的结构，使改进后的引信装配工装避开了引信的 6 组收发窗口，降低了工装对玻璃窗口的影响，减少因舱体变形及工装打滑使玻璃窗口发生损坏的可能；同时在不影响舱体强度的前提下在舱体表面增加定位孔，增加了对工装的紧固措施，避免因工装接触面积减小使工装与引信舱体之间的摩擦力不够现象。最后，通过理论计算及工艺试验研究了改进工装对引信窗口的影响，确定了改进工装的螺钉的最佳拧紧力矩。最终验证了改进工装对引信舱体引发的变形较小，能够满足引信舱体装配过程中的强度要求，同时，有效地控制了舱体在装配过程中的变形。通过以上研究，不仅解决了该型号的装配可靠性，而且对于采用相似对接方式的舱段都可应用此研究方式来达到控制舱体在装配过程中的变形，提高工装在使用过程中的安全性。

参 考 文 献

[1] 赵明生,单平,等 . 机械工程师手册 . 北京:机械工业出版社,2000.
[2] 祝燮权,等 . 实用金属材料手册 . 上海:上海科学技术出版社,2000.

基于双片齿轮啮合消隙力矩的测算及调整方法

邢玉辉　王瑜

航天八院 802 所

摘　要　本文通过理论建模分析了齿隙对伺服系统开环速度环谐振频率的影响，阐述了控制齿隙的必要性。针对 C 型扭簧消隙结构随意性大、非连续可调的缺点，对现有的消隙结构进行改进，为伺服系统的平稳性和带宽调整提供了一个可连续调整的平台，并给出实际操作中调整弹簧压缩量的理论依据，对从事伺服机构设计和制造装配的人员具有一定的指导和借鉴意义。

关键词　齿隙　消隙　弹簧　调整

1　引言

在机械系统中，机构的运动副是连接两构件并使二者保持一定相对运动的中间环节。为了保证两构件有相对运动，运动副元件间一般需采用动配合，这就存在一定的运动副间隙。在设计、制造运动副的过程中，必然会产生一定的误差，这也是造成运动副间隙的一个原因。另外对于经过一定时期运转的机器，由于摩擦、磨损现象的存在，也会使运动副产生间隙。所以，机构中产生运动副间隙是不可避免的。

2　技术难点

随着精密机械工程和航空航天工程的发展，对精确预测系统动力学行为的要求越来越迫切，间隙的存在破坏了理想机构模型，也使机构的实际运动和理想运动之间产生误差。从动力学角度考虑，运动副间隙的出现，改变了机构齿轮间的受力状况，从而影响了机构的力学性能，尤其是对于高速机构影响更大。由于间隙的存在，运动副元素之间可能会发生猛烈冲击和碰撞，增加构件的动应力，造成杆件弹性变形增大、磨损加剧，产生噪声和振动，传动效率降低[1]。间隙量很小时，对静态运动精度一般不会产生很大的影响，但是追求高速度是现代机械的一个重要标志和发展方向，随着速度的提高，运动副之间间隙的影响愈加明显。基于以上原因，对于含间隙机构的间隙量的控制是必要的。

3 技术方案

3.1 含齿轮间隙机构模型

装配后的机构按运行要求，其间隙的类型主要有孔、轴配合后的间隙，有轴承的游隙和齿轮啮合的齿隙。本文主要讨论齿轮在正反转啮合过程中存在齿隙的情况。齿轮的啮合间隙如图 1 所示。

图 1　齿轮的啮合间隙

本文中分析的机电伺服系统由无刷电机、齿轮减速系统及负载系统组成，系统效果图如 2 所示。

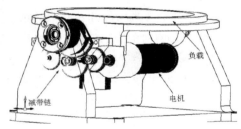

图 2　机电伺服系统模型图

机电伺服系统组成结构如图 3 所示。

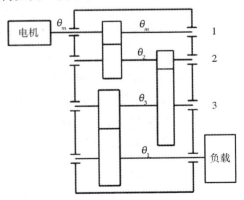

图 3　机电伺服系统组成结构

伺服机构系统建模原理如图 4 所示，其中 J 为对应轴的等效转动惯量，θ 为对应轴的转动角度，K 为对应轴的等效扭转刚度，ω 为对应轴的转动角速度，θ_P 为两啮合齿轮之间的间隙，如 θ_{Pm2} 为电机轴上的齿轮与轴 2 齿轮之间间隙。

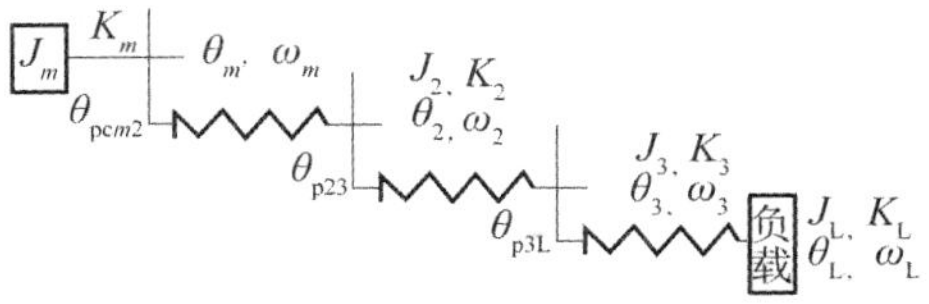

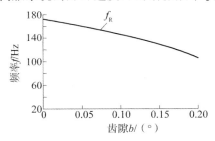

图 4　伺服系统建模原理

根据相关文献，可求出伺服系统的开环速度环的谐振频率 f_R 与齿隙 b 的关系，见图 5。

图 5　齿隙与谐振频率的关系

图 5 给出了齿隙变化对伺服系统谐振频率，即机构刚度的影响。从图 5 可以看出，随着齿隙越大，谐振频率 f_R 出现降低的趋势。在同样的条件下，如果齿隙过大，就会导致 f_R 变得较小，这会造成伺服带宽的提高比较困难，从而造成速度环开环频率特性的降低。

3.2　C 型扭簧消隙机构模型

目前伺服机构传动链原型设计时对关键齿轮采用双片齿轮错位的形式，经常采用的做法是在双片齿轮中放置 C 型扭簧，如图 6 所示。通过消隙扭簧变形所获得相应力矩与传递力矩的匹配关系来降低齿轮啮合过程中的齿隙，减弱由齿隙引入的非线性环节，从而改善伺服系统的传递函数。

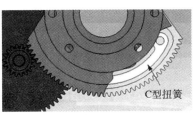

图 6　双片齿轮配扭簧消隙

采用 C 型扭簧消隙需在装配时两片齿轮相向错位相应的齿数来实现角度位移，进一步产生齿轮消隙所需的力矩，使得双片齿轮反向啮合法线方向具有等大反向的预紧力，达到静态消隙的效果。但过大的摩擦力矩会减低伺服系统平滑变速的范围，甚至引起爬行现象，过小的摩擦力矩振动条件下不具备完全消除空回的能力，影响机构的整体刚度。C型扭簧在装配错齿过程中所产生的预紧力是跳跃的、非连续的，随机性较大；在振动条件下，扭簧的扭矩不足，无法保持机构的稳定，机构的刚性下降，引起敏感器件陀螺的响应输出偏大，抗振性变差。天线基座的负载共振力源也使齿轮啮合面互相对撞冲击，齿轮表面产生打痕受损。

理论分析表明：伺服机构在恶劣环境下使用时，末级轴主从动齿轮啮合始终处于反向啮合法线方向，具有预紧力，在使用时，应当每隔一定的时间调整末级轴主从动齿轮的间隙，以减少对伺服性能的影响。为了能够有效地对齿轮消隙，需要找到一种在研制阶段能够对错齿力矩连续可调、在量产阶段能够对错齿力矩大小可控的消隙方法，而现有的消隙方法已经不能满足现阶段的要求。

3.3 压缩弹簧消隙机构模型

针对以上提出的问题，对现有的机构进行了改进。修改后的方案如图7所示，采用双片齿轮与调节螺钉、压缩弹簧组合的消隙机构，装配时一片齿轮与另一级齿轮正常啮合，双片齿轮的另一片通过调节螺钉反向微调与该级齿轮啮合以消除反转引起的齿隙。这样，弹簧的压缩行程量决定着双片齿轮反向啮合法线方向具有预紧力的大小。因此，双片齿轮错齿配以压缩弹簧作为预紧力源的结构，这一设计针对性很强，具有连续可调、可控的特点。

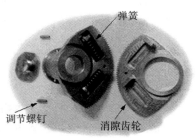

图 7　双片齿轮消隙结构

4　实用范例

现在拟改进某产品传动链上的C型扭簧，用压缩弹簧来完成齿轮消隙，并给出压缩弹簧装配调整的理论依据。

4.1　C型扭簧力矩计算

某产品C型扭簧的力矩曲线如图8所示。
扭簧工作高度在12°，此时的力矩 M 由下式求得

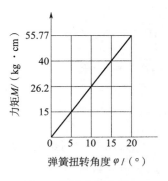

图 8　弹簧力矩曲线

$$\frac{40-26.2}{15-10}=\frac{40-M}{15-12} \tag{1}$$

根据式（1）得：$M=31.72$ kg·cm。

4.2　压缩弹簧调整量的计算

压缩弹簧安装于齿轮半径 $R20$ mm 处（见图 9），为了满足 C 型扭簧所达到的消隙力矩，根据式（2）求得压缩弹簧产生的弹力为 F 应为 155.43 N。因采用了双弹簧，单个弹簧工作时产生的力 F_1 为 77.7 N。选用刚度 K 为 18 N/mm 的弹簧，根据式（3）求得机构工作时弹簧的压缩量 λ 为 4.3mm。

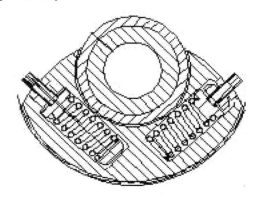

图 9　压缩弹簧示意图

$$F = M/R \tag{2}$$
$$\lambda = F_1/K \tag{3}$$

4.3　弹簧压缩量实测

为保证弹簧产生相对稳定的力且在工作过程中不失衡，紧固螺钉不偏心，根据计算，弹簧的压缩量 λ 不应大于 5 mm。

为了进一步验证上述结论，对弹簧进行随机抽样试验，取得试验数据如表 1 所示。

表 1　弹簧弹力测试数据

λ/mm	1♯弹力/N	2♯弹力/N	3♯弹力/N	4♯弹力/N
3	54	52	56	50
3.5	63	60	65	57
4	72	70	75	69
4.3	77	74	80	73
4.8	87	84	90	80
5	90	88	93	86

1#弹簧、2#弹簧装于产品 A 中，3#弹簧、4#弹簧装于产品 B 中，已知压缩弹簧安装半径 R 为 20 mm，经过换算，得出相应的力矩值，见表 2。

表 2 产品的消隙力矩

λ/mm	A 的力矩/（kg·cm）	B 的力矩/（kg·cm）
3	21.6	21.6
3.5	25.1	24.9
4	29.0	29.4
4.3	30.8	31.22
4.8	34.9	34.7
5	36.2	36.5

由表 2 可以看出弹簧压缩量在 4～5 mm 之间齿轮的消隙力矩能够满足原产品所要求的消隙力矩，其中以 4.3 mm 最为接近设计要求值，这与理论计算所得的值非常吻合。装配时将调节螺钉旋入 4～5 mm，通过弹簧压缩以实现齿轮消隙的目的，将这个结果应用于现行装配的 5 套某机构中，经试验验证完全满足工程设计人员设计预期的指标要求。

5 结论

间隙的存在使机构的实际运动和理想运动之间产生误差，增加了构件的动应力，加剧了构件之间的磨损，降低了传动效率。因而控制齿隙非常必要。

采用双片齿轮错齿配以压缩弹簧作为预紧力源的消隙结构，与 C 型扭簧消隙结构相比，设计的针对性更强，且具有连续可调、可控的特点。

弹簧的压缩行程量决定着双片齿轮反向啮合法线方向预紧力大小，对于传动链的传动平稳性、伺服机构的刚度、回差、摩擦力矩影响较大。合理的预紧力消除了齿轮啮合快速改变转向时，驱动轴齿轮与对应的啮合齿轮在短时间内失去啮合现象，提高了传动效率，使机构能适应恶劣环境下的使用条件。

通过理论计算、试验验证所得到的数据成为压缩弹簧装配工艺的依据，为后续型号工程设计提供了参考价值。

参 考 文 献

[1] 张跃明，张德强.考虑构件弹性和转动副间隙的空间机构动力学研究.机械科学与技术，1999，18（4）：532－534.

[2] 冯志友，李晶，邢传波.含间隙机械系统 KED 分析的计算.佳木斯大学学报（自然科学版），2000，18（4）：333－334.

[3] 靳春梅，邱阳，樊灵，等.含间隙弹性机构动态特性分析.机械强度，2001，23（2）：144－147.

［4］ 常宗瑜,王玉新,张策,等．含间隙连杆机构的混沌现象．机械科学与技术,1998 ,17（3）：345－350.

［5］ 常宗瑜,张策,王玉新．含间隙连杆机构的分叉和混沌现象．机械强度,2001,23（1）:77－79.

［6］ 靳春梅,邱阳,樊灵,等．含间隙机构动力学研究若干问题．机械强度,2001,23（1）：80－84.

发动机浇注缸内置自动升降平台研究

徐　俊

航天八院 806 所

摘　要　本文介绍了在发动机装药生产过程中，各型号发动机推进剂浇注前预备工作的一种专用升降调整设备，以保证发动机在浇注缸内有合适的浇注高度、水平度及相互的位置度，使浇注工序的预备工作由人工调整改为机械自动化调整，解决了以往人工调整作业中存在的准备时间长，工作效率低，发动机垫高支架的种类、规格、数量多，且存在浇注质量及安全隐患等问题，为今后的发动机浇注远程隔离控制打下基础。

关键词　工艺设备　浇注　自动升降平台

1　引言

我所承担了多种型号的发动机装药任务，各型号发动机的尺寸各不相同，因此在发动机装药推进剂浇注时，需要调节发动机在浇注缸中的高度、位置和水平度，以保证浇注的可靠性。

工艺改进前，我所采用多个支架叠加的方式来调节发动机在浇注缸内的高度，以保证推进剂浇注的可靠性，发动机装配后的整体结构如图1所示。在发动机吊入浇注缸之前，先将不同高度的多个支架吊装入浇注缸内，达到预定高度后，调整好其位置和水平度再将发动机吊入浇注缸后进行浇注。

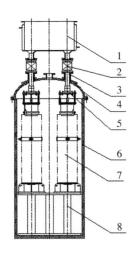

图 1　改进前发动机装配后的整体结构图

1—料斗；2—阀门；3—浇注插管；4—缸盖；5—导药盘；6—浇注缸体；7—发动机；8—支架及垫块

采用支架、微调垫块方式调整发动机高度、水平度存在的问题如下。

（1）支架种类、规格、数量多

我所研制和批产的各型号发动机的高度不一，为了适应发动机的浇注需要，设计制作了二十多个浇注支架，每个型号均有专用浇注支架，每次生产均要根据型号的不同，准备不同的支架。

（2）浇注前准备时间长、工作效率低

由于采用了各型号专用的浇注支架，在每次发动机浇注前均需更换不同的支架，一次更换支架、调整高度耗时约1～2 h。

（3）引起发动机浇注质量隐患

将发动机支架吊入浇注缸中，需进行高度和水平度调整，尤其是浇注支架的水平度和中心位置调整，如果调整不好，将直接影响发动机的浇注质量。如果高度调整不到位，将导致浇注插管不到位，产生漏药或溢药现象。

水平度、中心位置调整不到位，会导致发动机倾斜，使料斗、阀门、浇注插管、导药盘、发动机不在同一中心，在推进剂浇注会产生芯模挂药、推进剂搭桥，从而导致气孔产生，推进剂外漏会导致装药量的减少，甚至引发安全问题。

（4）安全隐患

在支架吊入浇注缸后，需要进行水平度的调整，如果不能较好地保证发动机的水平度，会导致发动机安置不稳，从而引起产品的安全隐患。在进行一缸多发浇注时，其安全隐患更为突出。大量的浇注支架存放于浇注工房内，会引起操作安全隐患及人员逃生通道不畅通隐患。

2　技术难点

2.1　发动机浇注缸内置自动升降平台设计目标及要求

目标：按各型号发动机高度、浇注缸尺寸及同时浇注发动机的数量设计加工发动机浇注自动升降平台，达到平台高度自动控制调节、淘汰型号专用支架和微调垫块的目标。

要求：设计制作发动机浇注自动升降平台，通用于我所目前所有发动机的浇注生产，提高发动机浇注的安全性和可靠性，能大幅度缩短浇注前的准备工作时间，提高工作效率，降低劳动强度。

2.2　发动机浇注缸内置自动升降平台结构设计

按设计目标与要求，设计如图2所示的自动升降平台装置，主要由升降平台、丝杠、齿轮、减速电机、调整器等组成。通过启动上升按钮，防爆电机启动正转，经直齿轮带动两对相互反向安装的伞齿轮使两根丝杠同步同向旋转，升降平台在导杆的导向下稳步上升，实现平台的上升；放开上升按钮，防爆电机断电，平台停止上升。同理，按住下降按钮，防爆电机启动反转，传动过程同上，平台稳步下降；放开下降按钮，防爆电机断电，平台停止下降。

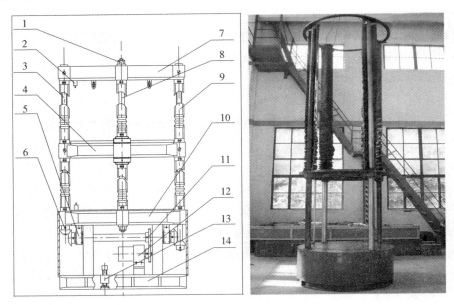

（a）结构示意图　　　　　　（b）实物图

图 2　自动升降平台装置

1—紧定螺母；2—防爆按钮；3—丝杠；4—升降平台；5—轴承座；6—伞齿轮；7—顶架；
8—导杆；9—护套；10—底架；11—直齿轮；12—减速电机；13—调整器；14—底座

设计的自动升降平台外形尺寸为 ϕ1 350 mm×5 200 mm，具备 0～3 300 mm 的升降范围、800 mm/min 的升降速度、4 000 kg 的承重能力，平台水平度达±0.5 mm，适用于高度为 600～4 300 mm 的发动机。改进后发动机装配后的整体结构如图 3 所示。

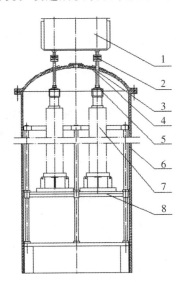

图 3　改进后发动机装配后的整体结构图

1—料斗；2—阀门；3—浇注插管；4—缸盖；5—导药盘；6—浇注缸体；7—发动机；8—升降平台

3 技术方案

自动升降平台主要由传动部分、动力及控制部分等组成。

（1）传动部分

平台的升降采用防爆电机＋减速箱＋齿轮传动＋双丝杆同步传动＋双导杆的结构，以保证平台运行的稳定性和安全性。为保证安全，采用可升展和压缩的护套保护丝杆和导杆。减速器与丝杆间采用传动轴和二对相互反向安装的1：1的模数为 $m=4$ 的伞齿轮实现同步传动。

（2）动力及控制部分

动力装置安装于平台的底座内，四周采用不锈钢板密封，采用四极 380 V、2.2 kW 防爆电机作为动力源。

自动升降平台电器控制原理如图4所示，电器控制箱安装于浇注电源控制室内，控制按钮为防爆按钮安装在浇注现场，同时，为了保证推进剂浇注过程的安全性，保证在推进剂浇注过程中，浇注缸内所有电器处于无电状态，控制接触器采用 220 V 交流接触器，以防止操作失误。升降平台的升降控制采用安装在现场的防爆控制按钮，点动式控制平台的升降，升降平台升降的最高点与最低点采用防爆行程开关进行保护，以确保升降平台的安全。

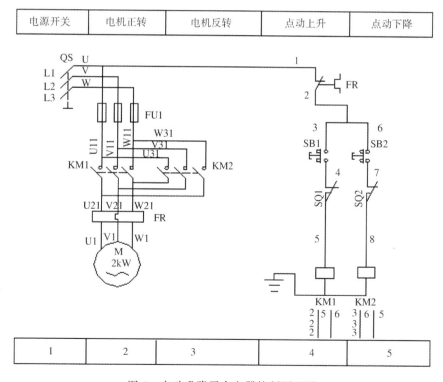

图4　自动升降平台电器控制原理图

4   实用范例

发动机浇注缸内置自动升降平台于 2007 年 1 月正式投入使用，设备稳定，操作简单、方便，运行平稳、安全，缩短了辅助工作时间，减轻了工人的劳动强度，保证了产品质量，提高了装药自动化程度和现场环境的管理质量，产生的效益如下：

1）减少各个型号专用浇注工装、垫块等约 20 套，新型号研制不再需要新专用浇注工装；

2）发动机浇注时的调整工步从 11 步减少为 4 步；

3）发动机浇注时的调整时间从 1～2 h 缩短为 7～10 min；

4）保证发动机的水平度，推进剂装药无推进剂挂模现象发生，避免了由此原因造成的缩孔；

5）保证发动机的平稳，确保一缸多发浇注时，发动机之间不会相互碰撞，保证产品的安全；

6）消除由于大量型号专用支架的存在所导致的现场混乱、逃生通道被占用的现状，提高操作人员的安全保证能力；

7）减轻操作人员进行支架运输、吊装时的劳动强度；

8）新型号研制和生产时，不再需要设计和加工新的安装支架，减少了支出；

9）扩大了浇注缸的使用范围，为中小型号发动机批产的量化及今后的浇注远程隔离控制打好了基础。

5   结论

发动机浇注缸内置自动升降平台投入使用后，解决了长期以来浇注工序的落后操作方式，改变了以往发动机型号与专用垫架的轮换互动，大幅度缩短浇注前的准备工作时间，提高了工作效率。升降平台的自由升降，解决了现有大浇注缸只能浇注大型号发动机的缺陷，扩大了浇注缸的使用范围，为中小型号发动机批产的大缸浇注及今后的浇注远程隔离控制打好了基础。

参 考 文 献

[1] 闻邦椿．机械设计手册(第 5 版)．北京：机械工业出版社，2010．

[2] 防爆电器设计、安装、维护、检测与安全技术标准规范实用手册．[出版地不详]：中国知识出版社，2010．

某复合材料芯片上复合角的加工技巧

尹京伟

航天九院 704 所

摘　要　某些特殊领域的产品零件材料经常采用复合材料，且零件形状各异，造成机械加工方法也不好正常确定。本文结合单位实际特点，主要对复合材料及复合角度的加工进行研究。

关键词　复合角　胎具　Ｔ形刀具

1　问题提出

某研发产品电路零件芯片的加工外形形似正四角星形状（见图1）。芯片材料是以可加工陶瓷为基体，两面附着紫铜的复合板材（见图2）。技术要求保证侧面与底面之间夹角为45°，且需要保持锐边。此零件的特征为：材料特殊且昂贵，形状不规则且整体尺寸较小。切削过程中不允许加任何冷却液。

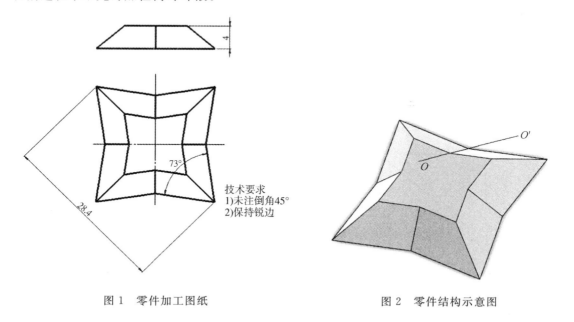

图 1　零件加工图纸　　　　　　图 2　零件结构示意图

主要加工难点如下：

1）材料的特殊性（切屑呈粉末状），此零件不能在现有数控加工中心上直接完成加工；

2）由于材料特殊，不能采用通用类铣削刀具完成板材的切割及最终的铣削加工；

3）零件形状不规则，复合角的特殊侧面难以按照设计技术要求完成 45°夹角加工；

4）零件较小，无法采用通用类卡具完成定位加工。

2 技术方案

零件材料是以可加工陶瓷为基体，两面附着紫铜的复合板材，材料硬脆。零件外形看似简单，但加工复杂。其一，根据设计图纸要求，由于需要保持锐边，数控加工中心无法直接加工出零件的内角，且采用拟合加工侧面的方法也无法满足设计要求。所以最终选用普通铣床加工，零件的加工尺寸需设计合理工装胎具进行保证。其二，通用类铣削刀具容易在切削过程中造成零件四角尖点崩裂问题，无法完成板材的切割及最终的铣削加工。根据以往复合材料的切割加工经验，如果采用薄砂轮片或将刀具进行改进，利用磨削的方法，可以有效解决这一问题。其三，需解决加工过程中切削力在切削进给时对零件薄弱环节造成的冲击作用，尽可能优化各项切削参数。

2.1 工装胎具的设计

2.1.1 复合角的分析计算

将零件原图 1 四角斜线延长并相交于空间一点，形成锥体分析：零件四角星上的空间斜面是相对于空间坐标系中三个坐标平面都倾斜的平面，它是由空间中不在同一直线上的三个点或两平行直线来确定的。这种平面的加工，由实践中得到的经验是首先确定它与两个坐标面的倾角，这样其倾斜方向就可确定了（见图 3）。

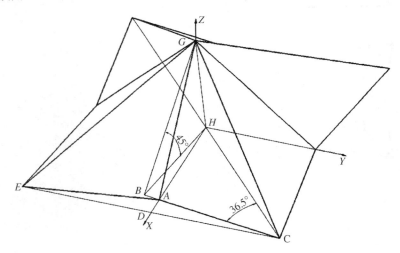

图 3 复合角的计算

2.1.2 计算过程

已知 $\angle HCA = 73°/2$，$\angle GBH = 45°$（根据图纸技术要求，侧面与底面倒角为 45°），$\angle HCD = 45°$，求 $\angle GAH$（侧面公共边与底面夹角），见图 3。

设 $\angle HCA = \angle 1$，$HC = L$，$\sin\angle 1 = BH/Hc$，$BH = HG$（等腰直角三角形），因此有

$$\sin\angle 1 = HG/L \tag{1}$$

在 $\triangle DCH$ 中，$AH = DH - AD$，$\tan(45° - \angle 1) = AD/DC$，$DH = DC = L \times \sin45°$，因此有

$$AH = L \times \sin45°[1 - \tan(45° - \angle 1)] \tag{2}$$

由式(1)和式(2)得

$$\tan\angle GAH = GH/AH = \sin\angle 1 \times L/\{L\sin45°[1 - \tan(45° - \angle 1)]\}$$

即 $\tan\angle GAH = 0.989\,015\,68$，$\angle GAH = 44.683\,59°$。

2.1.3 复合角的转换

沿零件的横纵对称平面和零件底面做 XYZ 三坐标系平面，获得侧面 $\triangle AGC$ 的法相向量为

$$\boldsymbol{A} = \sin81.5° \cdot \cos45° \cdot \boldsymbol{i} + \cos81.5° \cdot \sin135° \cdot \boldsymbol{j} + \cos45° \cdot \boldsymbol{k}$$

侧面 $\triangle AGE$ 的法相向量为

$$\boldsymbol{B} = \sin81.5° \cdot \cos45° \cdot \boldsymbol{i} - \cos81.5° \cdot \sin135° \cdot \boldsymbol{j} + \cos45° \cdot \boldsymbol{k}$$

所以侧面夹角 θ 有

$$\cos\theta = \boldsymbol{A} \cdot \boldsymbol{B} = 2\sin^2 81.5° \cdot \sin^5 45°$$

因此，$\theta = 11.998\,6°$，即在零件侧面交线偏转 $44.68°$ 后，还需水平旋转 $\theta/2 = 6°$，才可使零件复合斜面与机床台面平行。

2.1.4 胎具的最终确定

根据上述计算得出的结论，首先在外形尺寸为 $60\,\text{mm} \times 60\,\text{mm} \times 140\,\text{mm}$ 的长方形胎具设计出 B 面，使得 B 面与底面夹角为 $44.68°$，然后在胎具底面设计出了 $6°$ 的倒角。这样的设计可以保证零件在装夹到胎具后，零件的侧面 A 面与胎具底面 $6°$ 的倒角面相互平行，且零件侧面的交线 OO' 与刀具进给方向一致。通过在装夹面设计凹模，方便待加工件的定位与夹紧。胎具设计初样如图 4 所示（零件侧面交线如图 2 所示，胎具基准面示意图如图 6 所示）。

为了方便待加工材料在胎具上的定位与夹紧，在 B 面设计出一对凹模。待加工零件与胎具组合（见图 5）后可用自制压板及螺钉夹紧。凹模的外形尺寸根据零件的加工尺寸及形状而定，而凹模的位置尺寸则还需要建立基准面进行辅助确定。C 面是与 B 面相互垂直的一个基准面，如图 7 所示的尺寸 27.5，C 面可以确定凹模在胎具 B 面的上下位置（凹模左右位置的中心线与胎具中心线重合）。然后，还需建立两对基准面来辅助确定零件在与胎具组装后零件中心 OO' 的位置。于是设计出左右一对 D 面和 E 面，他们分别和底面 $6°$ 倒角面垂直和平行。以这两个面为基准，很容易建立起直角坐标系来计算 OO' 中心线的位置。胎具所有基准面的设计，都是经过反复推敲，为了最大程度地简化计算零件交线 OO' 相对于胎具整体的位置关系。

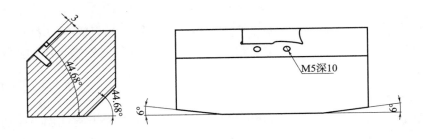

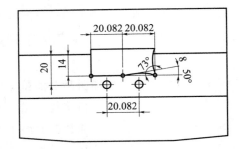

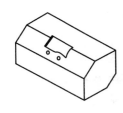

图 4　胎具设计初样

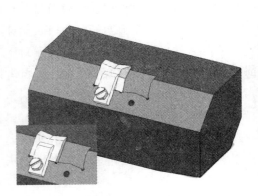

图 5　待加工零件与胎具组合后的定位示意图

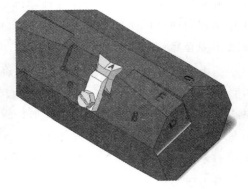

图 6　胎具基准面示意图

　　在六面体胎具上加工出零件基面与胎具夹紧面的夹角 $\angle\theta = 44.684°$，实现了复合角度的二维旋转，并在胎具底面的两侧分别加工出 $6°$ 的倒角，从而实现了复合角度的三维旋转，最终转化为零件加工平面与胎具底面倒角面相平行，且零件侧面交线与机床纵向导轨轨迹重合的情况。通过这种胎具可实现对零件各个侧面的辅助加工。

2.1.5　胎具的加工工步

1）拟合加工出 B 面，然后以 B 面为基准，加工出 B 面的背面及 C 面；

2）在胎具的底面拟合加工出左右一对 4×38 的倒角（与底面成 $6°$ 夹角）；

3）根据底面 $6°$ 倒角面，加工出左右一对 D、E 基准面；

4）以 C 面为基准，加工出凹槽，并在其下方加工螺纹孔。

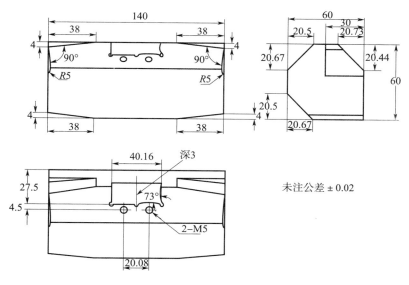

图 7　胎具的加工图纸

2.2　T 字形刀具的设计

由于此材料的基体是可加工陶瓷，所以首先刀具应具备较高的红硬性，使其能在较高的温度下仍能保持优良的切削性能。其次，由于材料硬脆的特性，抗冲击性能较差，所以刀具需较高的齿密度，以缓解切削力对材料基体的冲击作用。

对此种材料的可加工性结合以往复合材料的切割加工经验，决定卧式铣床上采用薄砂轮片作为切割刀具。为了避免立式铣床上刀具在切削过程中与夹具的干涉现象，设计并制作了 T 字形刀具（如图 8 所示）。采用磨削原理，T 字形刀具基体采用了 T9A 优质碳素工具钢，在切削刃部分镀一层金刚石粉。这样设计体现了以下优点，一是可以提高切削连续性，二是切削状态下可以提供给刀具较高的红硬性，三是可以缓解切削力对材料基体的冲击作用。

2.3　切削参数的制定

下列主要研究确定了切削参数的选取：

1）在选择进给方向时，应先从加工零件角度部分的尖点方向进刀。这样可以降低或消除刀具切削过程中，因切削力对零件最脆弱处的冲击。

2）在立式铣床上设定主轴转速时，不宜过低，转速应 $n \geqslant 1\ 000$ r/min；设定进给速度时，不宜过快，进给量 $f < 100$ mm/min。这样可以有效控制此材料尖点及边缘的崩裂问题。

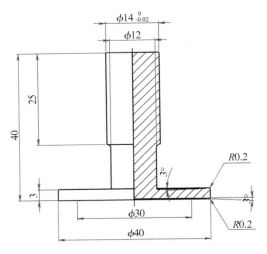

图 8   T 字形刀具示意图

2.4   零件的加工过程

先将原材料 300×400 切割成 20.08×20.08 的正方形，然后嵌入到胎具左侧凹模的位置固定。以底面 6°倒角面为基准，依据计算后的数值（计算过程略）对待加工零件的侧面进行定位加工。零件两个侧面加工完成后，取出旋转 90°后再次嵌入到凹模中固定，进行另两个侧面的加工。左右凹模依据实际情况选用。其中利用图 6 中左右两个 E 面来控制对刀深度、利用左右两个 D 面对刀来控制图 2 中零件中心 OO' 的位置。直到四组侧面全部加工完毕，就完成了整个零件任务。

3   结 论

通过以上方法，成功将某研发产品电路零件芯片的外形尺寸加工到图纸尺寸。本文给普通铣床加工复杂的复合斜面提供了一定的参考思路。即：通过普通铣床上利用胎具装夹实现了在一定条件下较为复杂的复合角度的转换；利用磨削原理制作了 T 字形刀具，大大提高了切削连续性，成功解决了其他刀具加工时，材料脱层及崩裂问题。同时，案例也给某些非金属复合材料的切削加工提供了一些参考。

低刚度细颈圆柱扭杆的精车加工技巧

柳亚楠　邵荔宁

航天九院 16 所

摘　要　本文对细颈圆柱形扭杆的结构特点及加工难点进行了分析，详细论述了扭杆的精密车削加工工艺方法，以及针对细颈加工变形等问题所采取的技术措施，保证了扭杆的加工精度。

关键词　细颈扭杆　精密车削　低刚度

1　引言

扭杆是速率陀螺仪的重要件，起着弹性约束和支撑作用，其精度直接关系到速率陀螺仪的性能指标。某扭杆整体尺寸较小，其实物见图 1，结构示意图见图 2，其工作截面为细颈圆柱形，不同于以往的细筋十字形扭杆，且细颈直径仅为 $\phi 0.39$ mm，而且要求微米级的尺寸和形位精度。这种细颈哑铃形结构的扭杆，抗弯刚度低，易变形，加工难度大，需要采取相应的措施。

图 1　某扭杆的实物照片

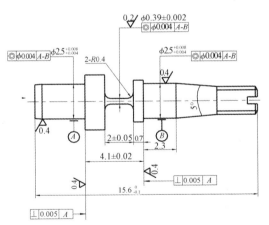

图 2　某扭杆的结构简图

2　技术难点

2.1　尺寸和形位精度高

扭杆的整体几何尺寸较小，但是尺寸精度与形位精度、表面粗糙度要求高，扭杆细颈

直径为 $\phi(0.39\pm0.002)$ mm，对两 $\phi2.5^{+0.008}_{+0.004}$ 外圆的同轴度 $\phi0.004$ mm，表面粗糙度 $0.4\ \mu m$；工作截面的扭转刚度 $K_{np}=(800\pm20)$ g·cm/rad，滞后角 $\leqslant5''/(°)$。

2.2 结构刚度低

扭杆属于细长轴零件，其细颈部位的长径比为 5.7∶1，如果按全长计算，长径比为 40∶1；其结构是"两头粗、中间细"的哑铃形，如图 2 所示，与常见轴类零件"中间粗，两头细"的要求相反，这种结构使工件抗弯刚度低，易变形，增加了零件的加工难度。

2.3 材料硬度高

扭杆的材料为 3J33 精密合金（牌号为 Ni18Co9Mo5Ti），是一种低碳高镍型超高强度马氏体时效钢，其热处理后硬度高可达 49~52HRC；3J33 较一般碳钢的强度高、延伸率和收缩率大，因而切削力大，产生的切削热量多，切削温度也高，同时由于 3J33 中 Mo、Co、Ti 等合金元素的含量较高，因此所选用的刀具材料必须具有高的抗黏结、抗磨损的性能，以及高的耐用度和良好的刃磨性能，以保证刀具刃口的锋利。

3　技术方案

3.1　工艺过程

扭杆按照逐步精化原理加工，分为粗车、半精车和精车三个阶段，粗车、半精车和精车工序所加工细颈的尺寸分别为 $\phi1.2$ mm、$\phi0.7$ mm、$\phi0.39$ mm；第 4 道工序真空时效处理后，扭杆硬度为 49~52HRC，共安排 3 次热处理工序消除加工应力，以保证尺寸和形位精度的稳定性。

具体工艺流程如下：1）粗车；2）真空固溶处理；3）半精车；4）真空时效处理、稳定处理；5）精车外圆和细颈；6）电加工；7）高低温稳定处理；8）研抛细颈、保证扭转刚度和滞后角。

3.2　精密车削加工

扭杆精密车削要求车床的主轴精度低于 1 μm，并且要求较高的稳定性和刚性。扭杆精车工序先研磨两端中心孔，再加工两端的各外圆，最后再加工中间的细颈。

采用两顶装夹，车削 2—$\phi2.5^{+0.008}_{+0.004}$ 外圆和 5°锥面以及 $\phi3.5$、$\phi4.4$ 外圆，要求保证 2—$\phi2.5^{+0.008}_{+0.004}$、$\phi3.5$、$\phi4.4$ 外圆的同轴度 $\phi0.001$ mm，为精车细颈提供高精度的定位和找正基准。精车前精研两端中心孔，然后用两顶尖定位装卡，必须保持两顶尖的顶持力适中，以防止产生装夹变形；由于中间细颈刚度低，为防止车削时产生颤动，采取在细颈部位安装减振套环的措施，起到了较好的效果。

以 2—$\phi2.5^{+0.008}_{+0.004}$ 外圆定位，精车 $\phi(0.39\pm0.002)$ mm 的细颈，保证细颈与 2—

$\phi 2.5^{+0.008}_{+0.004}$外圆的同轴度 $\phi 0.004$ mm，以及 0.4 μm 的表面粗糙度。

3.3 采取的技术措施

针对扭杆的"两高一低"，即尺寸和形位精度高、材料硬度高以及抗弯刚度低的特点，必须采取措施解决定位装夹难、加工易变形、细颈精车刀具、细颈尺寸测量、同轴度和表面粗糙度难保证等难题。

（1）研制高精度定位夹具

对于扭杆的哑铃形结构、低刚度的特点，如果在车削细颈时采用弹性夹头和顶尖进行一夹一顶的装夹方式，或采用双顶尖两顶的装夹方式，由于刚度低，扭杆的细颈都会因装夹和切削力而产生变形，如图3所示。这将使加工精度无法得到保证。采用提高工件与工装连接配合表面的加工精度和表面粗糙度，使工件与工装间有效接触面积增大，可有效提高工件的工艺刚度。

图 3　扭杆变形造成的不同轴现象

为此设计专用的高精度夹具，分为左、右两体结构，分别安装在机床主轴和尾座上，如图4所示。首先选择径向跳动 0.001 mm 的活顶尖，将左夹具体紧密压装在活顶尖上，然后一同装在尾座上，用安装在主轴上的千分表找正左夹具体的 $\phi 2.5$ 定位孔，通过调整尾座使其径向跳动小于 0.002 mm，找正后锁紧固定尾座。

图 4　某扭杆细颈精车用工装图

将右夹具体安装在车床主轴的弹性夹头上，右夹具体安装后，配车 $\phi 2.5$ 定位孔，保证其与扭杆一端的 $\phi 2.5^{+0.008}_{+0.004}$外圆配合间隙小于 0.002 mm，这样可以保证 $\phi 2.5$ 定位孔与主轴的同轴度，并保证左、右夹具体 2 个 $\phi 2.5$ 定位孔的同轴度在 $\phi 0.002$ mm 以内。

左、右两端的夹具安装完成后，再将扭杆装夹在夹具上。首先将扭杆短端的 $\phi 2.5^{+0.008}_{+0.004}$外圆装入右夹具体的 $\phi 2.5$ 定位孔中，并保证台阶端面贴紧。然后缓慢移动尾座套筒，将左夹具体逐渐靠近扭杆并对准，使 $\phi 2.5$ 定位孔套住扭杆另一端的 $\phi 2.5^{+0.008}_{+0.004}$外圆，最后分别固紧左、右夹具体的各 4 个压紧螺钉，压紧螺钉的作用一是固紧扭杆，二是可以起到微调作用，消除配合间隙等因素造成两端的不同轴误差。

以上准备工作完成即可进行细颈的精密车削，图5为细颈精车加工的实际状态。研制该套高精度定位夹具，增加了工艺系统的刚度，提高了扭杆定位精度，有效解决了低刚度细颈加工变形问题，保证加工的形位精度。

图5　某扭杆细颈精车加工状态的实物图

（2）采取适宜的切削参数

在同样工艺系统刚度条件下，可以减小切削力以减小工艺系统受力变形，提高细颈加工精度。具体措施是采用小切削深度和低进给量，即切削深度 0.005～0.01 mm，进给量 0.01 mm/r。

对细颈零件的精密加工，采用高速切削可以加大激振频率，使激振频率远离工件固有频率，从而越过不稳定区域，使切削处于最佳的稳定状态，也有利于提高扭杆的表面粗糙度，为此扭杆细颈精车采用 900 r/min 的主轴转速。

采取以上措施有利于减少加工应力，更好地保证细颈尺寸和形位精度的稳定性，并满足扭杆的扭转刚度和滞后角要求。

（3）制作专用刀具

精车工序主要采用两种刀具，一种是车削 $\phi 2.5^{+0.008}_{+0.004}$ 等外圆的车刀，另一种是车削 $\phi 0.39$ 细颈的小车刀。针对 3J33 精密合金的高硬度，为保证刀具耐用度，两种车刀的材料均选用 YT726 硬质合金。

车大外圆采用 93°偏刀，主要目的是减少径向切削力，且刃磨锋利；刀具主偏角 93°～95°，前角 10°～12°，后角 6°，副后角 10°～12°。

细颈所处空间位置狭小，宽度仅为 2 mm，而且细颈两端还要求有 $R=0.4$ 圆角，所以刀具选用难度大。为此专门制作了 R 圆弧片车刀，如图6所示，车刀最宽处不到 0.8 mm，刀具前角 10°～12°，后角 6°，副后角 10°～12°。

（4）细颈的在线测量

ϕ（0.39±0.002）mm 细颈尺寸精度较高，必须解决在线测量问题，但是由于细颈所在区域宽度仅为 2 mm，通用的小测头外径千分尺测头直径为 $\phi 2$ mm，无法测量到细颈。采取的办法是对外径千分尺进行改进，即加工一对直径为 $\phi 0.8$ mm 的小直径测头，压装在外径千分尺的两个大测头上，如图7所示，改制的专用外径千分尺通过计量部门的标校，以保证测量精度。

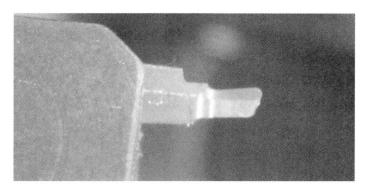

图 6　车削扭杆细颈的 R 圆弧片车刀

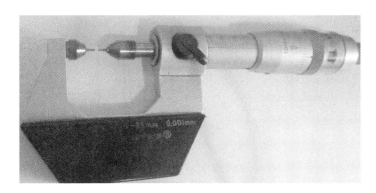

图 7　测量扭杆细颈专用外径千分尺

4　结论

通过对扭杆结构、材料和精度方面的难点进行分析，并采取有效的措施，解决了扭杆精车加工存在的问题，保证扭杆的加工精度。

采用逐步精化原理，合理安排工艺过程；制作高精度的夹具，采用适当的装夹方式，增加工件与工装之间的接触刚度，可以提高低刚度细颈扭杆的工艺刚度，减少加工变形，保证形位精度。

选择适宜的切削参数，如采用小切削深度、小进给量和高切削速度，安装减振套环等，使激振频率偏离工件固有频率，可以减少，甚至消除零件的加工颤动，提高加工表面粗糙度。

正确选用刀具材料，制作专用刀具，刃磨适宜的刀具几何角度，可以保证扭杆细颈的精密车削加工精度。

参 考 文 献

[1]　孟少农．机械加工工艺手册．北京：机械工业出版社，1996．

[2]　王先逵．精密加工技术实用手册．北京：机械工业出版社，1996．

[3]　孔金星．低刚度薄壁零件的精密加工．工具技术，2003，37(12)．

翻板在相对孔系零件加工中的应用技巧

石岩　田红斌

航天九院704所

摘　要　翻板是机械加工中常用的一种定位夹紧胎具，对装夹精度、工件精度的提高具有非常重要的作用，在机械加工中具有其他普通夹具无法代替的优势。作为实际加工经验的一次总结，本文从翻板的结构、工作原理、加工应用等方面作详细的讲解，并以波导旋转关节系列产品中的关键件———同轴定子的加工为例，详细诠释了翻板相比传统加工手段，具有创造性的改进，在保证精密尺寸，减小工件变形，控制形位公差等方面具有独特的优势。

关键词　高精度孔系　翻板　形位公差

1　引言

在生产加工过程中经常遇到一些零件，有多处孔系需要加工，形位公差、尺寸公差、相对位置公差要求很高，同时在各组孔系间没有统一的基准，使得找正非常困难，实际加工无法满足技术要求。这些零件的加工过程非常繁琐，且成品率很低，使其成为生产过程中的一大瓶颈。下面以此类零件的典型———同轴定子（见图1）为例，说明传统加工方法中的技术瓶颈，其加工过程如下。

此零件为波导旋转关节系列产品中的同轴定子。此零件为三件组合焊接成型，上下件的两个 $\phi16$ 的孔要求焊接后精镗，与中件上下两个 $\phi2$ 的圆柱的同轴度要求小于 0.02 mm。

传统加工方法：

1）用虎钳装夹 ［见图2（a）］ A、B 两基准面，找正 $\phi2$（W1）圆柱台，加工 $\phi16$ 孔及上端面。

2）调头一次装夹，找正 $\phi2$（W2）圆柱台，加工 $\phi16$ 孔及上端面。

实际加工效果［如图2（b）所示］由于三件焊接后，工件整体存在变形，造成形位公差超差，轴线误差较大，产生角度［见图2（b）所示角度 O］，质量难以控制。

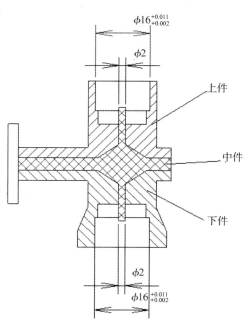

图1　同轴定子

通过分析可知，传统加工方法的特点是：

1）装夹时工件受虎钳夹紧力变形。

2）分别找正两端，加工后两组孔系轴线不重合。

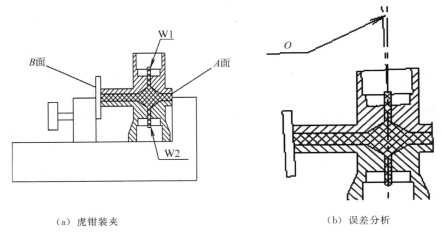

（a）虎钳装夹　　　　　　　　　　（b）误差分析

图 2　传统加工方法

引起超差的原因可以归纳为以下几点：

1）用虎钳装夹零件，工件受夹紧力影响受力变形，加工完成后弹性恢复、同轴度、端面垂直度难以保证；

2）虎钳装夹每次夹紧力不尽相同，导致变形量每件都有差别；

3）由于零件属于三件焊接而成，三个分体件在焊接加热过程中分别产生变形，且变形量不均匀，导致焊接后，如图 3 所示，上、中、下三件贴合面会有微观的间隙。基准 A 与端面 B、C 的垂直度与虎钳装夹面 D、E 的平行度都存在一定的误差。加工出的内孔与基准轴 A 同轴度超差，端面 B、C 与基准轴 A 垂直度超差。

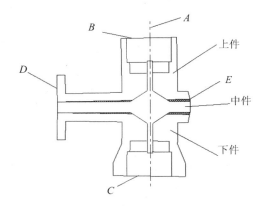

图 3　焊接后零件的状态

通过分析发现传统方法无法满足精度要求。

2 技术难点

2.1 翻板的结构

翻板是机械加工中常用的一种定位，夹紧胎具。它的形状可以随装夹方式的不同而变化。它是依靠螺钉与工件进行连接，夹紧。翻板结构如图 4 所示，翻板结构简单，易于加工，但形位公差要求较高。翻板安装孔排列方式依据加工零件安装孔的位置而定。

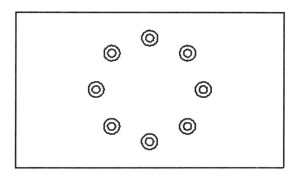

图 4   方形翻板

2.2 基本工作原理

将翻板与工件连接后，求出工件一面与翻板基准边之间的相互位置关系后，利用翻板的各个基准边推算出工件另一面的位置。由于使用翻板时大多工件需加工的位置为相对关系，需要翻转加工。所以这种找正夹紧的胎具称为翻板。

2.3 加工特点

翻板自身结构比较简单，合理利用翻板装夹工件，可以在没有装夹定位基准的零件加工中，人为设定出相对基准来满足加工要求，适用于微量切削的精加工工序。

3 翻板的应用

下面就以波导旋转关节系列产品中的同轴定子为例，阐述翻板在高精度相对孔系零件加工中的应用技巧。选用的机床为米克朗公司的 VCP600 三轴加工中心，定位精度、重复定位精度为 0.006 mm 和 0.004 mm。如图 5 所示，此零件为三件组合焊接成型，上下件的两个 $\phi16$ 的孔要求焊接后精镗，与中件上下两个 $\phi2$ 的圆柱轴线的同轴度为 0.02 mm。此零件焊接后，零件外形不规则，且没有精加工基准，且加工两处 $\phi16$ 的孔需要二次装夹。

如图 6 所示，工件 AB 两面均有 8 - M2 螺纹孔，将两处 8 - M2 螺纹孔作为装夹点，根据工件上装夹点的位置设计翻板结构如图 7 所示。图 7 中长方体 $A1$，$A2$，$A3$，$A4$，$D1$，$D2$ 六面的垂直度、平行度要求小于 0.01 mm。B 为与工件连接的安装孔，孔径尺寸应大于螺钉尺寸 0.2~0.4 mm。根据工件 AB 两端面不同尺寸的装夹点位，需加工出两个翻板。

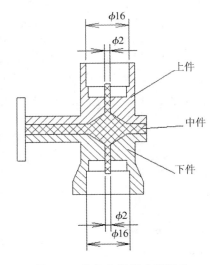

图 5　三件组合焊接成型零件

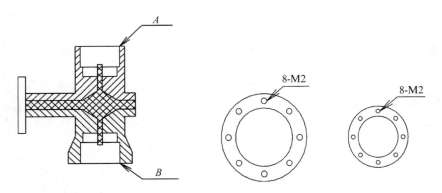

图 6　AB 两面均有 8 - M2 螺纹孔的工件

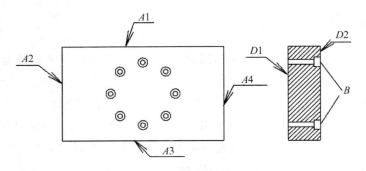

图 7　根据工件上装夹点位置设计的翻板结构

由于零件为三件组合焊接而成，如图 8 所示，会产生三个分体件在焊接后轴线不重合问题。不重合可分为位置度超差和三个轴线连接后的直线度超差。位置度超差可以通过镗孔解决，直线度超差在普通装夹方法中几乎无法解决。通过两块翻板的组合使用，能够解决这一难题。

用虎钳装夹工件 AB 两面，与翻板用 M2 螺钉连接。如图 9 所示，将侧母线拉平，保证平行度＜0.01 mm。

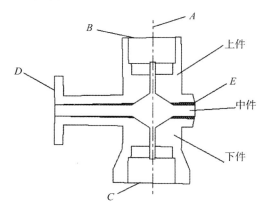

图 8　三件组合焊接的零件

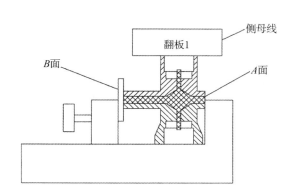

图 9　翻板的使用

虎钳装夹翻板 1（见图 10），找正翻板 1 上平面与机床工作台平行度小于 0.01 mm。找正中件 $\phi2$ 圆柱中心，同时将 $\phi16$ 孔端面铣削见光即可（端面有余量）。这样保证了翻板 1 的上平面与 $\phi16$ 孔端面的平行度。

设想 $\phi16$ 孔端面与基准轴线为垂直关系。在机床上找正 $\phi2$ 圆柱中心。将中心位置的机械值记录下来。将翻板 2 与零件连接（见图 11），将翻板 2 侧母线拉平，与 X 轴平行度小于 0.01 mm。测得翻板 2 角点 U 与 $\phi2$ 圆柱中心相对间距。

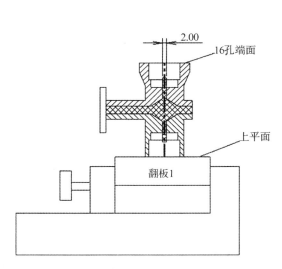

图 10　翻板 1 使用方法

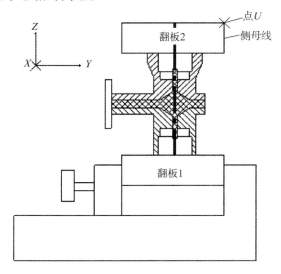

图 11　翻板 2 使用方法

虎钳装夹翻板 2（见图 12），形位公差要求同上。去掉翻板 1，通过翻板 2 角点 U 可以推出中件下端 $\phi2$ 圆柱中心 $O1$，将坐标值记录。找正中件上端 $\phi2$ 圆柱中心 $O2$（见图 12）将数值记录。

这时可计算出中件上下两端 $\phi2$ 圆柱中心 $O1$ 和 $O2$ 的差值（见图 13）。此差值代表中件两端 $\phi2$ 圆柱中心连线与 $\phi16$ 孔端面垂直度的误差。经过计算，求得误差角度 $A=\mathrm{arccot}\,(X/Y)$。

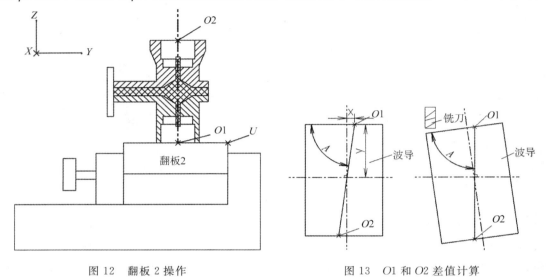

图 12　翻板 2 操作　　　　　　　　　图 13　$O1$ 和 $O2$ 差值计算

求出两端圆柱中心 $O1$、$O2$ 连接所得公共轴线与上下 16 孔端面的垂直角度差值后，如图 14（a）所示，通过翻板上 4 个点高度值的调整，将公共轴线调整至理论垂直位置。将翻板 2 调整好角度后，找正中件上端 $\phi2$ 圆柱中心，同时将 $\phi16$ 孔端面见光 [见图 14（b）]。

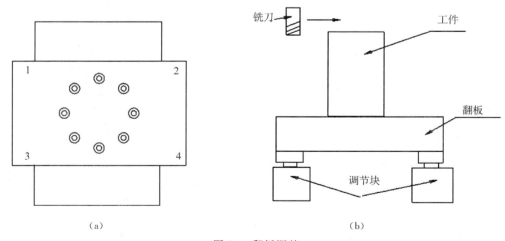

（a）　　　　　　　　　　　　　　　（b）

图 14　翻板调整

再次装夹翻板 1，按以上方法调转装夹后，求出中件上下两端 $\phi2$ 圆柱中心差值，验证利用翻板调整后公共轴线与工件两端面的垂直度。如果上下两端 $\phi2$ 圆柱中心差值小于

0.01 mm，证明公共轴线与工件两端面的垂直度满足图纸要求，可以进行后续加工。

垂直度调整好后，找正一端 $\phi2$ 圆柱中心，精镗 $\phi16$ 内孔及加工相关位置。再次利用翻板装夹工件，翻转加工另一端 16 内孔及加工相关位置。保证了相对孔系的同轴度要求。

利用翻板加工此类零件，零件本身未受到装夹变形，见图 15，解决了因外部施加的夹紧力使零件产生的变形，克服了原装夹方式产生的弊端，经检验达到了设计尺寸及形位公差要求，经电性能测试验证，满足设计电性能要求。

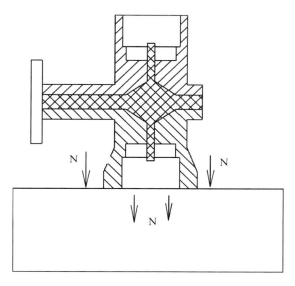

图 15　翻板装夹

4　结论

本文就加工各孔系间没有统一基准、无合适装夹面、易装夹变形的工件，提出了一种行之有效的解决方案，在无法确定绝对位置的情况下，使用翻板，产生出相对基准，测量和计算出形位误差，可将不同孔系间的误差值降到最小，且不产生相对方向的夹紧力，零件基本不变形，有利于控制尺寸，适合于工件精加工。用翻板辅助装夹，可计算出精加工前工件的形位误差值和误差方向，计算出补偿值，经调整工装后找出同轴基准，保证了同轴度等形位公差要求。用此方法加工的多型号多批次同类零件，均满足图纸要求，取得良好的效果。

数控车床专用夹具的实践设计

吕建平

航天九院 693 厂

摘　要　随着我国航天事业的发展，我国由航天大国向航天强国迈进的步伐越来越大，新时代的航天任务，特别是载人航天工程对航天产品提出更高的质量要求，原有的生产工艺，原有的质量要求标准，生产当中有很多已达不到现航天产品的要求，这就要求我们要对加工工艺和质量要求标准不断地更新和改进才能满足航天发展的需要。

关键词　专用夹具　设计　工艺

1　引言

如图 1 所示为 MK2 - 2A JC8.352.01 推杆零件示意图。

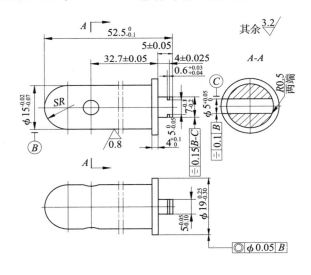

图 1　推杆

零件为一轴类零件，材料为 00Cr17Ni14Mo2 不锈钢材料，零件一段为圆弧头，另一端为四方体，中间有一类似法兰盘结构。

1.1　原生产工艺安排

1）下料。

2）车制成形。

3）线切割，切右端四方体。

4）钳工调试钻模，钻孔 $\phi5_0^{+0.05}$，保证尺寸 $32.7_{-0.05}^0$ 及图 1 中的对称度要求。

1.2 生产中出现的问题

根据该零件的工艺安排，在实际加工中工序 4）钳工，无法保证 $\phi5_0^{+0.05}$ 孔径要求，无法保证 $32.7_{-0.05}^0$ 及图 1 中对称度要求。本批零件为 220 件，试加工 20 件零件全部报废（见表 1），原因 $\phi5_0^{+0.05}$ 超差，$32.7_{-0.05}^0$ 尺寸及对称度无法保证，现象为钻头入口处好点，出口处偏差较大，根本无法保证。原因分析：$\phi5_0^{+0.05}$ 孔径尺寸和 $32.7_{-0.05}^0$ 尺寸位置度和对称度由钳工用钻头钻孔后保证，难度相当大，$\phi5_0^{+0.05}$ 孔是在圆柱面上钻孔，钻头钻入和钻出两切削刃受力不均匀，使钻头偏摆造成 $\phi5_0^{+0.05}$ 尺寸超差和位置度和对称度超差，造成零件报废。

表 1　改进前情况

要求尺寸	实际加工尺寸	试验加工件数 20 件	结论
$\phi5_0^{+0.05}$	$\phi5.0 \sim 5.2$ 粗糙度超差	18 件	20 件报废 原因：孔径超差、长度超差、对称度超差、垂直度超差
$32.7_{-0.05}^0$	$32.5 \sim 33.0$ 孔歪斜	20 件	
对称度 0.1	孔歪斜	15 件	

2　技术难点

2.1　车工加工内孔工艺安排

车工加工不锈钢材料 $\phi5_0^{+0.05}$ 直径深 15 mm 的工艺安排：

1）中心钻钻孔。

2）钻头钻 $\phi4.5$，深度大于 16 mm。

3）镗刀镗孔，保证 $\phi5_0^{+0.05}$ 公差及内孔粗糙度要求。

2.2　工艺步骤分析

该零件为孔径 $\phi5_0^{+0.05}$，在直径 $\phi15$ mm 圆柱上钻通孔，钻孔长度为 15 mm，对车工来说，按车工加工内孔的工艺安排，保证 $\phi5_0^{+0.05}$ 内孔不锈钢材料，虽说有点难度，但也是可以保证的，钻孔时虽说也有偏斜和位置度偏差，但可以通过预留镗孔余量，最后用镗刀镗孔修正对称度和位置度偏差也是能够保证的。可以看出来车工加工该内孔比钳工还是有优势的。

2.3　工艺难点

该零件是个轴类零件，但 $\phi5_0^{+0.05}$ 是在轴上加工一径向孔，车工在加工该零件时，通用夹具（弹簧卡套、三爪卡盘、四爪卡盘）都不能使用，只能通过设计专用夹具，把零件装夹到车床主轴上，车工就能完成零件的加工，车工加工该零件的首要条件就是设计专用夹具。

3 技术方案

3.1 专用夹具基本组成部分

专用夹具由定位元件、加紧装置、夹具体三部分组成。

3.2 夹具设计时应满足以下要求

1）夹具应满足零件加工工序的精度要求，特别对于精加工工序应适当提高夹具的制造精度以保证工件的尺寸公差和形状位置公差的要求等。

2）夹具应达到加工生产率的要求。

3）夹具的操作要方便、安全。

4）要能保证夹具一定的使用寿命和较低的夹具制造成本。

5）要适当提高夹具元件的通用化和标准化程度。

6）具有良好的结构工艺性，以便于夹具的制造、使用和维修。

3.3 定位元件和夹具体设计

1）根据零件的对称度要求，对该要求设计的定位元件为 V 形槽，如图 2 所示。

2）对该零件长度尺寸 $32.7^{0}_{-0.05}$ 的要求，该设计要求的定位元件为一平面，以零件基准平面当定位基准。考虑定位误差，工装要求定位尺寸为 32.7 ± 0.01，如图 3 所示。

图 2 长 V 形槽

图 3 定位基准面

3.4 夹紧装置设计

为防止零件轴向窜动，特别设计偏心轮作为零件轴向的夹紧机构，操作方便，夹紧迅速，方便零件装夹，如图 4、图 5 所示。

图 4　松开　　　　　　　　图 5　夹紧

零件主夹紧采用压板式加紧机构，为防止零件压伤，在压板和零件中间垫衬一块铜皮，防止零件夹伤，如图 6 所示。

图 6　压紧压板

3.5　夹具体的设计

因为是车床夹具，故采用旋转类夹具体，一端是圆柱面基准，如图 7 下方所示的圆柱体，便于机床三爪卡盘软爪装夹，另一端以圆柱中心为基准把定位元件同时在夹具体上加工出来。

图 7　夹具体

3.6 专用夹具的加工工艺

夹具名称：MK2-2A推杆专用卡具，加工图纸如图8所示，实物如图9所示。

1）材料：45♯钢棒 ϕ110X75。

2）下料。

3）车工：ϕ52、20、71。

4）线切割按图切制合图（注意：32.7尺寸中心到断面距离、7尺寸中心对称不大于0.01）。

5）钳工钻孔攻丝2-M8-深20。

6）车调试夹具，调试平衡。

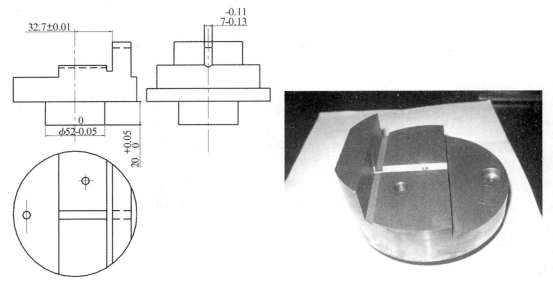

图8　MK2-2A专用卡具加工图纸　　　　图9　推杆夹具体

4　实用范例

专用夹具制作过程中，严格按设计尺寸加工最终达到设计出的理想效果，图10为实际加工中该工装夹持零件的实际工作图。加工中先打中心孔，主轴采用1 200转转速，0.03 mm每转进给，ϕ2.5中心钻钻2.5 mm深，再用ϕ4.5高速钢钻头，主轴转速800转，0.08 mm每转进给，钻12 mm退刀一次，退刀到端面再进去，让钻头排屑和冷却一次，再就一次钻到16 mm深，钻到14 mm深时，进给量降低到0.03 mm，钻投即可。再用涂层硬质合金镗刀分两次粗精车内孔，达到要求尺寸，整个加工过程冷却液充足冷却。

图 10　实际加工效果图

5　结论

如表 2 所示，工装设计好后首批加工零件 200 件，$\phi 5_0^{+0.05}$ 尺寸全部合格，$32.7_{-0.05}^0$ 尺寸全部合格，对称度全部合格，粗糙度 1.6 nm 达到设计要求，该批零件加工完后，交检合格率达 100%。但是该工装还有不足之处，就是效率偏低，本批 200 个零件共用时两天，四个班的时间，完成定额工时 30 h。主要是装卡需要装卸两个螺钉才能完成，一次装夹就需要 2 min 时间（一般零件装夹需时 20 s），装夹费时较多，有待进一步改进。

表 2　改进后情况

要求尺寸	实际加工尺寸	实际加工 200 件	结论
$\phi 5_0^{+0.05}$	$\phi 5.02\text{—}\phi 5.05$	200 件	100% 合格，$\phi 5_0^{+0.05}$ 内孔粗糙度满足设计要求
$32.7_{-0.05}^0$	$32.66\text{—}32.69$	200 件	
对称度 0.1	0.08 以内	200 件	

铍仪表零件精加工后微细毛刺去除方法探析

薛凤举　郭祎　李春明　姜雪冬

航天九院 13 所

摘　要　航天产品对零件毛刺的去除要求极高。零件在精加工过程中会产生微细毛刺和材料堆积现象。这种现象对零件的尺寸检测、装配生产等都会产生不良影响。铍材作为惯性仪表零件的重要材料，其材料特性给去除毛刺带来了新的困难。我们经过大量的实验和摸索，找到了几种有效的铍仪表零件毛刺去除方法。同时在工艺文件中对具体零件的具体去毛刺方法及操作时的量化参数进行固化，取得了很好的效果。

关键词　铍材　仪表零件　去毛刺　超声波　牙钻

1　引言

航天产品在机械加工过程中劳动力最为集中而又最难控制的部分，是精密零件的精加工步骤[1]。各种材料在精加工过程中会不同程度地产生毛刺或材料堆积等现象。这些将影响零件的检测、装配、使用性能、工作寿命等技术指标，甚至会造成飞行事故等严重后果。我单位一贯重视毛刺的去除工作，尤其是对零件精加工后微细毛刺的去除尤为严格。

当前，去除毛刺的方法有很多种，但针对不同材料、不同形状以及不同的零件，并不是所有的方法都能满足产品要求[2]。我单位现承担着铍惯性仪表零件的加工任务。仪表零件是高精产品，生产中既要保证零件的精度要求，又要避免毛刺的残留。同时，铍材又是一种有着特殊性能的材料，这就要求我们必须谨慎地选用合适有效的去毛刺方法。另外，因为去除毛刺方法多，过程不易量化，工艺人员很难在工艺文件中编制明确的毛刺去除工艺，不利于产品质量的管理控制。经过大量的实验摸索，我们总结了几种取得很好效果的铍仪表零件精加工后微细毛刺去除方法，并固化于工艺文件。

2　技术难点

2.1　铍零件毛刺的特性

铍材是一种脆性金属材料，它的晶格结构中缺少滑移系，延展性很差[3]。所以在加工时，材料表面会产生一层厚 0.025～0.5 mm 的由交叉孪晶和裂纹组成的网状结构损伤层。但是由于铍材高弹性模量的特性，刀具切削零件后在出刀处会产生不连续毛刺。如图 1 所示，某零件通过 20～40 倍显微镜，我们可以发现，在加工过端面后中间棱边产生微细毛刺，加工过内圆后上棱边出现一圈微小堆积带。这些细小毛刺如果不去除彻底，将会给高精度仪表零件的检测、装配等环节带来不良影响，将可能产生检测数据不准确、精密装配间隙不准确、毛刺掉落产生多余物等严重后果。

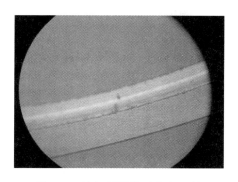

图1　刀具切削零件后产生毛刺

2.2　改进方法前毛刺去除方法

开始我们采用传统的手工刮刀去毛刺法去除零件毛刺，加工后肉眼观察效果较好。但根据图纸技术条件要求在 20～40 倍显微镜下观察后，发现使用刮制后的棱边新产生很多凸棱，去量非常不均匀。在部分去除后的边缘还产生了更大的材料堆积突起，如图 2 所示。而且刮刀去毛刺对操作工人的要求非常高，手工操作一致性难以保证，很难避免操作失误，极易造成零件超差和报废。

为此我们改用电动和气动打磨机，选配镶嵌合金粒的磨棒和毛毡磨头、布磨头进行打磨去除毛刺。由于仪器限制，打磨机转速不稳定，转速不可调，并且高速旋转后打磨机振动较大，使得操作者难以精确控制打磨机磨头（见图 3）的位置，操控性差。同时由于合金粒磨棒过硬，易造成过度打磨，毛毡头、布磨头尺寸较大且过于柔软，效率低并且不易控制打磨面积，将对零件造成二次伤害或破坏零件表面粗糙度，甚至影响零件尺寸精度。

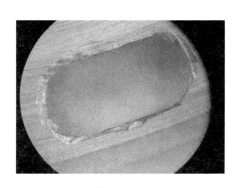

图2　传统手工刮刀去毛刺

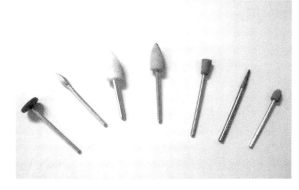

图3　磨头

2.3　改进方法前毛刺去除效果

仪表装配精度要求极高，图纸要求配合间隙分别在 1～3 μm、3～6 μm，安装面的表面粗糙度要求较高。而微细毛刺的尺寸约在 $1\sim10~\mu m$，正在这个范围内，这些微细毛刺和堆积由于其尺寸微小，存在范围广泛，往往难以检测完全，从而出现零件尺寸检测合格，但由于毛刺的存在使得局部实际配合间隙过小，甚至局部过盈，导致无法装配的情况，严重时会在装配过程中形成多余物。而且毛刺经常造成细导线在装配过程中被割断的情况。前期由于零件微细毛刺和堆积去除不力，对铍仪表零件的装配造成了不利影响。

3 技术方案

针对遇到的困难，我们决定从两个方面进行改进。一个方面是改进现有方法，传统刮刀方法已经摸索成熟，事实证明不适用于铍仪表零件去毛刺。为此我们考虑在打磨机和磨头改进方面进行新的探索。第二方面是开拓新的思路，我们决定在改进磨抛手段的同时，寻找新的去毛刺方法。最终都取得了理想的效果。

3.1 牙钻配树脂磨头去毛刺应用

我们认为，前期去毛刺方法失败的原因有两个：一是以前选用的打磨机的转速不稳定，抛磨机本身振动较大，操作不稳定。二是抛磨头的选用不合适，磨头过硬易出现过度打磨现象，伤到零件尺寸精度；磨头过软、效率过低，且不易控制抛磨范围，易伤到其他不需抛磨的安装面。

针对以上情况，我们通过大量调研最终选定医用牙钻（见图 4）进行抛磨去毛刺。医用牙钻小巧轻便，易于手持操作，转速随意可调，运转过程中稳定，无明显振动。对于体积不大的仪表零件，是理想的手持抛磨工具。磨头的选用则比较困难。为此我们进行了大量的实验摸索，最终选用了硅树脂系列的抛磨头。硅树脂软硬适中，在操作时既不伤害零件，又有相当的切削力，适于铍材的抛磨加工。粗抛时在树脂中适量加入金刚砂，精抛时使用不加金刚砂的树脂，效果理想。

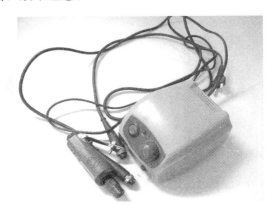

图 4　牙钻

图 5（a）为未抛磨效果，可见棱边有尺寸约为 0.2 mm 的微细毛刺；图 5（b）为牙钻抛磨后效果，可以看到毛刺全部去除，棱边达到均匀倒钝状态，倒角约为 $R0.05$ mm，无

划痕，无材料堆积现象。图 6 (a) 为刮刀去除毛刺后效果，可见刮刀将棱边严重碰伤，倒钝不均匀，约在 0.3~0.5 mm 左右，并在一定程度上破坏了形状尺寸。图 6 (b) 为牙钻抛磨后效果，孔口光滑均匀，孔边稍有碰伤（约在 0.1 mm 以内），毛刺去除较为彻底。

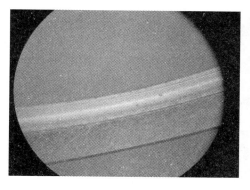 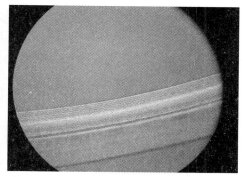

（a）未抛磨　　　　　　　　　　　　　　　（b）抛磨后

图 5　打磨对比图 I

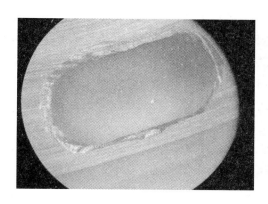 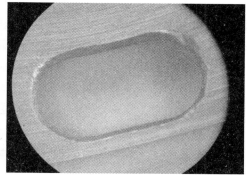

（a）刮刀去毛刺　　　　　　　　　　　　　（b）牙钻去毛刺

图 6　打磨对比图 II

牙钻配硅树脂磨头在操作空间足够的部位，完全可满足去除铍仪表零件微细毛刺和堆积的要求，棱边圆润。但从图 6 中也可以看到，在对抛磨空间较局促的部位进行操作时，仍易出现部分轻微的划伤和过抛现象。这对如图 6 所示的穿钉孔等大部分安装部位棱边基本圆润，没有多余物，不会对使用造成影响。

对一些特殊仪表安装部位，如马达轴安装孔，要求不允许有任何的损伤。特别是进行棱边去毛刺时，坚决不允许对安装孔孔面有任何损伤。因此牙钻去毛刺法有一定局限性。这就要求我们对有更高要求的部位采用更为适合的去毛刺方法。

3.2　超声波抛光去毛刺应用

针对牙钻抛磨去毛刺方法的局限性，我们又探索了超声波抛光机（见图 7）的应用。超声波去毛刺是利用高于 20 000 Hz 的超声波发生装置，带动研磨材料产生高频振动，将高速振动的研具放于工件毛刺处，利用振动研抛去除毛刺。

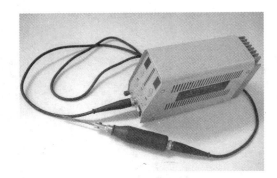

图 7　超声波抛光机

　　超声波去毛刺的关键点是对超声研磨材料和声波振动频率的选择。常用的超声研具有木质、竹质、金刚石锉刀等。经过大量实验发现，木质的研磨材料硬度不够，去除效果不理想。竹质研磨材料厚度偏厚，无法在仪表零件一些狭小的空间中操作，并且竹、木质研具的加工效率极低，不适合批量生产。金刚石锉刀硬度偏大，且振动幅度不易控制，容易磨伤边棱附近的光滑安装面，也不适用。经过反复实验，最终选定了纤维油石作为铍材超声研磨材料。采用纤维油石作为研磨料的优点是去除微细毛刺快速高效，声波振幅稳定易控制，硬度适中不伤其他安装面。缺点是纤维油石磨材本身损耗较快，但考虑到该材料成本很低，我们认为纤维油石是目前较为理想的磨材。对于频率的选定，我们选择不同的频率分别对铍零件抛磨，发现在 22～25 kHZ 范围内效果最为理想。

　　图 8 为某重要零件 ϕ3.5 mm 安装孔半孔棱边去毛刺效果。图 8（a）为用刮刀进行加工后效果，在显微镜下观察棱边粗糙，伴有微小的微粒堆积。经过测量，刮刀加工后，零件棱边倒钝尺寸在 R（0.05～0.2）mm 左右，波动范围很大，并伴有 0.1～0.3 mm 的划伤和 0.2 mm 左右的材料堆积。在前期的实际装配过程中，这些粗糙表面和微粒堆积造成了仪表零件某些参数的不正常。然而在这样狭小的空间内牙钻抛磨无法操作。我们采用超声波振动配合纤维油石研磨材料的方法去除毛刺，加工后棱边光滑，且对安装孔的光滑面

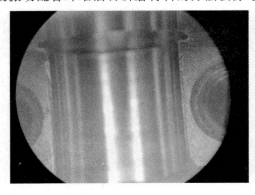　　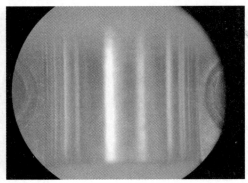

　　（a）刮刀去毛刺　　　　　　　　　　　　　　（b）超声波去毛刺

图 8　去毛刺效果对比图

无任何损伤，棱边全部均匀倒角 $R0.05$ 左右。现已将本方法应用到产品批产中，并将参数和方法固化到工艺中，为仪表装配提供了良好的基础。

4 结论

去毛刺，在机械加工流程中看似简单微小的工作，但小毛刺，大危害。在大量的实践后，我们认识到，去毛刺是一道极为重要的工序。尤其是精加工后，高精度特种材料仪表零件微细毛刺的去除是否彻底，将直接影响到装配后仪表的工作参数以及技术指标的标定。

经过摸索，我们不但找到了行之有效的方法，并量化了数据，固化到工艺文件去毛刺工序中严格执行。我们在现有的铍仪表零件去毛刺工序明确规定，直径大于 15 mm 的孔口以及直线棱边使用牙钻配硅树脂磨头除毛刺，每天更换硅树脂磨头。直径小于 15 mm 的孔口以及孔内相贯棱边使用超声波抛光机配纤维油石，在 22～25 kHZ 频率范围内去除毛刺，当纤维油石出现大于 1 mm 的磨损豁口时更换或修平油石，以免损伤其他光滑平面。在进行如上规定后，我单位承担的铍仪表零件未出现因毛刺影响仪表装配技术指标的现象。

参 考 文 献

［1］ 美国积压研磨公司 . 汽车零件去毛刺、抛光的独特工艺 . 汽车制造与装备，2005(8).

［2］ 秦宗旺，等 . 去毛刺技术手册 . 北京:宇航出版社,1995.

［3］ 黄伯云,李成功,石力开,等 . 中国材料工程大典,第五卷,有色金属材料工程(下). 北京:化学工业出版社,2006.

不锈钢深孔加工的一种方法

付天厚　张建华

航天十一院机加中心

摘　要　不锈钢 1Cr18Ni9Ti 是难加工材料，在高超声速风洞试验中使用的关键零件内套的材料是 1Cr18Ni9Ti，而且此零件还具有壁薄、孔小、长径比大等特点，本文介绍了在普通车床上加工水冷支杆内套的方法。

关键词　深孔加工　自制刀杆　不锈钢

1　引言

在高超声速风洞试验中，气流的温度较高，为了消除温度对天平的干扰，设计人员设计了水冷支杆。水冷支杆中的关键部件是内套，其材料是难加工材料 1Cr18Ni9Ti。此零件还具有壁薄、孔小、长径比大等特点，加工非常困难。

2　技术难点

2.1　材料的切削性能介绍

2.1.1　切削变形大

1Cr18Ni9Ti 延伸率 $\delta > 40\%$，合金中奥氏体固溶体晶格滑移系数多，切削变形系数大。切削变形系数约为 45 钢的 1.5 倍。

2.1.2　加工硬化倾向大

由于变形大，晶格产生严重扭曲，在高的切削温度和应力作用下，不稳定的奥氏体将部分转变为马氏体，强化相也会从固溶体中分解出来呈弥散分布，加之化合物分解后的弥散分布，都将导致材料表面强化、硬度提高。切削后，不锈钢硬化程度可达 240%～320%，硬化层深度可达切削深度的 1/3。

2.1.3　切削力大

切削不锈钢时，切削力比中碳钢大 25%。

2.1.4　切削温度高

切削不锈钢时，由于材料强度高，变形大、切削力大、消耗功率多、产生的热量多，而它的导热系数又小，所以切削温度比切削 45 钢高得多，有时可达 1 000 ℃。

2.1.5　刀具易磨损

这类材料切削加工时产生严重的加工硬化及合金中的各种硬质化合物，形成的微硬质点等都极易造成刀具的磨料磨损，工件材料与刀具材料组元成分相近，因亲和作用易产生粘结造成刀具的粘结磨损，还有扩散造成的磨损，切削温度高时周围介质中的氢、氧、氮等元素易使刀具表面生成相间脆性相，使刀具表面产生裂纹，导致局部剥落、崩刃。

2.1.6 表面质量和精度不易保证

在切削过程中容易产生积屑瘤，导致表面粗糙度和进度恶化。

2.2 零件结构特点分析

零件结构如图 1 所示，零件有如下特点：

1）光洁度要求高（1.6），尺寸精度要求高。

2）孔直径小（φ34）而且深，总长（464），长径比大于 10。若采用钻、扩、铰，钻、扩、两头镗等方式加工都存在排屑困难、不好冷却、让刀等问题，从而使尺寸精度和粗糙度无法保证。

3）壁薄、壁厚不均匀，最薄处仅有 0.9 mm。加工过程中容易发生变形、振动等现象。

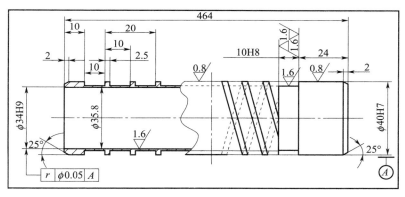

图 1　水冷支杆内套

3　技术方案

3.1　内孔加工方案和加工工艺

3.1.1　内孔加工方案

1）设备采用 C620 普通车床，床身长 1 500，机床自带中心架。

2）针对内孔难加工的特点，设计内孔加工双刃镗刀杆，见图 2。

3）自制刀头，刀具材料选用常规的 W18Cr4V，见图 3。

图 2　自制内孔双刃镗刀杆　　　　　　　　图 3　自制刀头

4）切削用量选用 $V_c = 7$ m/min，$f = 0.21$ mm/r，$a_p = 0.3$。

5）高压水泵喷射皂化乳化液进行冷却。

3.1.2　内孔加工工艺

1）首先车外圆，两头打孔留余量，孔口倒角 $1 \times 30°$。

2）磨外圆保证外圆圆柱度、尺寸和光洁度。

3）找正外圆，上中心架，在自制刀杆上通入高压皂化乳化切削液加工内孔。

3.2　刀杆结构设计及使用过程

3.2.1　刀杆设计

刀杆前部采用黄铜四点支撑的跟刀套，见图 4。采用黄铜为材料主要是刀套材料和加工材料没有相同元素，在加工过程中不会因为剧烈的摩擦使刀套和工件互研，同时黄铜有比较好的润滑作用，在旋转的过程中使工件和刀套间的摩擦力减小。而且黄铜比不锈钢软，不会对内孔划伤。

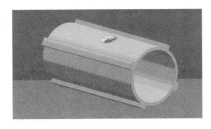

图 4　跟刀套

3.2.2　自制刀杆加工内孔

首先用普通镗刀将内孔镗至需要尺寸。将跟刀套加工至比内孔尺寸小 0.005。将刀头按图 2 加工并刃磨至内孔尺寸。将刀杆找正至主轴回转中心，将刀头装到刀杆上暂不固定，在不开主轴的情况下，轻轻将刀头深入内孔后再轻轻退出，然后再拧紧头部螺钉。由于采用对称的双刃切削，所以抵消了切削力，也解决了振动的问题。同时采用很长的修光刃，对提高零件表面光洁度，也起到了一定的导向作用。刀具实物见图 5。

从图 6 可以看出刀头后侧两处孔喷出的高压切削液，正好喷到切削区，可以很好地起到冷却作用，解决不锈钢切削中切削温度高的问题。由于采用的是高压切削液，可以把铁屑从前部冲出，起到很好的排屑作用。高压切削液对断削也起到一定帮助（不锈钢断屑不好）。

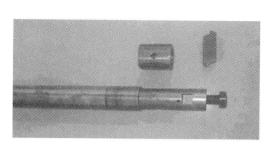

图 5　刀具实物

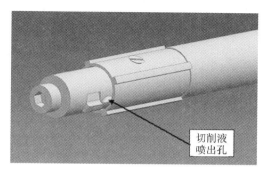

切削液
喷出孔

图 6　刀杆局部放大图

4　结论

使用自制双刃镗刀加工不锈钢深孔，解决了加工不锈钢材料深孔时尺寸精度差、光洁度低、冷却不好、不易排屑等难题。先后完成了多套水冷支杆内套的加工，同时也为深孔加工开辟了一条新路。

巧用方形工装提高复杂轴类零件加工精度

张建华

航天十一院机加中心

摘　要　天平、支杆等复杂的轴类零件，是风洞试验中经常用到的重要测量和支撑零件。它的加工精度直接影响风洞试验数据的准确度，但是零件较复杂且精度要求高，想保证这类零件的加工精度非常困难。针对不同种类的复杂轴类零件，本文介绍了几种方形工装，通过使用方形工装，能大大提高零件的加工精度。

关键词　轴类零件　方形工装

1　引言

对于风洞实验用天平、支杆和模型弹体等复杂的轴类零件，内孔上有内键槽，外圆上有孔、楔形槽、通槽，各个孔或槽之间有严格的互相平行或垂直关系，并且要求与外圆轴线对称。由于零件复杂，一个零件需要铣、线切割、电火花等二十多道工序才能完成加工，零件在加工和检验过程中装夹、找正非常困难，加工精度难以保证。

2　技术难点

2.1　零件结构特点分析

某复杂轴类零件（天平）如图 1 所示，零件材料为奥式体实效沉淀硬化不锈钢 18Ni，零件两头是锥面，锥面上有键槽，中间是外圆上加工出方、导线槽、孔、0.8 mm 厚的弹性梁、分离槽等。零件是风洞中的测力元件，加工精度要求非常高。

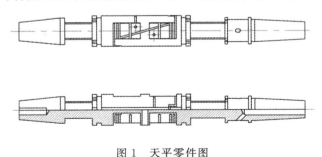

图 1　天平零件图

2.2 加工工艺分析

此类复杂轴类零件加工时，一般先由车工和磨工加工完外圆外锥后再由铣工用分度头装夹，加工外圆上的键槽、导线槽和孔，然后到线切割和电火花加工分离槽和弹性梁。铣工利用分度头的分度功能一次装夹，可以保证各个外圆上槽或孔之间的角度和位置关系。但是对于后续的线切割和电火花工序来说，分度头非常笨重，不适合作为这两道工序的装夹工具。而且分度头中心内孔直径较小，在线切割机床上用分度头装夹轴，对于直径较大、长度较长的轴类零件，只能夹住靠近端面的一小段，由于尾部不能用顶尖顶住，所以大部分悬在空中，不仅会影响靠近端面处的槽或孔的加工，而且装夹不牢靠。

2.3 零件加工误差分析

零件上的这些槽和孔不在同一道工序中加工完成，每道工序都需要装夹找正、对刀。每次找正用的基准也不统一，线切割和电火花工序要找正外圆后再找正铣工已经加工好的槽或孔，但是由于槽或孔面积非常小，找正困难，而且找正时只能找正一小段距离，容易产生找正误差。在对刀时只能使用外圆上一条母线，对刀精度差，尤其是线切割工序，需要通过观察放电火花的强度来对刀，对刀时是钼丝和轴的外圆母线碰触，是两条线接触，对刀精度非常差。每道工序都存在找正误差、对刀误差再加上加工误差，最终误差积累，导致整体零件加工精度差。因此此类零件的装夹、找正、对刀是零件加工的难点。

3 技术方案

3.1 工装设计

为了克服现有复杂轴类零件加工和检验中装夹、找正困难，每道工序基准不统一、对刀精度差等缺点，我单位在复杂轴零件加工过程中使用一种方形工装。这种工装有三种形式：拉紧式方形工装见图2，焊接式方形工装见图3，顶紧式方形工装见图4。

图2　拉紧式方形工装　　　　　　图3　焊接式方形工装

图4　顶紧式方形工装

3.2 工装与零件的装配

上述三种形式的方形工装与零件有四种联接形式。

3.2.1 拉紧式方形工装与轴的联接

如图 5 所示，零件两头都是锥面，内孔有螺纹。铣工加工完外圆上的槽后，选择锥面长度较长的一头，装配图 2 所示工装。工装内孔与零件外锥面锥度一致，用垫片和拉紧螺钉将工装和零件固定。待零件加工完成后，松开拉紧螺钉，即可拆下工装。

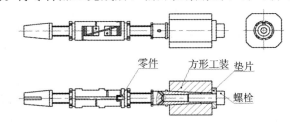

图 5 拉紧式方形工装与轴的联接

3.2.2 焊接式方形工装与轴的联接

如图 6 所示，零件加工周期较长、工序较多、装夹次数较多、有切削力较大的工序，为了使工装与零件联接牢固，可以将图 3 所示工装与零件组装后，在零件右端的工艺夹持处焊死。图 3 所示工装，右端孔口有一个倒角，此倒角可以作为焊接时的坡口，由于工艺夹持是事先预留在零件上的一段轴，夹持端面距零件有一段距离，在加工完成后要去掉，所以在此处焊接不会使零件产生变形，不会破坏零件。在零件加工完成后将零件上的夹持连带方形工装，一起在线切割机床上切掉即可。

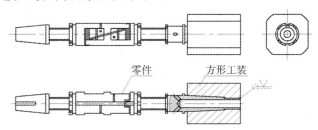

图 6 焊接式方形工装与轴的联接

3.2.3 顶紧式方形工装与轴的联接

如图 7 所示，零件外圆是圆柱面，端面有需要加工的部位，零件长度较长，工装可以装配在靠近零件中部的不妨碍加工的部位。工装内孔与零件内孔配合，在工装侧面的螺纹沉孔处拧上内六角螺钉，内六角螺钉顶紧零件，使工装与零件固定。在零件加工完成后松开内六角螺钉，即可拆下工装。

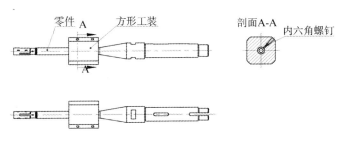

图 7　顶紧式方形工装与轴的联接

3.2.4　顶紧式方形工装加轴瓦与轴的联接

　　如图 8 所示，零件两头直径大，中间直径小，如果工装内孔与零件中间外圆直径相同，工装无法装配到零件上；或者是零件自身硬度低，用顶紧螺钉顶紧容易伤到零件表面。在这两种情况下，可以将工装的内孔直径加工成大于零件左端小头直径，这样可以使工装从零件左端直径较小头装到零件上。然后再加工两个轴瓦，见图 9，轴瓦的外圆与工装内孔一致，轴瓦内孔与零件外圆一致，轴瓦装在零件外圆与工装内孔之间的间隙中。再用顶紧螺钉将工装和轴瓦与零件顶紧固定。这样既方便工装插入零件，又可以避免顶紧螺钉直接和零件表面接触从而破坏零件表面。而且这种联接形式，只需更换不同内孔直径的轴瓦即可在不同直径的零件上使用，一个工装可以重复多次使用。在零件加工完成后松开顶紧螺钉将轴瓦和工装拆下即可。

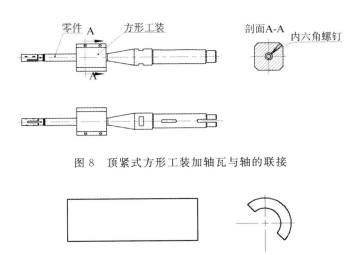

图 8　顶紧式方形工装加轴瓦与轴的联接

图 9　轴瓦示意图

3.3　工装使用方法

　　以上三种形式的方形工装，拉紧式和焊接式工装与零件外锥的接触面积大于或等于 70%，顶紧式方形工装的内孔与零件外圆配合间隙应小于 0.1 mm。在装配工装时，用杠杆表找正铣工加工好的槽的侧面使工装四面尽量与铣工铣的槽子的侧面平行、垂直。顶紧螺钉和拉紧螺钉要拧紧，防止工装与零件连接不牢固，在加工过程中发生松动。图5和图6所示工装与零件的联接形式，为了使工装与零件联接更加牢固，还可以适当在工装上多加工几个螺纹孔，增加顶紧螺钉的数量。工装四方尺寸要大于零件最大直径，方便磨工磨削工装四面。工装与零件装配好后，磨工以轴的外圆及铣工加工好的槽的侧面为基准，磨方形工装的四面。一边磨一边在平台上用杠杆表、方箱等工具检验，严格保证工装的四面与铣工加工好的槽的侧面对称，工装的四个面互相平行或垂直，与零件的轴线对称。在以后各个工序中均以工装四面为基准，进行装夹、找正、对刀。

4 结论

　　方形工装结构简单，加工制造简单，使零件在加工和检验过程中方便装夹，容易用平口钳、压板等工具夹紧在机床上。工装四面互相平行或垂直，与零件轴线对称，而且四面面积较大容易找正、对刀，缩短了装夹、找正的时间，找正和对刀精度高。在加工过程中每道工序都以工装的四面为基准找正装夹、对刀，保证每道工序的工序基准统一。减少了找正、装夹、对刀误差，大大提高了零件的加工精度。而且该工装与零件连接牢靠，当用顶紧螺钉和拉紧螺钉连接时，拆卸方便，可以装在轴的外圆或外锥上，而不影响零件加工的位置。此工装可以重复使用多次，当使用轴瓦和工装与零件连接时，还可以通过更换轴瓦的方式，使一个工装用于不同直径的轴。通过此工装的使用，能大大提高加工效率及加工精度。

××导弹滑块曲面斜孔的加工

闫宪翔　李炜

航天十一院机加中心

摘　要　本文主要论述了××导弹滑块中曲面斜孔的加工情况，以及在加工过程中遇到的难题。通过分析，设计使用了一套工装，并进行了相应的工艺改进，最终完成了滑块的加工任务，此项成果作为曲面斜孔加工的定型工艺，一直沿用至今。

关键词　曲面斜孔　工装　效率

1　引言

　　××导弹滑块是连接导弹和飞机的重要零件，其加工精度直接影响到导弹与飞机的安装、定位精度。滑块外形是用线切割加工成型的，需用坐标镗床及万能转盘加工其上曲面角度孔和定位孔。用常规方法加工时，由于找正困难，无重复定位，故很难加工，且极易产生废品。

2　技术难点

2.1　零件形状

　　零件形状见图1。

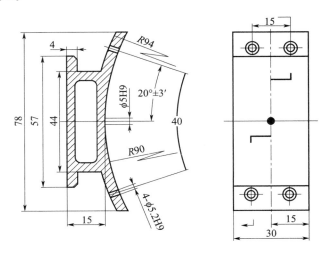

图 1　零件结构示意图

2.2 零件材料

零件采用的材料为钢：30CrMnSiA，表面镀红铜处理。

2.3 硬度要求

零件要求最终硬度为30～34HRC。

2.4 零件加工数量

批生产。

2.5 零件加工难点

由于零件外形是一端平面、一端圆弧面，用常规装夹方式找正时非常困难，不易找到零件中心，而且很难保证20°±3′的角度公差要求。零件首次加工时采用压板直接在万能转盘工作台上装夹，用了2h才找到零件的中心和圆弧的圆心，费时费力，而且找正精度较差。第二次加工时采用一件与零件R圆弧尺寸一样的圆板做基准，零件的中心和圆心找正快了许多，但是零件还是无重复定位基准，二次找正时还是费时费力，较为麻烦（如图2所示）。

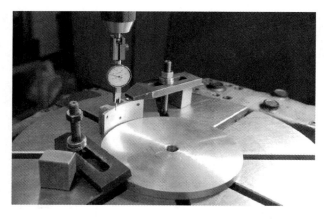

图2

3 技术方案

3.1 工装的设计

针对零件装夹找正困难的情况和以往的加工经验，通过创新思维，设计制造了一套定位加工工装。工装包括：

1）一块定位环（见图3），定位环上切了四个和滑块圆弧大小一致、宽度相同的圆弧槽，要求圆弧槽必须与定位环的外圆同心，以便于滑块的定位。

2）一块底板（见图4），用于滑块的支撑及其与工作台的连接。

图 3　定位环

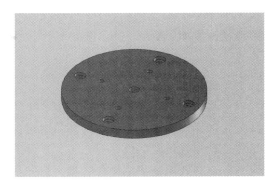

图 4　底板

3）四个支撑轴，用于支撑定位环，使其与底板之间有一定的距离，以便在加工时使刀具避开工作台。除了以上零件，该套工装中还包括：压板（4件）、T型螺栓滑块（4个）、M8 螺钉（4个）、M12 螺钉（4个）。

3.2　工装的使用

该套工装使用时先用 M12 螺钉和 T 型螺栓滑块将底板与机床万能转盘工作台相连，再用支撑轴和 M8 螺钉将定位环与底板连接。找正时先利用万能转盘找到定位环外圆的圆心，此圆心即为滑块圆弧的圆心。然后将滑块安装在定位环的弧形槽中，并用压板压紧。这样在找正时就可以很快确定滑块的中心与圆弧的圆心，省去了很多找正的时间。装夹找正示意图见图 5。

图 5　装夹找正示意图

3.3　定位孔及角度孔的加工

装夹找正结束后，定位孔加工时先采用 $\phi 4$ 钻头钻底孔，$\phi 4.5$ 钻头扩孔，然后用合金镗刀镗孔至 $\phi 4.8$，镗孔是为了保证定位孔的直线度，最后用 $\phi 5H7$ 硬质合金铰刀铰制成形，从而保证定位孔的加工精度及其一致性。角度孔加工时先采用 $\phi 4$ 钻头钻孔，$\phi 4.8$、$\phi 5.2$ 钻头两次扩孔成形，以保证角度孔 $20° \pm 3'$ 的角度精度。整个加工用时不到 15 min，极大地提高了加工效率。

4　结论

该工装使用后，找正速度提高了 300%，加工效率提高了 200%，因为新工装可以一次装夹 4 件零件，而由于工装的高精度定位基准，只需对其中一个零件进行找正，其他三个零件旋转相应角度后也就找正了。零件的加工精度也有了明显的提高，因为有了精准的定位基准，有效保证了该零件各批次保质保量的按时交付。而且该工装的设计原理可以推广到同类零件的加工和工装设计中，从而节省大量的人力和物力。

焊　接

30CrMnSiA 钢焊接工艺研究

李鹏义

航天一院 519 厂

摘　要　案例详细介绍了中碳调质钢 30CrMnSiA 的焊接性和在调质状态下的焊接工艺。实践证明了焊接接头形式的合理性，焊接材料与母材的合理匹配及合理的焊接规范参数，产品满足了图纸性能的要求。

关键词　30CrMnSiA　压力容器　焊接

1　引言

30CrMnSiA 属中碳调质钢，也是一种高强钢，具有很高的强度和足够的韧性、塑性，能承受很高的应力，广泛应用于压力容器、发电设备、工程机械、海洋工程、航空航天及桥梁、建筑等行业。某型号装置中的两种容器构件（容器构件 A、容器构件 B）也采用了此材料，其结构形式分别见图 1、图 2。

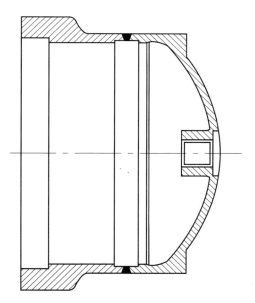

图 1　容器构件 A

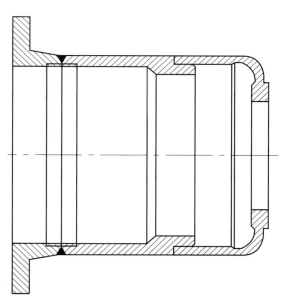

图 2　容器构件 B

容器构件 B 由法兰、中间筒体和封头三部分组焊而成，外圆直径 550 mm，接头处壁厚 25 mm；容器构件 A 由法兰和封头两部分组焊而成，外圆直径 636 mm，接头处壁厚 28 mm。

容器构件 A 和容器构件 B 均属于压力容器，其设计要求如下：

1）容器构件 A 的对接焊缝应符合 QJ176A－1999 标准中 I 级焊接接头质量要求，并按标准规定对焊缝进行 100％的 X 射线无损检测；

2）容器构件 B 的对接焊缝应符合 QJ1842－1995 标准中的 I 级焊接接头质量要求，且内部缺陷（气孔、夹钨、夹杂物和夹渣等）直径不大于 3 mm，任何长 100 mm 的焊缝上缺陷总面积不大于 13.5 mm²，并按标准规定对焊缝进行 100％的 X 射线无损检测；

3）焊后进行调质处理，在同一批，同一炉号，同一热处理条件下取试样做机械性能试验，屈服强度 $\sigma_s \geqslant 850$ MPa，伸长率 $\delta_5 \geqslant 10\%$，冲击功 $\alpha_k \geqslant 50$ J/cm²（其中，容器构件 A 的冲击功 $\alpha_k \geqslant 47$ J/cm²），洛氏硬度 35～40HRC；焊接试样的屈服强度 $\sigma_s \geqslant 770$ MPa；

4）容器构件 A 和容器构件 B 均定为某型号装置中的关键、重要部件。

本文通过对 30CrMnSiA 钢容器构件焊接工艺进行研究，确定了一套可靠的焊接工艺方案和工艺保证措施。

2 技术难点

30CrMnSiA 钢是一种典型的 Cr－Mn－Si 系统的中碳调质钢，其化学成分和力学性能见表 1、表 2。

表 1 30CrMnSiA 钢化学成分 %

C	Si	Mn	Cr	Ni	Mo	Cu	S	P
0.28～0.34	0.90～1.20	0.80～1.10	0.80～1.10	≤0.30	≤0.10	≤0.25	≤0.025	≤0.025

表 2 30CrMnSiA 钢力学性能

σ_b/MPa	σ_s/MPa	δ_5/%	ψ/%	A_{ku2}/J
1 080	835	10	45	39

30CrMnSiA 钢含碳量高，加入的合金元素也多，退火状态下的组织为铁素体和珠光体，调质状态下的组织为回火马氏体。在快速冷却时，从奥氏体转变为马氏体的起始温度 Ms 点较低，焊后热影响区产生硬脆的高碳马氏体，不仅对冷裂的敏感性大，而且焊后不经热处理时，热影响区的性能要达到母材的性能是不可能的。因此这种钢一般在退火状态下进行焊接，焊后通过整体调质处理才能获得性能满足要求的均匀的焊接接头。

当必须在调质状态下焊接时，除了裂纹外，热影响区的主要问题是高碳马氏体引起的硬化和脆化，以及高温回火区软化引起的强度降低。高碳马氏体引起的硬化和脆化是可以通过焊后的回火处理来解决的，但高温回火区软化引起的强度降低在焊后不能调质处理的情况下是无法挽救的。

另外，由于 30CrMnSiA 钢含碳量高，加入的合金元素也多，淬硬倾向大，加之焊接后热影响区极易产生硬脆的高碳马氏体，因此，焊后产生冷裂纹的敏感性很大。

综上所述，30CrMnSiA 钢材料的焊接性较差，应针对其特性、研究、制定合理、详细、严格的焊接工艺方案和工艺保证措施，并在实践中摸索、总结和改进。

3　技术方案

3.1　焊接工艺流程

根据中碳调质钢 30CrMnSiA 的焊接性、产品特点及设计要求，经分析，确定容器构件 A、B 选用在退火状态下进行焊接，焊后再进行整体调质，这是一种比较合理的工艺方案。选用此工艺方案，焊接时需要解决的主要问题是裂纹，热影响区的性能可以通过焊后的调质处理来保证，且常用的焊接方法都能采用。

工艺流程如下：零件退火处理→零件加工（含坡口加工）→清理待焊部位污物→装配成组件→预热、定位焊→预热、焊接→立即进行退火处理→调质处理。

3.2　焊接方法、材料

焊接方法：焊条电弧焊。

焊接材料：焊条 J107Cr，此种焊条为低氢型焊条，可提高焊缝的抗裂性，防止裂纹的产生。焊条的化学成分及力学性能见表 3、表 4。

表 3　焊条的化学成分（质量分数）　　　　　　　　　　　　　　%

焊材牌号	C	Si	Mn	Cr	Mo	V	Si	P
J107Cr	≤0.15	0.30~0.70	≥1.00	1.50~2.20	0.40~0.80	0.08~0.16	≤0.035	≤0.035

表 4　焊条的力学性能

焊材牌号	σ_b/MPa	σ_s/MPa	δ_5/%	A_{kv}/J
J107Cr	≥980	≥880	12	27（常温）

3.3　焊接坡口

焊接坡口形式如图 3 所示。

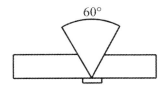

图 3　坡口形式

3.4　焊接设备与工装

焊接设备：ZX5-630A 型直流焊机。

焊接工装：焊接变位器、支撑滚轮、预热装置及保温装置。

3.5　焊接工艺

1）将容器构件 A 或 B 固定于焊接变位器上，并用支撑滚轮托住外圆表面。试运转，并调整转速，转动应灵活、均匀、可靠。

2）烘干焊条，烘干温度为 350～400 ℃，烘干时间为 1 h，并放入 100～150 ℃ 的保温筒内，随用随取。

3）装配、对接间隙应控制在 2～3 mm 之间。

4）清理干净坡口表面及周围 20 mm 范围内的油污、水分、锈迹等影响焊接质量的污物。

5）定位焊，焊前预热，温度为 100～150 ℃。要求在圆周方向定位焊点均匀分布 6 点，焊点长度为 50～100 mm。

6）清理干净定位焊点部位的熔渣、飞溅及缺陷等。

7）采用红外线或自动温控履带式电加热器等预热装置预热待焊部位，预热温度为 300～350 ℃。预热时，从容器构件内部加热为宜。

8）采用多层多道焊的方法施焊，道间或层间的熔渣、飞溅及缺陷等应及时清理干净，并控制道间或层间温度不低于 270 ℃。每层或每道焊缝起弧和收弧处的接头应相互错开 50 mm 以上。打底焊时，采用 ϕ3.2 mm 焊条；第 2～4 层，采用 ϕ4 mm 焊条；第 5 层以上，采用 ϕ5 mm 焊条。特别注意的是第 1 层打底焊，由于其焊道窄而深，易产生缺陷，故在清渣的同时，应将缺陷一并清理干净。

9）焊接工艺规范见表 5。

表 5　焊接工艺规范

层次	焊条直径/mm	焊接电流/A	电弧电压/V
定位焊	3.2	80～120	24～28
打底焊	3.2	100～120	24～28
2～4 层	4.0	140～180	26～32
5 层以上	5.0	160～200	26～32

10）焊接完毕后，立即装入保温装置中转退火处理。

4　结论

多个批次的生产和试验表明，采用上述焊接工艺技术进行容器构件 A、B 的焊接生产是可行的，解决了型号研制和批生产过程中的关键技术难题，形成了一套完整的工艺文件和工艺装备。同时，通过容器构件 A、B 的焊接生产，摸索、确定和积累了高强钢焊接的宝贵经验。但上述焊接工艺也存在不足之处，如焊条电弧焊方法落后、焊接操作条件差、焊工劳动强度高、生产效率低等，还需在以后的工作中不断研究、创新和改进。

参 考 文 献

［1］　陈祝年．焊接工程师手册．北京：机械工业出版社，2007．

［2］　中国机械工程学会焊接学会．焊接手册．北京：机械工业出版社，2001．

［3］　QJ176A—1999　地面设备熔焊通用技术条件．

2219 铝合金箱底缺陷补焊工艺

刘琦辉　杜晗　熊林玉　郝双喜

航天一院 211 厂

摘　要　本文通过对 CZ-5 一级氧箱箱底一特殊焊接缺陷产生的机理进行分析，制定出缺陷的排除、补焊和质量保障的工艺措施。该处焊接缺陷既有外表面裂纹，又有内部夹渣的内外具备的焊接缺陷。通过对该处缺陷的修补，诠释了铝合金贮箱补焊必须由一整套完整的、科学的工艺方案进行保障，才能满足产品的制造要求。

关键词　铝合金　箱底　补焊

1　引言

由于铝合金 2219 材料可焊性好，以及具有较高的强度和韧性，越来越广泛地被运用在航天贮箱的材料中。但在铝合金贮箱还没有达到无缺陷焊接的今天，补焊质量的好坏，不仅直接影响到产品交付的工作周期，也对焊接结构的安全使用造成影响。本文以 CZ-5 一级氧箱箱底的焊接缺陷为例，剖析补焊工艺实施的全过程。

CZ-5 一级氧箱箱底由过渡环、圆环和人孔法兰拼焊而成。

箱底母材采用 2219 铝合金，属 Al-Cu-Mn 系合金，是可热处理强化铝合金。圆环母材状态为淬火后经冷加工变形提高强度，然后进行人工时效。焊接区厚度为 5 mm。过渡环为整体铝锻件。热处理状态为淬火冷锻人工时效。

一级箱底焊接完成后，发现过渡环环焊缝缝熔合线侧外表面有一定长度的裂纹，如图 1 所示。

图 1　外表面裂纹及裂纹处 X 光底片

2 存在的问题

从外观上看，由于焊后焊缝的表面缺陷，在整底送 X 光前（如图 2 所示），1 号部位曾局部补焊过，而且正反面补焊的宽度一致。同时，2 号部位的焊缝余高过高，造成焊缝边缘较大的应力集中。

该焊缝采用变极性 TIG 焊接工艺，盖面焊缝过窄必定会造成与打底焊焊接熔合线的重合，加之过渡环结构刚度大及焊缝余高过大，焊趾处有较大的应力集中，且造成 1 号部位补焊措施的欠缺。多种综合因素的叠加造成产品在内压作用下沿最薄弱的应力集中区域开裂。

图 2　焊缝位置分区

3 技术难点

从 X 光片来看，除了熔合线外表面裂纹，还有一处内部夹渣（见图 3）。此夹渣缺陷属于非超标缺陷，但考虑到表面裂纹的补焊过程极有可能会使其扩展，因此，在裂纹补焊完成后必须要对夹渣进行排补。

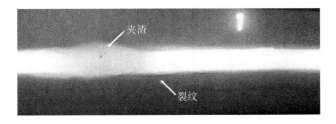

图 3　内部缺陷示意图

补焊工艺从四个方面逐一控制实施：

1）在裂纹处开槽。采用热量集中的焊接电弧，制造一个新的焊接熔合线。

2）为了减少焊接应力，控制开槽宽度及采用焊前预热、断续焊接的工艺措施。焊接过程的保护气体采用氩加氦混合气体保护。

3）为了提高塑性，采用多层焊接，且焊后释放焊接应力。

4）为了防止夹渣在裂纹缺陷的补焊后扩展，夹渣处必须进行排补，并在表面裂纹补焊后进行。

4 技术方案

通常焊接缺陷的补焊主要包括以下几个工序：

1）焊接缺陷的排除。

2）补焊。

3）焊后释放应力及校形。

4）修复焊缝及后处理。

5）标识送检。

4.1 外表面裂纹的排补

4.1.1 表面裂纹的排除

1）铣去焊缝余高的过高量，使其表面的余高在 1 mm 以下，减小补焊时应力集中对补焊的影响。

2）采用薄片铣刀，将熔合线的裂纹处开槽并去除。选用薄片铣刀以及后期在排除内部缺陷而选用的小直径凸轮铣刀，目的都是为了在缺陷排除过程中尽可能减少排除量，起到减小补焊焊接应力、控制焊接变形的作用。抑制补焊裂纹的作用见图 4。

　　　　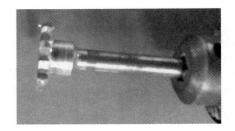

（a）薄片铣刀　　　　　　　　　　　　　　　（b）小直径凸轮铣刀

图 4　铣切工具

3）排除缺陷过程中，可选用电弧灼打的方法查找缺陷，然后再用机械的方法，直至将缺陷彻底排除。电弧灼打可以使接近缺陷表层的金属及机械排除时黏贴金属熔化，达到直观可视的目的。排除电流一般为补焊电流的 $1/3\sim1/2$ 即可。

4.1.2 焊前准备

（1）清理

铝及铝合金化学性质活泼、极易氧化，在常温下与空气接触其表面就会产生一层 Al_2O_3 氧化膜，焊接时在高温作用下氧化更为严重。氧化膜给焊接带来的危害是：1）氧化膜电阻大，导电性差或不导电，犹如一层绝缘膜使电弧不能稳定燃烧，直接影响焊接进行。2）Al_2O_3 氧化膜熔点高达 2 050 ℃，大大超过铝合金的熔点 660 ℃，难以熔化，极易产生氧化夹渣及未熔合缺陷。3）Al_2O_3 氧化膜对水的吸附能力强，容易使焊缝产生气孔。因此，焊前清理是铝合金焊接质量的重要保障。补焊前对补焊处进行清理时在使用钢丝刷打磨补焊部位时切忌将表面打磨得过于毛糙，因为毛糙的表面不仅加大了对水分的吸附能力，还会影响金属的熔合，容易在液压时沿熔合线开裂。最好的方法就是使用刮刀将表层的氧化膜刮除掉。另外，一定要在焊脚处（排除缺陷所挖的凹坑）用铣刀将表层清理至光亮，不得有氧化膜遗留，见图5。

图5　清理后的焊缝外观

（2）设置焊接参数

制定合理的补焊参数，如：起弧和收弧电流；收弧电流衰减时间；提前送气时间和延缓断气时间；交流频率、交流平衡及交流输出波形；确定打底焊电流，并最终确定钨极直径、伸出长度、喷嘴直径及保护气体流量。

（3）保护气体的组成

通常铝合金焊接时采用氩气作为保护气体，如果在保护气体中再加入氦气，可以提高电弧的热效应，使得在焊接过程中迅速形成熔池。当排除缺陷的凹坑较深时，使用较小的焊接电流就能使根部产生焊接熔池，并有利于实现快速焊接，从而减少熔池的高温停留时间，防止过烧，减小焊接热输入。另外，混合气体保护能使焊接熔池的定向性更好，便于焊接操作。

（4）焊前预热

贮箱补焊的焊前预热是补焊的重要条件。在一定的温度下，通过预热可以减小结构温差、降低接头的冷却速度、减少焊接线能量的输入，从而减小内应力，抑制焊接裂纹。同时可以烘干工件表面的水分以减少焊接气孔。对于可焊性差和结构刚性大的焊件必须将焊前预热纳入补焊工艺规程中。

4.1.3　补焊

由于被补焊部件的材料厚度较小，在排除熔合线裂纹时所开的凹槽深度较大。由于裂纹的存在，在制定具体的补焊方案时，以控制焊接应力、保证接头机械性能和确保补焊质量为原则。在方法上采用两面三层焊的方法，即打底焊、盖面焊、封底焊。在过程中采用断续冷焊、逐步退焊及补焊过程的层间温度控制和锤击释放焊接应力的焊接措施。

（1）打底焊

打底焊必须保证根部熔合的良好，并且不烧穿。采用断续的逐步退焊的方法进行打底。

打底焊时要适当减小保护气体的流量，并且钨极要适当伸长，采用短弧焊接，这样可以避免焊缝的组织疏松。使用适中的焊接电流快速焊接。所谓适中的焊接电流，就是起弧后瞬间就能形成熔池，加入焊丝后电弧迅速移开，又能马上形成新的熔池。而混合保护气体 TIG 焊就能实现这种焊接效果。

由于 2219 铝合金可焊性好，在控制收弧裂纹只需采用电流衰减的方法即可避免熄弧裂纹。在退焊时只需对第一段焊接进行预热，后续的退焊只要采用电流衰减并熄在上段补焊的焊缝上，即使使用冷焊，也不会产生熄弧裂纹。此时要避免在高温下连续焊接，减少焊件的受热范围，减小焊接热输入。控制补焊时的温度，能有效减小焊接残余应力和减少过烧现象。

（2）盖面焊

盖面焊是指采用交错摆动焊枪的方法，确保焊缝宽度，避免与打底焊的熔合线重合。

在打底焊接完成后，待温度降至 80～100 ℃时，再进行盖面焊接，以避免高温蒸发气体对焊接质量影响，而且要与基本金属形成圆滑过渡。在焊缝内起弧，待电弧稳定后再移至起弧处，或选用引弧板，以避免打伤基本金属形成起弧处表面龟裂。如果被补焊件的散热条件好，盖面焊接的交错摆枪要以打底焊焊缝的两端熔合线为电弧中心。该焊件裂纹较长，必须在盖面焊时采用断续焊的方法，避免焊接处于高温的时间过长，如图 6 所示。

图 6　盖面后焊缝外观

（3）封底焊

在封底焊前采用小电流电弧灼打的方法，以观察有无表面缺陷并起到雾化清理的作用。

在封底焊的过程中采用逐步退焊并在每段焊接完成后，快速锤击展放焊缝，去除焊接应力。铝合金具有高温强度低的特点，因此在补焊后的高温期间锤击焊缝效果最佳，此时锤击补焊点即能很好地释放焊接应力和展放焊接的收缩量，同时又能避免焊缝被敲裂，如图 7 所示。

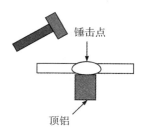

图 7　锤击焊缝示意图

4.2 内部夹渣的排补

4.2.1 内部夹渣的排除

对于单面焊双面成型的焊缝，焊接缺陷要在焊漏面进行排除。

（1）精准定位

补焊处被排除的排除金属多，势必造成补焊的焊接填充量加大，继而造成较大的焊接应力，极大地影响补焊质量。而控制排除量的主要手段就是焊接缺陷位置的精准定位。通常缺陷位置的定位是根据 X 光片中缺陷显现的位置和透视区域铅号或特殊的焊缝形状，利用测量工具画出缺陷的具体位置。本次缺陷定位根据近缺陷处的特殊焊缝形状来实现定位，如图 8 所示。

（a）底片上测距 （b）实物上标识

图 8 缺陷的定位

（2）缺陷排除

使用小凸轮铣刀对缺陷位置进行逐层挖排，并通过电弧灼打使缺陷真实地显现，如图 9 所示。

（a）夹渣底片 （b）气夹的显现

图 9 缺陷的排除

在缺陷较为复杂或局部缺陷较为密集的情况下，可根据排除时已显出的缺陷和 X 片中缺陷的位置仔细地逐一排查。如果需要，可以考虑定位后再送透视，以便排除，但切忌排透。

为验证缺陷排除质量，可通过 X 光透视的方法予以确定。在送透视前要进行定位处理。常用的方法是使用 2 mm 钻头在排除位置进行定位，这样有利于再次排除时准确地找到缺陷，如图 10 所示。

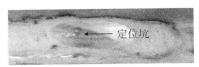

图 10 排除送检定位

4.2.2　补焊

补焊前须清理并开过渡槽。使用刮刀将表层的氧化膜刮除掉，并用铣刀将排除缺陷所挖的凹坑表层清理至光亮，不得有氧化膜遗留。为了使焊丝在补焊时顺利准确地加入至熔池和便于提高熄弧质量，铣制过渡槽。

该处补焊过程与上述外表面裂纹的补焊基本一致，均采用混合气体进行补焊，其焊前预热、打底焊、层间温度控制以及盖面焊方法相同。不同点是由于补焊面在焊漏面进行，所以减少了封底焊工序。并且在熄弧时采用反向熄弧（电流衰减和逆向运枪）的操作手法。

盖面焊完成后，利用铝合金高温强度低、塑性好的特点，在高温时对补焊点进行锤击展放，消除焊接应力。

4.2.3　光滑修复

光滑修复焊缝（见图11）也是液压试验合格的有效保障。铝合金材料对应力集中十分敏感，焊缝正反两面的急剧过渡，都可能使应力集中显著降低贮箱的承载能力。

焊缝修复包括：焊缝表面痕迹修复；焊缝焊趾圆滑修复；补焊点的起收弧处光滑修复。

内表面

外表面

图 11　修复后焊缝

4.2.4　后处理

后处理主要用于补焊面积过大、补焊处结构复杂，以及因变形量大而导致校形工作量大的补焊等情况，以达到消除焊接残余应力的目的。

4.2.5　标识送检

最终补焊完成后进行标识送检。补焊区域的范围标识一定要精细准确，并与原底片号保持一致。

5 结论

在实际生产中焊接缺陷的性质、存在的位置、分布的情况大多都是不同的，应根据 X 光片为每一处的缺陷制定不同的补焊工艺，并使一整套的工序环环相扣。排除缺陷时要顾及到补焊的措施、焊后的校形及光滑修复的铣修余量等。通过编制并在生产中完全严格地按照补焊工艺规程进行补焊操作，才能使将来的产品生产更具有可靠性。

一级氧箱箱底通过上述补焊工艺措施，最终在 X 光透视一次补焊合格。箱底液压一次通过，确保了后期的组装。

大厚度无氧铜的氦弧钎焊研究

张志勇

航天一院703所

摘　要　采用氦弧钎焊加真空电子束焊组合焊接方法，解决大厚度无氧铜电子束焊缝背面凹凸不均，焊接飞溅附着腔体内表面，造成不易清除、降低光洁度及焊缝氦质谱检漏满足不了设计要求的难题。

关键词　氦弧焊　钎焊　无氧铜焊接

1　引言

电子在环形加速器的运转过程中，被加速至近光速（800 MeV，0.999 999 8倍光速）。高能的自由电子在加速器的磁场作用下发出同步辐射，其光谱不但连续而且范围广，从红外线到紫外线，最后到 γ 射线。同步辐射光源的这种特性在现有光源中是绝无仅有的，可为科学研究提供所需任意波长的光束。

电子在运转过程中，能量将会损失，这时需要在束流运行的轨道上增加一台装置，高频腔就是当储存电子束流时，用来补充电子由于同步辐射而损失的能量的一种装置。

高频腔设计精巧，结构复杂，其外形为直径 0.8 m 的近似球体，为全无氧铜材料。它主要通过焊接组装，大约有一百多个零部件是通过焊接连接的。根据中科院的设计要求，中间筒体与左右腔体的两道环缝焊接必须满足左右腔体同轴度小于 0.2 mm，腔体内表面无附着物，焊缝平滑，氦质谱检漏值小于 1×10^{-11} Pa·m³/s。高频腔外观如图1所示。

图1　高频腔外观

由于腔体质量近 500 kg，对变形的要求也较为苛刻，如果采用整体炉中高温钎焊方法，在缺乏试验件的情况下难以计算腔体的焊后变形量。而采用能量密度集中的电子束焊时，虽可保证焊后变形量，但焊缝背面凹凸不均，且焊接飞溅易降低腔体内表面的光洁度，造成工作时电子在腔体运行中丢失，且焊缝氦质谱检漏满足不了设计要求。

对比焊接方案后选择：

1）焊缝外部用电子束焊接，以增加强度。

2）腔体内部用氩弧为主要热源的氩弧钎焊方法进行无氧铜的氩弧钎焊工艺研究、探索，使焊接质量达到设计要求。

2 背景介绍

试验采用 FroniusMW 450 焊机。

试验材料为 TU2 无氧铜，厚度为 12 mm，其化学成分见表1。

表1　TU2 无氧铜的化学成分　　　　　　　　　　　　　　　　　　%

Cu	Bi	Pb	S	P	O	杂质总和
余量	<0.002	<0.005	<0.005	<0.003	<0.003	<0.05

无氧铜试验板材尺寸为 150 mm×50 mm×12 mm。图 2 所示为试板接头形式。

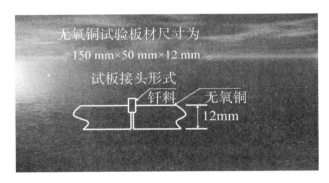

图 2　试板接头形式

焊接材料的选择：

1）选用氩弧钎焊的目的是保证漏率要求及焊缝表面圆滑过渡。

2）银铜钎焊料应为首选。

3）钎料外形有丝、片、粉等，讨论后认为形状以片状为佳。

产品接头型式为I型对接接头，钎料应预制成整圈预先放置于接头处。

经过对比认为片状银铜钎料 B－Ag72Cu 的性能符合设计要求。

B－Ag72Cu 的化学成分及钎焊温度见表2。

表2　B－Ag72Cu 的化学成分及钎焊温度

Ag/%	Cu/%	钎焊温度/℃
72±1	28±1	779～900

3 技术方案

3.1 氩弧钎焊工艺试验

3.1.1 焊前清洗

试板、产品及钎料焊前应进行酸洗处理，其化学清理的步骤为：首先置于 70 mL/L HNO_3 ＋100 mL/L H_2SO_4 ＋1 mL/L HCl 的混合酸溶液中，清洗后用碱水中和，再用清水冲净，冷风吹干。

3.1.2 焊接试验

1）材料氧化性：铜与氧的化学反应在室温下就已开始，温度达到 100 ℃以上就会在铜的表面形成黑色的氧化膜（CuO），而当温度升高到 200 ℃以上时，氧化速度剧烈增大，在表面生成致密的红色氧化亚铜膜（Cu_2O）。

2）氩弧钎焊对焊接速度较为敏感，焊接速度快，焊料不能充分有效地铺展；焊接速度慢，对于导热性好的铜合金，其接头及热影响区易氧化，影响焊接质量。因此，选择合理的焊接速度是本工艺研究的关键。

3）焊缝表面铺展均匀，过渡圆滑不仅与焊接速度有关，还与钎料距板面的距离有关。钎料伸出长度较多，不易得到均匀致密的焊缝，伸出长度过少则填充不够，焊缝表面易产生凹陷。

3.2 产品焊接

在取得了大量的试板焊接试验和技术数据的前提下，设计制作了置于零件内部的 500 型水冷焊枪，焊枪支架采用三个自由度进行调节，配以变频调速器无级调速，将直径为 800 mm、质量为 500 多千克的高频腔安装在特制的旋转支架上。图 3 所示为焊枪及腔体内部结构。

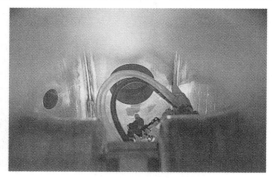

图 3 焊枪及腔体内部结构

焊接时，由于速度较快，焊枪移出保护区时温度仍很高，易产生氧化。

通过在焊枪上加装经专业设计的与零件弧度形状相同的拖尾罩及背保护罩的办法解决焊接保护问题，得到亮黄色的焊接接头。焊接规范见表 3。

表 3　氩弧钎焊焊接无氧铜焊接规范

钨极直径/ mm	喷嘴直径/ mm	焊接电流/ A	电弧电压/ V	气体流量/ （L/min）	焊接速度/ （mm/s）	背保护气/ （L/min）
3	20	200～300	10～13	30	1.5～4	8～12

3.3　焊接结果

用氩弧钎焊焊接无氧铜，焊缝表面过渡圆滑，细密均匀。

氦质谱检漏漏率小于 1×10^{-11} Pa·m^3/s。

图 4 为氩弧钎焊无氧铜试板焊接接头的宏观金相照片，在金相显微镜下可测量出氩弧钎焊的最大熔深 0.83 mm，平均熔深 0.62 mm，其钎焊界面整齐，未产生氧化膜。

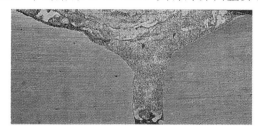

图 4　氩弧钎焊无氧铜试板焊接接头的金相照片　×50

图 5 为氩弧钎焊无氧铜试片钎焊界面的典型金相组织照片。图 5 中较细密的树枝晶组织为 B－Ag72Cu 钎料，颗粒较粗的为热轧态的无氧铜，其钎焊界面互相熔合，有较深的扩散层。

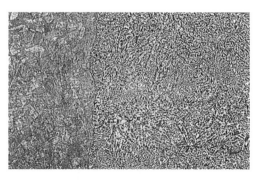

图 5　氩弧钎焊无氧铜试板钎焊界面的典型金相组织照片　×200

4　结论

1）采用氩弧钎焊方法焊接无氧铜材料是完全可行的。焊缝质量满足设计要求，特别是对漏率要求高的产品可以达到非常满意效果。

2）无氧铜材料的氩弧钎焊须采用合适的焊接电流、焊接速度、合理的钎料伸出长度、有效的焊缝双面保护措施，才可以使钎料在焊缝表面均匀铺展、圆滑过渡。

某型号发动机推力室头部焊接工艺研究

高凤林

航天一院 211 厂

摘　要　本文介绍了某型号发动机推力室头部焊接工艺方案的分析优化过程；分析了推力室头部的结构及应力变形特点；明确了反变形及焊接顺序等控制方案；攻克了焊接可达性难题；并最终制定了最佳工艺方案，将头部面板平面度和喷咀间隙的变形量控制在微米级范围，有效地解决了推力室头部装配、焊接生产的工艺技术难题。

关键词　发动机　推力室　焊接　变形控制

1　引言

推力室头部是运载火箭的关键组件，如图 1 所示，它是发动机动力源工作时，氢氧混合推进剂燃烧的起始端，其质量的优劣直接影响到火箭发射、飞行的成败，尤其是头部一底面板的平面度及其面板上氢、氧喷嘴之间的间隙，设计要求必须控制在一定的精度范围内，波动范围不能过大，否则将影响燃料混合的均匀性和火焰燃烧的稳定性，进而直接影响整个发动机推力性能和工作过程的可靠性和安全性，导致运载火箭发射的灾难性后果。因此，采用合理的焊接工艺控制手段来确保产品的关键形位尺寸均达到设计要求，具有重要的研究和应用意义。

图 1　推力室头部

本文将以推力室头部生产过程中的焊接工艺控制方案的不断优化研究过程分析来阐释产品结构在焊接顺序、焊接方向、应力和可达性等综合作用达到稳定平衡，从而使产品结构的形位公差变化保证在设计要求的范围内，并制定出最佳可行性的工艺控制方案。

2 背景介绍

某型号推力室头部由中底组合件、三底组合件、承力座、二孔座、氧进口法兰、支板及管嘴装配、焊接而成，如图2所示。其中，氢喷嘴及氧喷嘴各126个，采用钎焊方式完成焊接。而头部组件均采用氩弧焊接工艺完成焊接，其头部设计的主要焊缝如图3所示。由于推力室头部上下是非对称焊接结构，给焊接过程控制带来极大困难。因此，焊缝的焊接顺序、焊接方向、焊接变形控制将直接影响头部结构形位公差、装配等。

（a）头部正面　　　　　　　　　　　　　　　　（b）头部底面

图 2　推力室头部结构

头部氩弧焊缝说明：

A 焊缝：二孔座与火药喷管。

B 焊缝：三底与火药喷管。

C 焊缝：承力座与三底。

D 焊缝：支板与三底。

E 焊缝：支板与承力座。

F 焊缝：三底与中底组合件。

G 焊缝：氧进口法兰与三底。

3 技术方案

针对推力室头部形位公差控制，后期装配尺寸要求，按照焊接工艺特性的要求，提出三种工艺方案并进行逐层次试验分析，如图4所示，最终找出最佳焊接工艺控制方案，满足后期产品装配形位公差要求等应用要求。

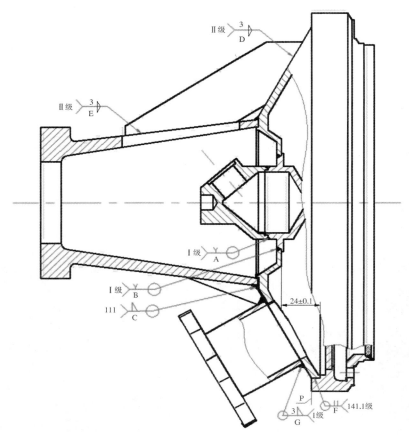

图 3　头部主要焊缝

3.1　初期工艺方案

初期工艺方案按照一般焊接可达性顺序的要求，采用从里至外，由下之上的典型常规焊接方式，在头部面板夹持工装和承力锥定心夹具的联合作用下（如图 5 所示），保持产品形位公差尺寸。

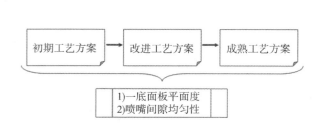

图 4　工艺研究方案适示意图

图 5　初步工艺方案中焊接夹具

初步工艺方案中设计的焊接工艺共分七步，如图6所示，具体工艺流程如下：

1）先焊二孔座与中底组合件一道焊缝（X光后）；

2）焊接中底组合件与三底一道内环焊缝；

3）顺序焊接三底与中底组合件一道外环焊缝；

4）焊接承力锥与三底组合件一道焊缝；

5）焊接加强筋板与三底之间的焊缝；

6）焊接加强筋板与承力锥之间的焊缝；

7）焊接头部二个管咀和测振支座。

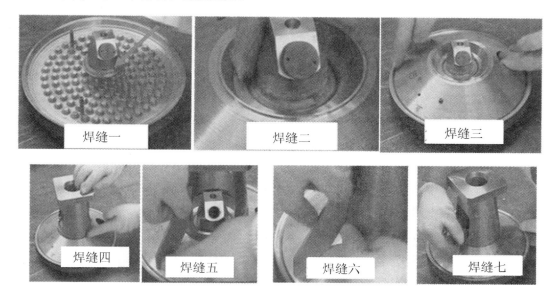

图6　初步工艺方案中焊接的顺序

经分析，推力室头部焊接过程中影响形变的应力主要有三个：三底与承力座、支板与三底以及底部组合件与三底，其应力分布如图7所示。由于焊接顺序的原因，造成每焊接一次，应力就进行叠加一次，因此最终焊接完成后，焊接造成的应力为三个主要应力之和，如图8所示。在未拆除焊接工装时，焊接变形还满足要求，但是拆卸完工装后，由于焊接应力发生弹性变形，最终拉应力主要集中到三底上，以三底与中底组合件的焊缝为支点，对面板造成拉伸变形，其应力示意图如图7所示。针对焊缝采样点进行头部喷嘴间隙实测分析，见表1。由表1可知，头部喷嘴间隙的范围处于0～1，间隙实测值变化范围大，而且面板平面度实测值在1.2～1.5，头部面板的平面度变形很大，因此，完全无法满足设计提出的技术要求。

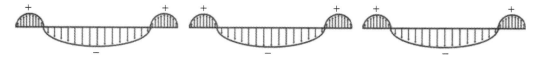

图7　推力室头部应力分析图

表 1   初期工艺方案头部喷嘴间隙实测   mm

1到3圈采样点		1	2	3	4	5	6
面板平面度		1.3	1.2	1.4	1.5	1.3	1.5
头部喷嘴间隙	最大值	1	0.8	0.9	1	0.7	0.9
	最小值	0	0.2	0.1	0	0.3	0.1

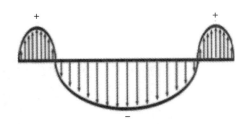

图 8   初期工艺方案造成的应力示意图

　　综上所述：初期工艺方案无法控制焊接应力对产品结构弹性变形所产生的影响，不能满足设计要求。因此，必须对初期工艺方案进行改进，提出焊接后可控制产品结构弹性变形的工艺方案。

3.2   改进工艺方案

　　初期方案造成拉伸应力集中在三底上，使面板成拉伸变形，因此改进方案主要集中在控制面板变形，通过结构分析，可认为控制变形主要通过工装预紧力并改变焊接顺序，焊接时增加反作用力，实现焊接应力的有限释放。基于上述分析，通过参数选择，建立矛盾冲突矩阵，选择合适的参数，并实施产品焊接。

　　由于焊接过程中在工装的刚性保证下，通过改变焊接顺序，首先对底部组合件与三底保持开环状态，最后焊接该焊缝，在焊接过程中通过三底的自由变形，卸去了三底与承力座、支板与三底的焊接应力。因此最后焊接三底与底部组合件时才产生焊接应力，该应力表现在两个钢性体（承力锥＋三底＋加强筋与底部组合件）与工装的约束力相互作用，如图 9 所示。因此应力相对初期工艺方案中的应力得到大大的降低。

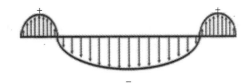

图 9   改进工艺方案焊接后的推力室头部应力分析

针对改进工艺方案焊接完后的头部，对头部喷嘴间隙实测分析，见表2。由表2可知，头部喷嘴间隙的范围处于0.1～0.9，虽然与初期工艺方案相比，间隙波动范围有所缩小，但是间隙实测值波动仍非常大，不能满足设计提出的精度要求。同时在经不同圈焊接完后，符合设计要求的合格率如图10所示。

表 2　改进工艺方案头部间隙实测

1 到 3 圈采样点		1	2	3	4	5	6
面板平面度		0.2	0.15	0.15	0.2	0.25	0.15
头部喷嘴间隙	最大值	0.65	0.8	0.9	0.6	0.7	0.5
	最小值	0.2	0.2	0.1	0.25	0.2	0.4

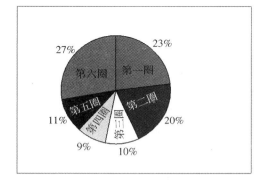
$0.30<\delta<0.35$

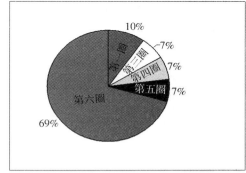
$0.25<\delta<0.30$

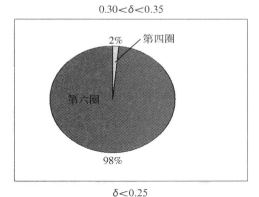
$\delta<0.25$

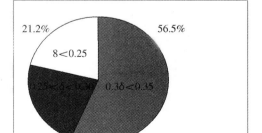

图 10　不同间隙的合格率

通过分析可见，改进工艺方案可部分满足设计要求。然而随着试车当中发生的不稳定燃烧现象，设计对产品可靠性增长提出更加严格的要求，相关设计部门也不断提出更高要求，要求生产相关工艺必须满足设计要求这就给我们提出了新的难题。有鉴于此，我们又研究制定了新的焊接工艺方案。

3.3　成熟工艺方案

由于改进工艺方案只能部分满足设计要求，而且不适应未来设计部门提出的更高要求，因此在改进方案研究基础上，我们采用创新原理补充了新的工艺改进方案。产品焊接过程中，通过增加头部三底支点并预留间隙，在焊接过程中进一步优化工装的预紧力，改变焊接参数、焊接次序和焊接方向等工艺措施，完成产品焊接。

针对改进工艺方案进行完善后，工艺流程相应有所变化，具体的工艺流程是（如图11所示）：

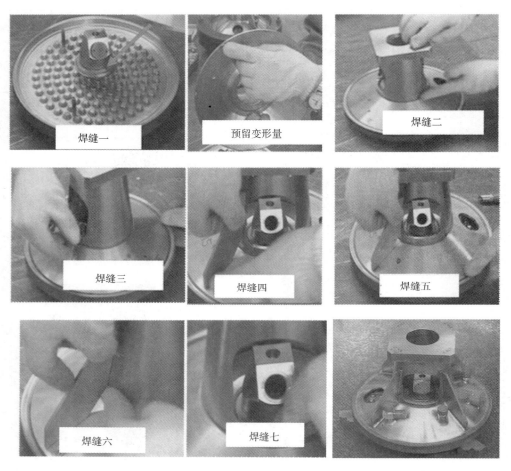

图 11　成熟工艺方案的具体焊缝及实施

1）先焊接对产品结构基本没有焊接应力影响的二孔座与中底组合件一道焊缝，分四段进行对称施焊。

2）将三底下边沿对称堆焊加高 8 点，高度为 1.5 mm，意在预留收缩间隙。

3）将底部组合件与三底及承力锥一并装在工装上，找准相关位置度，先在底部组合件与三底之间对称定位四点，再在三底与承力锥之间对称定位四点，进行相关位置度限制。

4）按图示顺序先焊接承力锥与三底之间的焊缝，分两层焊接对称施焊，第二层焊接顺序与第一层焊接顺序相反，尽量减小焊接应力对结构位置度的影响。

5）焊接头部两个管咀及测振支座焊缝，此时焊接可达性较好，又由于头部三底的两条焊缝都处于开环状态（B焊缝、F焊缝），三个管嘴和测振支座的焊接应力对整体结构影响较小。

6）对称焊接四块加强筋板与三底之间的焊缝，方向从里向外焊接，在三底的两条焊缝都处于开环状态（B焊缝、F焊缝）下，充分释放加强筋焊接应力，并为后续焊接收缩预留间隙。

7）分八段对称焊接三底与底部组合件的焊缝，分二层焊接。第一遍焊完待充分冷却后，经实际测量数值后，找高点对称焊接第二层。

8）焊接四块加强筋板与承力锥之间的焊缝，方向向下，意在对三底和底部组合件进行反向施压，进一步抵消焊接应力影响。

9）焊接三底与火药喷管之间的焊缝。

10）焊接三底上二个引出管（煤油试验后）。

11）焊接引出管上二个测压管咀。

12）焊接三底与火药喷管一道关键焊缝，分二层对称焊接。

针对成熟工艺方案进行头部喷嘴间隙实测，其具体的数据如表3所示。由表3可知，采用成熟工艺方案焊接推力室头部后，头部喷嘴间隙处于0.35～0.45，相比初期工艺方案和改进工艺方案，其间隙波动方位大大得到改善，实测值表明其波动范围仅为0.1，而且面板平面度也得到了相应的提高，完全满足设计提出的波动不大的要求。

表3 成熟方案头部间隙实测

1到3圈采样点		1	2	3	4	5	6
面板平面度		0.15	0.08	0.1	0.15	0，1	0.13
头部喷嘴间隙	最大值	0.35	0.4	0.45	0.35	0.35	0.4
	最小值	0.35	0.35	0.4	0.35	0.4	0.35

在改进方案的基础上，进一步改进焊接顺序，通过预留收缩间隙的方法，使上述三个主要焊接应力经焊接后得到完全释放，因此最后焊接完产品后仅剩三底与火药喷管焊缝未焊接。当焊接该焊缝后，对推力室头部体现的应力主要表现在火药喷管与三底之间的很小的作用力，见图12。焊接变形等造成的应力非常小，完全满足设计提出的更高要求，产品经焊接成型后完全满足后续产品的装配使用要求。综上所述：按照成熟工艺方案生产的产品形位尺寸满足设计要求。

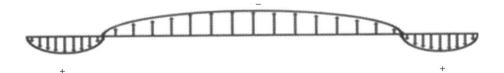

图12 成熟工艺方案的焊接产品的应力分析

3.4 可达性控制

针对上述成熟方案，在实施过程中除了需要彻底解决上述工艺难关，还须彻底解决可达性方面的两个问题：其一是焊接可达性，即最后焊接的火药喷管与头部三底的 2 道焊缝，现在市面上所有能够采购到的焊枪，都无法满足这一狭窄位置的焊接可达性的要求，因此，我们通过对结构的分析和设计，针对现有焊枪进行改进以实现这一焊缝的有效焊接。

其二是焊接电弧热量的可达性问题。由于焊接过程中要实现头部焊接的最小形变，因此需尽可能保证头部焊接的焊缝形状系数达到最小，以减少因焊接热输入，即焊接应力过大而引起的焊接变形。目前通过采用一定比例的氢氩气混合气进行焊接，既提高了电弧热量，使之获得深而窄的焊缝形状系数，而且也解决由焊缝成型系数不良引起的焊接应力变形。

4 实用范例

采用成熟工艺方案进行焊接，较前两种方案，在头部间隙和面板平面度控制方面，有了很大的提升，完全满足了设计要求，如表 4 为推力室头部采用成熟工艺焊接实测统计结果。

表 4　05 批产品头部间隙实测

1 到 3 圈采样点		1	2	3	4	5	6
面板平面度		0.15	0.1	0.15	0.13	0.08	0.08
头部喷嘴间隙	最大	0.4	0.35	0.35	0.35	0.4	0.4
	最小	0.35	0.4	0.35	0.45	0.35	0.4

推力室头部焊接实测统计结果表明，焊接头部间隙完全满足设计提出的要求，也满足后续产品在装配过程中提出的更高要求，因此成熟工艺方案为推力室头部复杂结构件在焊接过程中控制变形，保证面板平面度提出了一个更加可靠的工艺方案。

5 结论

通过对某型号发动机头部焊接工艺的研究，提高了头部焊接产品的焊接质量可靠性，并得出以下结论：

1）通过实践对比分析，确定了成熟工艺方案为理想控制方案。

2）成熟工艺方案研究分析了焊接工艺控制过程中的各种结构因素，决定以头部结构特点、焊接应力的影响，到焊接顺序、方向的作用，焊接可达性拓展等方面，进行了很大的调整、优化和改进。采取了相应的解决措施，将焊接变形控制在微米级，满足了设计要求。

3）解决了在非对称结构下，控制焊接应力与变形的焊接工艺难题，最大限度地减小了对产品结构的影响，提高了焊接质量，提高了实际应用的稳定性和可靠性，满足了批产发射的需求，取得了巨大的经济效益。

参 考 文 献

［1］ 中国机械工程学会焊接学会．焊接手册．北京：机械工业出版社，2007.

［2］ 胡绳苏．现代弧焊电源及其控制．北京：机械工业出版社，2007.

［3］ 刘鸿文．材料力学．北京：高等教育出版社，2011.

自锁阀阀体真空电子束焊变形控制方法研究

王永刚　李长维　王建　王文平

航天五院 502 所

摘　要　阀体是自锁阀中最重要的零件，由七段零件通过真空电子束焊焊接成形后再进行精车。由于焊缝数量较多，各段焊接变形的叠加容易引起较大的焊接变形，进而导致同轴度过大，加大了后续加工的难度，因而如何控制变形量成为其焊接过程中主要问题。分步焊接方法不能够满足阀体后续加工中的同轴度要求。本文在试验基础上通过焊接参数、胎具、焊接顺序与起弧位置等方面的优化与改进，对自锁阀阀体的焊接过程进行了优化，显著降低了焊接变形，提高了焊后零件的同轴度，保证了后续加工成品率。因采用一次装卡焊接多条焊缝，显著提高了生产效率。

关键词　自锁阀阀体　电子束焊　焊缝变形控制

1　引言

自锁阀是卫星推进系统中的重要产品。它是一种具有位置自保持功能的电磁式阀门，其动作过程通常是给驱动线圈施加具有一定幅值和宽度的脉冲电流，阀门状态就会改变（开→关或关→开），在去掉激励电流后，阀门的状态靠锁位机构保持不变。目前有多种自锁阀广泛地应用于卫星推进系统中，主要用于切断或开启某功能分支的气路或液路[1]。

自锁阀主要由软磁合金及不锈钢零件组成，产品中存在大量的焊接结构。真空电子束焊接由于具有熔深大、熔宽小、焊接速度高和焊接变形小等特点[2]，适合体积较小、产品质量要求较高、焊接结构较复杂的零件焊接，因而目前自锁阀上的焊缝均采用真空电子束焊焊接。电子束焊接的质量与效率对产品最终的质量和生产效率具有直接的影响。

2　技术难点

2.1　焊接结构

阀体是自锁阀中主要零件之一。阀体为典型的多段型零件，由三段 1Cr18Ni9Ti 不锈钢零件与四段 GYJ130 软磁合金零件通过电子束焊焊接后加工而成，零件上共六条焊缝。

六条焊缝焊接结构一致，均为外径 $\phi 17.5$ mm、内径 $\phi 12$ mm 的环形焊缝，焊缝一侧材料为 1Cr18Ni9Ti，另一侧材料为 GYJ130（见图 1）。

2.2　主要技术难点

自锁阀阀体的加工过程中，零件各段在焊前内外径均留一定机加工余量，通过焊接将

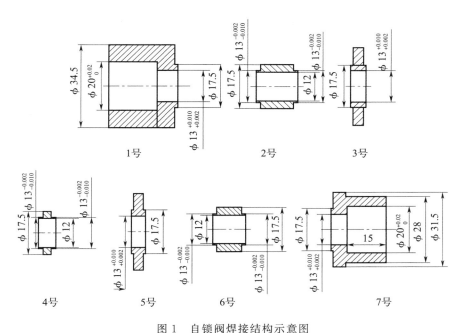

图 1　自锁阀焊接结构示意图

1、3、5、7 号零件材料为 GYJ130，其余零件的材料为 1Cr18Ni9Ti

各段连接成整体，焊后再整体精车到尺寸。为保证焊后精车的成品率，一般要求焊后零件的同轴度在 $\phi0.5\ \mathrm{mm}$ 以内。

对于普通的两段型零件，仅存在一条焊缝，通过严格的装卡和参数优化，焊接变形的控制较容易。阀体为多段型零件，存在六条焊缝，一次装卡比较困难，并且各条焊缝的变形量容易产生叠加，导致整个零件的变形量十分显著。

自锁阀阀体焊接曾采用分步焊接的方法，即第一步：将左侧三段零件（图 1 中 1～3 号零件）装卡焊接；第二步：将右侧四个零件（图 1 中 4～7 号零件）装卡焊接；第三步：将前两步焊接成的零件装卡焊接。经过实践发现，最后将两段零件焊接时，由于两侧零件在前两步焊接后均有一定变形量，装卡找正十分困难，且第三步焊后零件整体变形量较大，同轴度较难控制在 $\phi0.5\ \mathrm{mm}$ 以内，给精车造成了较大困难，部分零件焊后同轴度超过 $\phi0.9\ \mathrm{mm}$，导致后续加工中零件无法成形。

因而，如何控制焊接变形、保证零件焊后同轴度，成为自锁阀阀体焊接中最显著的问题。

3　技术方案

采用 2.2 节中的分步焊接方法时，焊后零件难以达到后续加工要求的同轴度。对焊接过程进行分析发现：第一步及第二步焊接后形成的两段零件均为多段型零件焊接，因未采取针对多段焊接的特殊措施，完成焊接后焊接变形量已经较大。因而在进行第三步焊接时，装卡找正十分困难，且第三步焊接产生的变形量无法避免与前两步的焊接变形量叠加，因而零件整体变形量较大。为解决以上问题，应采用整体装卡焊接并对焊接顺序和起弧位置优化，减少变形量叠加。

根据以上分析，为减少焊接变形，主要从焊接参数、焊接胎具、焊接顺序和起弧位置三个方面进行了优化与改进。

3.1 焊接参数优化

减少焊接变形首先要考虑的是在满足图纸要求的焊深、焊宽条件下尽量减少热输入。

自锁阀阀体六条焊缝的结构相同，因而在焊前可采用相同结构的试验件进行参数优化。试验件使用外径 $\phi17.5$ mm、单边厚度 2.75 mm 的不锈钢管。通过在该试验管上试焊寻找表面焦点，并对焊接束流与焊接速度进行优化。经过试验发现，当采用表 1 中的参数进行焊接时，焊缝满足图纸要求且呈现微透状态，因此表 1 中的参数为为优化参数。

参数优化大幅减少了焊接热输入，从而从根本上减少了焊接变形。以轴向形变为例，使用优化后的参数焊接时，焊后轴向收缩量由原参数下的 1 mm 左右减小到 0.7 mm 左右。

表 1　阀体焊接采用的主要焊接参数

高压/kV	灯丝电流/A	聚焦束流/mA	焊接束流/mA	旋转速度/（r/min）
60	7.8	420～422 （根据试焊情况调整）	9.8	15

3.2 焊接胎具改进

因阀体为多段型零件，采用一般的一边卡一边顶的装卡方式很难保证装卡后的同轴度，根据阀体零件的特点设计了图 2 所示的胎具。

胎具由三部分组成，两侧为紫铜块，中间通过钛合金杆连接，钛合金与紫铜块的配合面配车保证二者紧配合，胎具整体通过螺纹拉紧，见图 2（a）。左侧紫铜块的面 2 与零件 1 中 $\phi20^{+0.020}$ 紧配合，且面 1 与面 2 保证垂直度 0.05，钛合金杆上面 5 与零件 1 中 $\phi13^{+0.010}_{+0.002}$ 紧配合；右侧紫铜块的面 3 与零件 7 中 $\phi20^{+0.020}$ 紧配合，且面 3 与面 4 保证垂直度 0.05，面 6 与零件 7 中 $\phi13^{+0.010}_{+0.002}$ 紧配合。在装卡时，将零件按顺序装配后，左右紫铜块的面 1 和面 3 分别与零件 1 中 $\phi34.5$ 端面和零件 7 中 $\phi28$ 端面贴合，最后旋紧钛合金杆右侧螺母将胎具和零件整体拉紧，见图 2（b），螺母与右侧铜块间使用橡胶垫片。螺纹拉紧可以较好地保证各段零件间连接紧密，胎具上六个配合面［图 2（a）中面 1～面 6］与零

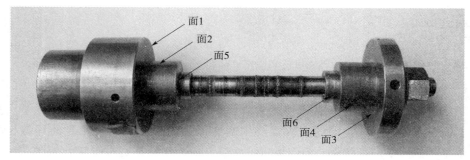

（a）胎具实物图

（b）零件装卡后实物图

图 2　自锁阀阀体焊接胎具图

件相应面的配合关系，保证了零件装配后的同轴度。胎具两侧为紫铜块，能较快传导焊接过程中的多余热输入，有利于减少焊接变形。

由于各段轴向收缩量的累积，多段式零件焊后轴向有较大的收缩量（优化参数下为0.8 mm 左右）。若使用完全刚性装卡，可能导致焊后工件与胎具局部脱离，胎具失去对零件的限制，对控制零件变形不利，因而应在螺母与右侧铜块间增加弹性垫片，装卡零件时对弹性垫片预压缩，焊后随零件轴向收缩，垫片回弹，使胎具与零件的配合面始终紧贴，从而保证了对零件的装卡。当采用普通的金属垫片时，由于金属垫片回弹时圆周上各点挤压力不均匀，在焊缝未完全凝固时容易引起零件变形。因而本胎具中采用了回复力圆周上均匀分布的橡胶垫片。

以上胎具的设计保证了焊前装配的同轴度，并起到了控制零件焊后变形的作用。

另外，由于采用了一次装卡焊接多条焊缝，与分步焊接相比，减少了两次装卡找正和抽真空时间，单件零件焊接效率提高了一半以上，从而显著提高了生产效率。

3.3　焊接顺序和起弧位置优化

对于多段型零件，各条焊缝的焊接顺序及起弧位置能显著影响焊接过程中的热应力分布，进而影响焊接变形。为避免各条焊缝焊接过程造成的变形量叠加，对六条焊缝的焊接顺序与起弧位置进行了优化。

为防止焊接某条焊缝时的热收缩导致其他焊缝间隙增大，正式焊接前依次对每条焊缝点焊三段，之后进行正式焊接。经过多次试验与分析，正式焊接采用 1、2、4、3、5、6的焊接顺序和表 2 中的起弧位置时获得了较好的控制变形效果（图 2 中从左至右焊缝依次为 1~6 号焊缝）。

表 2　阀体焊接起弧位置

焊缝序号	1	2	3	4	5	6
起弧位置	0°	180°	180°	0°	0°	180°

通过以上三方面的改进，零件焊后变形显著减少，同轴度能够控制在 $\phi0.5$ mm 以下，

多数在 $\phi 0.3$ mm 左右，能够满足后续加工的要求。

4 结论

本文针对自锁阀阀体真空电子束焊接过程中的焊接变形过大问题，摸索出一套通过焊接参数优化、焊接胎具改进、焊接顺序和起弧位置优化控制多段型零件焊接变形的方法，显著减少了焊接变形，进而提高了焊后零件的同轴度，保证了后续加工成品率。因采用一次焊接多条焊缝的方法，减少了抽真空与装卡时间，单件零件焊接时间减少一半，显著提高了生产效率。

参 考 文 献

[1] 中国空间技术研究院北京控制工程研究所产品目录,2008:88 - 95.
[2] 宫平,罗宇,王亚军,等 . TC4 钛合金电子束焊接工艺参数对焊缝形状的影响 . 航空制造技术,2008 (6):72 - 75.

某型号大型密封舱体的环缝变极性等离子弧自动焊接技巧

张铁民

航天五院 529 厂

摘　要　本文介绍了变极性等离子弧焊接技术在 529 厂某型号中的应用情况，并简要说明该型号产品的焊接结构特点，重点介绍了实际焊接操作手法对变极性等离子弧环缝自动焊接过程的影响，通过大量工艺实验，提出了实际有效的解决措施。

关键词　变极性等离子弧焊　环缝　铝合金

1　引言

针对大型中厚度铝合金密封结构，传统的交流 TIG 工艺需要进行多道焊，受铝合金焊接特性的制约，往往存在着气孔率高、焊接变形大等问题。1978 年美国国家航空航天局马歇尔航天中心决定采用变极性等离子弧焊技术（Variable Polarity Plasma Arc Welding，简称 VPPA 焊），部分取代钨极氩弧焊工艺焊接航天飞机外贮箱，航天飞机主体材料为 2219 铝合金，共焊接了 6 400 m 焊缝，经 100％X 射线检测，未发现内部缺陷，焊缝质量比 TIG 多层焊明显提高。变极性等离子弧焊接技术用于铝合金焊接，单道焊接铝合金厚度高达 25.4 mm，其工艺特点是在焊接过程中，在焊接熔池中心存在一穿透的小孔，而且在实际生产中通常采用立向上焊工艺，既有利于焊缝的正面成形，又有利于熔池中氢的逸出，所以焊缝气孔缺陷少。在我厂的努力下，这项焊接技术已成功运用在某型号产品的生产中。

2　背景介绍

新一代载人航天器结构相较于其他金属航天器结构发生了较大变化，尺寸更大、精度更高、在轨时间长、可靠性要求高。该产品主结构材料选用焊接及综合机械性能优良的 5A06 铝合金，最大外形尺寸直径大于 ϕ4 m，舱体长度超过 6 m，每条环焊缝长度在 10 m 左右，焊缝总长达到 150 m 之多，焊接区域厚度 5 mm。该新一代载人航天器采用整体壁板结构形式，其中大型中厚度密封结构自动焊接及变形控制技术是舱体研制最为关键的技术，是整舱质量和尺寸精度的重要保证，而采用钨极氩弧焊技术已不能适应该型号的研制要求，需采用高质量、高可靠性、低变形的焊接工艺方法以满足产品的技术指标要求，经综合比较目前主流的先进焊接工艺方法，认为变极性等离子弧自动焊接工艺方法适用于该型号中产品的研制需求。

3 技术难点

3.1 钨极的使用状态

在焊接大型密封舱体的环焊缝时发现，钨极的使用状态直接影响到最终产品的焊接质量，钨极的磨削角度、内缩量和孔径比等环节的控制直接影响到 VPPA 小孔效应的形成。

3.2 离子气流量

离子气流量是影响等离子电弧力的重要因素，离子气流量因改变等离子电弧形态而改变等离子电弧 U-I 特性。离子气流量增大，电弧压缩程度加大，而等离子电弧 U-I 特性曲线上移。因此，离子气流量不仅影响电弧力，还影响电弧能量。为此在电流幅值、焊接速度、送丝速度、保护气流量一定的情况下，改变离子气流量，研究对焊缝成形的影响有着重要意义。

3.3 送丝嘴角度与焊丝伸出长度

送丝嘴的角度与焊丝伸出长度主要影响焊接过程中送丝的稳定性，送丝位置见图 1，送丝嘴角度小，焊丝与工件贴合不牢固，在送丝时焊丝容易偏离熔池中心，造成背面焊缝出现反抽或出现滴状过度，造成焊缝外表不光滑，产生波纹状焊缝，焊缝成型不美观。送丝嘴角度过大，送丝过程中会产生较大阻力，出现顶丝现象，使焊枪产生抖动，从而影响了焊接电弧的稳定性，严重时会使导丝管或导丝管嘴拖位，使焊接工作无法进行。另外焊丝的伸出过长容易产生甩丝现象，即焊丝没有送入熔池中，而是甩到熔池外边，没有熔化，背面焊缝出现切割，影响焊缝外观质量；若焊丝伸出太短，也会出现顶丝或焊枪抖动现象，使焊接过程不稳定。

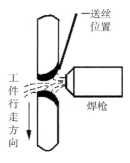

图 1　送丝位置示意图

3.4 定位点

由于该型号工件结构直径较大，为防止焊接变形，同时保证自动焊接过程的顺利实施，通常在焊前采用手工交流钨极氩弧焊进行定位，手工氩弧焊定位点本身是起弧和收弧的地方，是最容易产生焊接缺陷的部位，在保证自动焊顺利实施的前提下如何控制定位点的深度和宽度尤为重要，针对不同间距、不同深度和宽度开展工艺试验，摸索焊前定位点的焊接规律，解决了大型舱体焊前装配定位及控制变形的重要步骤。

3.5 收弧参数

变极性等离子弧收弧就是在环焊焊缝收弧处与起始点相互连接的一个过程，如果控制不好，在收弧处会产生一些缺陷，如焊丝填充不足留下的孔洞、凹陷、背面的反抽、背面的小孔及切割现象，收弧工艺参数与接头处理方法是保证焊缝收弧处的焊接质量的重要因素。

4 技术方案

4.1 钨极的使用要点

在焊接过程中，钨极磨削角度、端头形状都将对焊缝内部、外观质量产生重要影响，因为钨极端头形状不规则或出现开花现象（见图2）会直接影响焊接电弧的稳定性，使电弧温度分布不均匀而出现喷弧、切割、焊漏沿一侧反抽等质量问题，严重时使焊接无法进行。

通过工艺试验反复验证，首先钨极磨削角度应为15°～18°，端头直径2～2.5 mm，最好用钨极专用磨削器磨削。磨削完毕后装入焊枪，内缩量调到4～5 mm，调整正负半波比后在热机试板上引弧把钨极端部烧成圆球状（见图3）。

图2 钨极磨削角度不合适导致烧损严重　　　图3 钨极磨削角度合适烧损正常

4.2 离子气流量的确定

在焊接过程中离子气流量的大小会直接影响变极性等离子弧小孔穿透的效果，从而影响焊缝背面的成型效果，如离子气流量较小会降低液态金属的流动速度，这时背面焊缝的纹路又粗、又深，当离子气偏大时会加快液态金属的流动速度，从而使背面焊缝过于紧密而变得不平整、不光滑。离子气的大小要依据焊接试板上焊缝成形好坏来决定，最好状态时背面焊缝颜色光亮不发乌，纹路浅而均匀，表面用手接触较为光滑。

改变离子气流量由 6.0 L/min 到 1.0 L/min，发现不同的离子气流量焊缝成形有较大差异。从成形上看，离子气流量较大时，焊缝正反面宽度较小；离子气流量较小时，焊缝正反面宽度较大。这是因为离子气流量大，电弧挺度大，能量也较为集中。而离子气流量小时，电弧挺度低，电弧易发生波动，而导致电弧电压的波动，使得电弧功率有所增加，故此焊缝宽度有所增加，但离子气流量的变化对焊缝正反面增高量的影响不大。

试验结果表明，离子气流量的变化对熔池金属的流动性产生较大的影响，会影响焊缝成形的稳定性。过大的离子气流量所形成的强大的电弧力冲击熔池，会破坏熔池金属的良好流动，使熔池金属失稳。

如果离子气流量太小，电弧的压缩程度不够导致发散、电弧直径比较粗，加热面积大而穿透力小，无法形成穿孔，电弧力将熔化金属吹向背面，下陷堆积形成焊瘤。即使形成穿孔，起始穿孔也不能顺利过渡到正常焊接程序中。电弧较大的加热面积使得焊缝周围温度很高，造成焊缝两侧熔化金属过多，形成不连续的切割，焊缝背面焊瘤十分严重。图 4 为不连续切割焊缝照片。

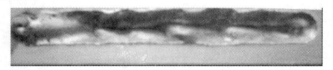

（a）正面焊缝

（b）背面焊缝

图 4　离子气流为 1.0 L/min 时的焊缝形貌

离子气流量太大，电弧弧柱逐渐变细，气流对电弧的压缩程度增大，则穿透力太强，易导致穿孔熔池下半部的收缩速度跟不上上半部的扩张速度，形成切割。比如材料为 5 mm 的 LF6，焊接时平均电流为 150 A，离子气流量为 4 L/min，保护气流量为 12 L/min，焊接速度为 180 mm/min，送丝速度约为 1.0 m/min，若离子气流量偏大，导致焊接开始阶段产生切割。

4.3　送丝嘴角度与焊丝伸出长度的确定

通过在生产过程中的应用，总结出送丝嘴角度控制在 15°～20°，焊丝伸出长度在 20～25 mm 时能够保证焊接过程的稳定。图 5 给出了实际生产过程中的焊丝伸出长度，图 6 给出了实际的送丝嘴角度。

图 5 焊丝伸出长度　　　　　　　　图 6　送丝角度

4.4　定位点的要求

为保证定位焊后定位点厚度与母材厚度一致，定位点焊接尽量不填充焊丝，定位后定位点要用刮刀进行刮削，直至与母材齐平。不填充焊丝的定位点较为平整，刮削速度较快又比较省力，可以提高工作效率。定位焊时因采用无填丝焊接，需要注意的是应避免在收弧时产生弧坑或裂纹等缺陷，以防止定位点焊接过程中产生开裂而引起的焊接变形及错边。定位点的间距约 200 mm 即可。

（1）定位点的熔深

定位点一般不熔透，熔深为母材厚度的 1/3～1/2 即可，因为若定位点熔透，焊缝会有一定厚度的反面余高，就等同于增加了母材厚度，定位焊缝背面的焊接内撑弧块将其挡在里面而无法进行打磨，造成了定位点与母材不等厚。由于焊前设置的焊接参数是针对母材厚度设定的，定位点的间距仅 200 mm 左右且定位点长度很短，在焊接过程中不能及时作出调整，因此当焊接电弧经过定位点时会产生热量不足的现象，造成焊缝产生内部或外部的缺陷，所以定位点一般情况下不要熔透。

（2）定位点的宽度

定位焊中焊点宽度最好小于变极性等离子弧焊焊缝的宽度，因为定位焊时，手工钨极氩弧焊难免会产生一些气孔缺陷，当等离子弧经过定位点时会将定位焊点全部熔化，在能量较集中热量较高的焊接电弧作用下让缺陷能够及时逸出，从而保证变极性等离子弧焊焊缝的内部质量与外观成形的一致性。

4.5　变极性等离子弧焊起、收弧段控制

（1）起、收弧段焊接参数的控制

环缝是封闭焊缝，必须在焊接结束收弧时一方面保证熔池与起弧处的焊缝熔合好，同时保证最后的小孔填满，且内部质量需符合 I 级焊缝指标要求。这就需要在收弧时，对焊接电流、焊接速度、送丝速度、等离子气流量等多种焊接参数进行协调与控制。另外，起弧的好坏也直接影响到收弧的效果，如果起弧处的余高过高，会影响到最后的送丝，使填充金属难以送到熔池中，造成焊缝成形不好。起弧的主要影响因素有预热时间、预热电流和电流上升时间，三者需要良好的匹配才能形成稳定的穿孔。起弧时应注意变位机的转动时间与送丝时间要配合好，起弧后，转动时间较晚，小孔过大，焊接熔池难以建立，后续焊缝很难成形，造成切割；转动时间过早，电弧还未穿透工件，熔融金属堆积在工件表面，会造成喷嘴与工件的短路，中断焊接。因此应该熟练掌握主弧启动后工件的转动时间（时间在 3 s 合适）。

预热电流和穿孔电流决定了穿孔起始阶段熔池形状和初始穿孔的大小，它们对穿孔阶段能否顺利过渡到正常焊接阶段有显著影响。预热电流大小和预热时间的长短均与板厚有关。收弧控制是环缝焊成功完成的重要保证。在收弧阶段，应逐步减小焊接电流，注意观察小孔及焊接熔池，待小孔消失，焊接熔池填满时停止送丝。在等离子弧穿孔焊接工艺中，收弧阶段必须采取有效措施将小孔填满，在环焊缝中这段程序尤为重要。等离子弧穿

孔立焊收弧程序涉及焊接电流的衰减时间及幅度，离子气流量的衰减时间和幅度，步进电机速度的调节方式等。图7显示了电流和离子气流量的衰减程序。

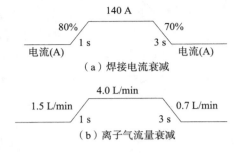

（a）焊接电流衰减

（b）离子气流量衰减

图7　电流和离子气流量的衰减程序示意图

（2）起、收弧段接头处理方法

产品正式焊接时，起弧点要对正焊漏弧块的空缺处，当起弧点旋转到六点处时，用气动铣刀对起弧处20 mm以内正反面焊缝进行打磨并用刮刀将打磨处刮削到与母材齐平，这样就保证了收弧处材料厚度与母材厚度一致，从而消除了因焊缝余高影响所产生的焊接缺陷，另外还要注意收弧停止键启动时电弧所处位置，如果距打磨点远收弧处会产生凹陷，如果距离太近焊缝背面会有小孔或切割反抽等缺陷，所以当电弧进入打磨处10～18 mm时按动收弧停止键，当收弧动作按收弧工艺参数设置完成时就会获得较好的焊接接头。

5　结论

该产品为大型壁板密封结构，尺寸精度要求非常高，需装配的环焊缝达到10条之多，这种舱体若采用TIG方法进行焊接，无论是焊前装配精度，还是焊后整体尺寸都不易保证。通过采用变极性等离弧自动焊接方法，在大量工艺试验验证的基础上，解决了环焊缝的起收弧质量控制、操作角度、钨极状态等操作难点，成功实现了变极性等离子弧焊接方法在大型密封结构生产中的应用，取得了非常明显的效果，连续焊接200多米的环焊缝均保证了一次合格率100％。

参 考 文 献

[1]　潘际銮.焊接手册(第1卷 焊接方法及设备).北京:机械工业出版社,1992.
[2]　李亚江.特种焊接技术及应用.北京:化学工业出版社,2004.

珠光体和奥氏体异种钢的焊接

王俊　赵静　郭惠芬

航天六院中国长江动力集团有限公司

摘　要　本文以高中压外缸的弯管和法兰焊缝为例，利用舍夫勒（Schaffller）组织相图分析了珠光体和奥氏体的异种钢接头的焊接性。通过加焊过渡段、过渡层、选定合适的焊材等工艺，克服了异种钢接头焊接性和使用性差的问题，保证了焊缝质量，对异种钢的焊接具有参考和借鉴意义。

关键词　珠光体耐热钢　奥氏体不锈钢　过渡层　焊接

1　引言

随着火力发电设备的机组容量及蒸汽参数提高，珠光体耐热钢已不能满足苛刻的工况，奥氏体不锈钢因具有更高的耐热温度和优良的耐蚀性，逐渐开始应用于汽轮机和压力管道中。珠光体和奥氏体异种钢的焊接接头在火力发电设备中的应用日益广泛[1]。但两者化学成分和物理性能相差较大，焊接时，母材对焊缝金属的稀释作用、熔合区过渡层、碳迁移扩散层及热应力等因素都对其焊接性有着重要影响，焊后易产生脆性层，引发裂纹，甚至断裂。因此珠光体和奥氏体异种钢焊接时的焊材选择和工艺过程控制对焊缝质量的保证起着极为重要的作用。

我公司为某项目设计的高中压外缸的弯管材质为 ZG15Cr2Mol，法兰为 06Cr18Ni9。本文以该珠光体和奥氏体异种钢接头为例，利用舍夫勒图分析其焊接性，制定了合理的焊接工艺，通过加焊过渡段和堆焊过渡层等工艺措施保证了接头质量，对异种钢的焊接具有一定参考价值。

2　存在的问题与技术难点

2.1　焊缝使用温度的保证

图 1 为设计图纸中高中压汽缸的弯管（ZG15Cr2Mol）和法兰（06Cr18Ni9）接头局部示意图，该机组设计工况为 535 ℃，7.1 MPa。珠光体和奥氏体异种钢的焊接通常都采用奥氏体焊材，根据异种钢的分类[2]（见附录 1），ZG15Cr2Mol 为 Ⅸ 类材料，06Cr18Ni9 为 Ⅳ 类材料。由附录 2 珠光体钢和奥氏体钢焊接时的焊接材料及其预热和回火温度[2]可知：使用奥氏体焊条焊接的 Ⅳ＋Ⅸ 焊缝接头，即使在堆焊了镍基过渡层的情况下，最高使用温度也不能超过 500 ℃，显然不能满足工况要求。所以如何保证焊缝的使用温度达到工况要求是首要难题。

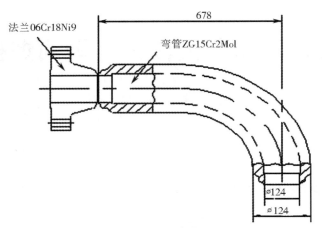

图 1　高中压汽缸弯管与法兰

2.2　焊缝质量的保证

采用奥氏体焊材焊接珠光体和奥氏体异种钢时，由于母材对焊缝金属的稀释作用，在靠近珠光体一侧的焊缝熔合线附近可能出现马氏体或奥氏体加马氏体的脆化过渡层，将严重影响接头的抗裂性。且异种钢接头在焊后热处理或高温下长期工作时，碳元素在浓度梯度和活度梯度的推动下，将由珠光体一侧向奥氏体一侧发生扩散和迁移，导致珠光体一侧脱碳软化，形成脱碳层，高温下脱碳层极易断裂和腐蚀。所以如何缓解马氏体过渡层和碳迁移扩散层对焊缝组织的不利影响，也是焊接工艺控制的一个难点。

2.3　热处理问题

ZG15Cr2Mol 的化学成分及碳当量见表 1，根据美国焊接学会推荐的碳当量计算公式［式（1）］，可得 ZG15Cr2Mol 的碳当量约为 0.98％，具有高的淬硬性，极易产生冷裂纹，焊后需要热处理。但 06Cr18Ni9 的线膨胀系数比 ZG15Cr2Mol 高 30％～40％，热处理不能去除线膨胀系数差异引起的热应力，只能将热应力重新分布，且热处理后 06Cr18Ni9 一侧形成碳区容易产生晶间腐蚀。因此热处理问题也是异种钢焊接的难点。

表 1　ZG15Cr2Mol 的化学成分　　　　　　　　　　　　　　　　　　　　　　　　％

钢号	C	Si	Mn	P	Si	Cr	Mo	Ceq
ZG15Cr2Mo1	0.18	0.6	0.40～0.70	0.03	0.03	2.00～2.75	0.90～1.20	0.98

$$C_E = W_C + \frac{W_{Mn}}{6} + \frac{W_{Cr} + W_{Mo} + W_v}{5} + \frac{W_{Ni} + W_{Cu}}{15}　(\%) \tag{1}$$

3　技术方案

3.1　工艺措施

工艺上可采取在弯管和法兰之间加焊 12Cr1MoV 过渡段并用镍基焊丝 ERNiCr - 3 堆焊过渡层的措施来解决以上难题。工艺流程如图 2 所示。

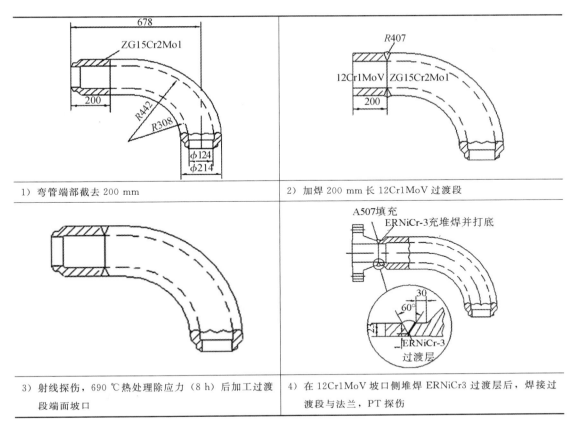

1）弯管端部截去 200 mm	2）加焊 200 mm 长 12Cr1MoV 过渡段
3）射线探伤，690 ℃热处理除应力（8 h）后加工过渡段端面坡口	4）在 12Cr1MoV 坡口侧堆焊 ERNiCr3 过渡层后，焊接过渡段与法兰，PT 探伤

图 2　焊接工艺流程和坡口示意图

3.1.1　加焊过渡段

将原弯管截短 200 mm，在弯管法兰之间焊接长度为 200 mm 的 12Cr1MoV 过渡段，使得原 ZG15Cr2Mo1 ＋ 06Cr18Ni9 焊缝转化为 ZG15Cr2Mo1 ＋ 12Cr1MoV 焊缝和 12Cr1MoV＋06Cr18Ni9 焊缝。

12Cr1MoV 为 Ⅳ 类材料，ZG15Cr2Mo1 为 Ⅸ 类材料，由附录 2 珠光体钢和奥氏体钢焊接时的焊接材料及其预热和回火温度可知：ZG15Cr2Mo1＋12Cr1MoV 使用 A507 焊接后使用温度最高可达 550 ℃，满足工况（535 ℃）要求；而 12CrMoV 与 ZG15Cr2Mo1 的焊接属于常见的珠光体耐热钢之间的焊接，选用 R407 焊条即可满足设计和使用要求，因此加焊过渡段后可保证焊缝的使用温度完全符合工况要求。另外，12Cr1MoV 中含有强碳化物形成元素 V，在一定程度上可缓解碳迁移，减少脱碳层的形成。且 12Cr1MoV 为锻件材质，较铸钢材质 ZG15Cr2Mo1 有更好的塑性和韧性，在热应力作用下产生裂纹的倾向比 ZG15Cr2Mo1 要低。

3.1.2　热处理

焊后对弯管和过渡段焊缝进行射线探伤和热处理除应力。通过热处理来改善接头组织性能，防止 ZG15Cr2Mo1 和 12Cr1MoV 淬硬，降低焊缝和热影响区的硬度。弯管和过渡段焊缝热处理后，使用镍基焊材和奥氏体焊材焊接过渡段与法兰焊缝。为防止热裂纹的产生和碳化物的析出，过渡段与法兰焊后不再进行热处理，由此便解决了 ZG15Cr2Mo1 和 06Cr18Ni9 的热处理矛盾问题。

3.1.3　加焊过渡层

过渡段（12Cr1MoV）与法兰（06Cr18Ni9）仍属于珠光体和奥氏体异种钢的焊接，焊接时仍存在脆化过渡层和碳迁移扩散层的不利影响。12Cr1MoV、06Cr18Ni9 及 A507 焊条的 Cr、Ni 当量计算见表 2。选用 A507 焊条填充时，利用舍夫勒组织图（图 3）进行分析：假设焊缝中两种母材的熔入量相等，设 12Cr1MoV 为 a 点，06Cr18Ni9 为 b 点，则母材的化学成分为两种钢的平均值，即为 ab 的中点 c 点，A507 为 d 点。由线段 cd 可知：选用 A507 焊接后焊缝主要为奥氏体组织，但靠近珠光体一侧熔合线的区域可能出现马氏体或奥氏体加马氏体组织，对接头的抗裂性有严重影响。所以焊接前需利用氩弧焊在 12Cr1MoV 坡口一侧堆焊 8 mm 厚的 ERNiCr-3 过渡层，以提高熔合区中 Ni 当量，促进奥氏体形成，防止在熔合线附近形成马氏体脆性组织。且 Ni 的石墨化作用在一定程度上可以减少碳化物的形成，减小碳迁移扩散层。考虑到 V 型坡口底层的熔合比较大，打底层也选用 ERNiCr-3 氩弧焊打底，以减小母材对填充金属的稀释作用。利用 ERNiCr-3 堆焊和打底后，其余层次采用 A507 手工电弧焊填充。

表 2　12Cr1MoV、06Cr8Ni9 与 A507 焊条的 Cr、Ni 当量

母材/焊材牌号	C	Si	Mn	Ni	Cr	Mo	Nb	Cr_{eq}	Ni_{eq}	在相图中位置
12Cr1MoV	0.08~0.15	0.17~0.37	0.40~0.70	—	0.90~1.20	0.25~0.35	—	1.81	3.73	a 点
06Cr18Ni9	0.08	0.75	2.00	8.00~10.50	18.00~20.00		—	20.13	12.57	b 点
A507	0.057	0.62	1.85	24.5	16.61	6.14		23.68	27.13	d 点
ERNiCr-3	0.013	0.04	2.81	74.00	19.68		2.00	20.74	75.81	—

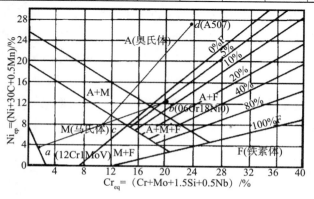

图 3　舍夫勒组织图

3.2 技术要点

3.2.1 弯管（ZG15Cr2Mo1）与过渡段（12Cr1MoV）的焊接

珠光体耐热钢焊接有较强的冷裂纹倾向，应注意以下几点：

1）焊前清除表面油、锈等污渍，使用低氢型焊条 R407 施焊，具体工艺参数如表 3 所示；

2）定位焊和正式焊一样都预热至 250～350 ℃，连续施焊；

3）焊后在 300～350 ℃下保温缓冷 1～2 h 后再进炉热处理；

4）焊后 24 h 以上射线探伤。

表 3　弯管与过渡段焊接工艺参数

焊层	焊接方法	焊材	规格 d/mm	电压 U/V	电流 I/A	极性	焊接速度 v/（mm·min^{-1}）	预热与层间温度 T/℃
打底	SMAW	R407	$\phi3.2$	22～24	110～120	直流反接	65～70	250～350
填充及盖面	SMAW	R407	$\phi4.0$	24～28	140～150	直流反接	45～60	250～350

3.2.2 过渡段（12Cr1MoV）与法兰（06Cr18Ni9）的焊接

用于打底和堆焊过渡层的 ERNiCr-3 焊丝为单一奥氏体组织，液态时焊缝金属的流动性差，熔深浅，焊接时易产生热裂纹和气孔，因此焊前应清洁焊件和焊丝[3]。施焊时选用较低的热输入，尽量减小焊缝在高温的停留时间，采用窄焊道短弧焊接，层间温度控制在 100 ℃以下。收弧时填满弧坑，防止产生裂纹，焊接工艺参数如表 4 所示。

表 4　过渡段与法兰焊接工艺参数

焊层	焊接方法	焊材	规格 d/mm	电压 U/V	电流 I/A	极性	焊接速度 v/（mm·min^{-1}）	预热/层间温度 T/℃
堆焊	GTAW	ERNiCr-3	$\phi3.2$	22～24	110～120	直流正接	40～50	<100
打底	GTAW	ERNiCr-3	$\phi4.0$	24～28	140～150	直流正接	40～50	<100
焊接	SMAW	A507	$\phi4.0$	24～28	140～150	直流反接	45～50	<100

4　结论

采用加焊过渡段和过渡层的工艺措施焊接的产品焊缝射线探伤和着色探伤一次合格。该工艺方法经济可靠，可广泛应用于珠光体和奥氏体异种钢的焊接，有效解决异种钢接头的焊接性差和使用性差的难题。

金相类型	类别	钢号
珠光体钢	Ⅰ	低碳钢：Q195、Q215、Q235、Q255、08、10、15、20、25 破冰船用低温钢、锅炉钢 20g、22g
	Ⅱ	中碳钢和低合金钢：Q275、15Mn、20Mn、25Mn、30Mn、30、14Mn、09Mn2、15Mn2、18MnSi、25MnSi、15Cr、20Cr、30Cr、10Mn2、18MnCrTi、10CrV、20CrV
	Ⅲ	高强度中碳钢和低合金钢：35、40、45、55、35Mn、40Mn、45Mn、50Mn、40Cr、45Cr、50Cr、35Mn2、40Mn2、45Mn2、50Mn2、30CrMnTi、40CrMn、35CrMn2、40Crsi、35CrMn、40CrV、25CrMnSi、35CrMnSiA
	Ⅳ	铬钼热稳定钢：15CrMo、30CrMo、35CrMo、38CrMoAlA、12crMo、20CrMo
	Ⅴ	铬钼钒、铬钼钨热稳定钢：20Cr3MoWA、12Cr1MoV、25CrMoV
铁素体和铁素体-马氏体钢	Ⅵ	高铬不锈钢：0Cr13、Cr14、1Cr13、2Cr13、3Cr13
	Ⅶ	高铬耐酸耐热刚：Cr17、Cr17Ti、Cr25、1Cr28、1Cr17Ni2
	Ⅷ	高铬热强钢：1Cr11MoVNb、1Cr12WNiMoV、1Cr11MoV
奥氏体和奥氏体-铁素体钢	Ⅸ	奥氏体耐酸钢：00Cr18Ni0、0Cr18Ni9、1Cr18Ni9、2Cr18Ni9、0Cr18Ni9Ti、1Cr18Ni9Ti、1Cr18Ni1Nb、Cr18Ni12Mo2Ti、1Cr18Ni12Mo3Ti
	Ⅹ	奥氏体高强度耐酸刚：0Cr18Ni12TiV、Cr18Ni22W2Ti2
	Ⅺ	奥氏体耐热钢：0Cr23Ni18、Cr18Ni18、Cr23Ni13、0Cr20Ni14Si2、Cr20Ni14Si2
	Ⅻ	奥氏体热强钢：4Cr14Ni14W2Mo、Cr16Ni15Mo3Nb
	Ⅷ	铁素体-奥氏体高强度耐酸钢：0Cr21Ni5Ti、0Cr21Ni6Mo2Ti、1Cr22Ni5Ti

附录 2　珠光体钢和奥氏体钢焊接时的焊接材料及其预热和回火温度

被焊材料类别	焊接材料	焊前预热/℃	焊后热处理/℃	附注
Ⅰ + Ⅸ	A402,A407	不预热	不回火	不耐晶间腐蚀，工作温度不超过 350 ℃
	A502,A507			不耐晶间腐蚀，工作温度不超过 450 ℃
	A202			用来覆盖 A507 焊缝，可耐晶间腐蚀
Ⅰ + Ⅹ	A502,A507			不耐晶间腐蚀，工作温度不超过 350 ℃
	A212			用来覆盖 A507 焊缝，可耐晶间腐蚀
Ⅰ + Ⅷ	A502,A507			不得在含硫气体中工作，工作温度不超过 450 ℃
	Ni307			用来覆盖 A507 焊缝，可耐晶间腐蚀
Ⅰ + Ⅷ	A502,A507			不耐晶间腐蚀，工作温度不超过 350 ℃
	A402,A407			不耐晶间腐蚀，工作温度不超过 350 ℃
	A502,A507			不耐晶间腐蚀，工作温度不超过 450 ℃

被焊材料类别	焊接材料	焊前预热/℃	焊后热处理/℃	附注
Ⅱ＋Ⅸ Ⅱ＋Ⅹ	A202,A212	不预热	不回火	用 A402、A407、A502、A507 覆盖的焊缝表面可以在腐蚀性介质中工作
Ⅱ＋Ⅻ	A502,A507			工作温度不超过 450 ℃
	Ni307			在淬火珠光体钢坡口上堆焊过渡层
Ⅱ＋Ⅷ	A502,A507			不耐晶间腐蚀,工作温度不超过 300 ℃
Ⅲ＋Ⅸ Ⅲ＋Ⅹ	A502,A507	200～300		不耐晶间腐蚀,工作温度不超过 450 ℃
	Ni307	200～300		在淬火钢坡口上堆焊过渡层
Ⅲ＋Ⅻ	A502,A507	200～300		不耐晶间腐蚀,工作温度不超过 450 ℃
	Ni307			在淬火钢坡口上堆焊过渡层
Ⅲ＋Ⅷ	A502,A507	200～300	不回火	不耐晶间腐蚀,工作温度不超过 300 ℃
	Ni307	200～300	不回火或720～750	在珠光体淬火钢坡口上堆焊过渡层
Ⅳ＋Ⅸ Ⅳ＋Ⅹ	A302,A307	不预热或200～300	不回火	工作温度不超过 400 ℃,$W(C)<0.3\%$者,焊前可不预热
	A502,A507			工作温度不超过 450 ℃,$W(C)<0.3\%$者,焊前可不预热
	Ni307			在珠光体淬火钢坡口上堆焊过渡层,工作温度不超过 500 ℃
	A212	不预热		如要求 A502、A507、A302、A307 的焊缝耐腐蚀,用 A212 焊条焊一道盖面焊道
Ⅳ＋Ⅶ	A302,A307	不预热或200～300		不耐硫腐蚀,工作温度不超过 450 ℃
	A502,A507			不耐硫腐蚀,工作温度不超过 500 ℃
	Ni307			工作温度不超过 550 ℃,在珠光体钢坡口上堆焊过渡层
Ⅳ＋Ⅷ	A502,A507	不预热或200～300		不晶间腐蚀,工作温度不超过 350 ℃
Ⅴ＋Ⅸ Ⅴ＋Ⅹ	A302,A307	不预热或200～300	不回火	不耐晶间腐蚀,工作温度不超过 520 ℃,$W(C)<0.3\%$者,焊前可不预热
	A502,A507			不耐晶间腐蚀,工作温度不超过 550 ℃,$W(C)<0.3\%$者,焊前可不预热
	Ni307			工作温度不超过 570 ℃,用来堆焊珠光体淬火钢坡口上的过渡层
	A212	不预热		用在 A502、A507、A302、A307 的焊缝上堆焊覆面层,可耐晶间腐蚀
Ⅴ＋Ⅻ	A302,A307	不预热或200～300		不耐晶间腐蚀,工作温度不超过 520 ℃,$W(C)<0.3\%$者,焊前可不预热
	A502,A507			工作温度不超过 550 ℃
	Ni307			工作温度不超过 570 ℃,用来堆焊珠光体淬火钢坡口上的过渡层
Ⅴ＋Ⅷ	A502,A507	不预热或200～300		不耐晶间腐蚀,工作温度不超过 300 ℃

参 考 文 献

[1] 任爱,赵灿,等 . 电站高温锅炉管奥氏体异种钢焊接接头失效方式研究 . 热力发电,2003,32(8).
[2] 陈祝年 . 焊接工程师手册 . 北京:机械工业出版社,2009.
[3] 任世宏,李永红,等 . 镍基合金在异种钢焊接中的应用 . 电焊机,2009,39(4):148 – 150.

铜合金的双枪熔焊法

曹玉玺

航天六院 7103 厂

摘 要 针对铜、铝等导热系数大的材料或钢材的现场焊接，存在一次熔透的焊接难点，本文创新性地提出双枪焊接，对称施焊的解决技巧，在焊接生产中具有广泛的应用范围。

关键词 双枪焊接 多种热源 对称加热

1 引言

铜及其合金在熔焊前首先要解决的就是导热系数大（纯铜的导热系数是钢的 7 倍左右）导致焊接热量散失严重问题。一般熔焊电源的电流均小于 500 A，需要预热才能完成铜中厚板的焊接，这样极大地恶化了操作环境，且焊接质量不高。应用双枪熔焊法，可大大缓解这个问题，提高焊接质量及效率。

2 技术方案

双枪熔焊法主要针对铜合金等导热系数比较大的有色金属，1）焊接时将两把焊枪分别置于焊缝正面和背面，焊缝正面的枪为主焊枪，焊缝背面的枪为辅助焊枪。2）焊接时要保证主焊枪的焊接电流应大于辅助焊枪的电流。同时两把焊枪均加装自制的金属护手板，保护操作者手部不被灼伤。3）焊接过程中，主焊枪操作者根据熔池温度变化指示辅焊枪操作者的行进速度，两者应配合默契，操作协调。4）焊接过程中，主焊枪要利用受控焊枪衰减开关来调控熔池温度。5）焊接时需采取立焊方式，以防铜液流失，如图 1 所示。6）焊接不等厚的铜板时，辅焊枪电弧要作用在偏厚板侧。这是因为厚板熔化需要的热量更大，所以为了更好地将不等厚工件焊接在一起，需保证两个板子均获得足够和均匀的热量。同时，由于薄板的刚度差，辅助焊枪偏厚板侧可以减少薄板的焊接变形。

针对不同情况，可以采取几种不同的熔焊方法搭配使用，例如 TIG 焊与 TIG 填丝焊的搭配，TIG 焊与火焰气焊枪搭配等。

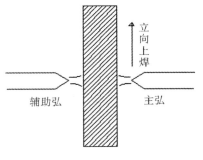

图 1 双枪焊示意图

3 实用范例

3.1 燃烧室内壁的补焊

燃烧室内壁的材料是铬青铜（QCr0.8），厚度为 6 mm，由于原材料轧制时出现缺陷，以及在后续机加车间铣槽时出现失误，造成产品不合格，经过分析后决定采用手工氩弧焊补焊，但由于铜的导热系数大，所以采用在正面和背面同时加热的双枪熔焊法进行焊接。燃烧室内壁形状如图 2 所示。补焊后产品经 X 射线探伤检测合格，获得良好的效果，返修了多件本不合格的产品。

图 2　燃烧室内壁形状

3.2 后段内壁的补焊

双枪熔焊法要求必须在立焊位置才能完成。后段内壁的材料也是铬青铜 QCr0.8，同样是铣槽工件。由于铣槽时尺寸超差，厚度范围为最薄处 1 mm，最厚处 5 mm，对不等厚度件需要手氩补焊，最终采用双枪熔焊法成功补焊产品。后段内壁形状如图 3 所示。

图 3　后段内壁形状

3.3 无氧铜导电排的焊接

在大功率用电设备（如冶炼厂的大型加热炉）中经常用到三相供电导电排，导电排的材料是厚度为 8 mm 的纯铜材料，导电排的焊缝为对接立焊，需现场焊接，在对某冶炼厂的焊接加工中采用正面氩弧，背面对应乙炔火焰的双枪双面焊接，焊接后产品各项指标合格，导电排结构如图 4 所示。

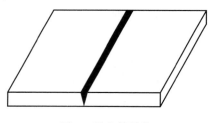

图 4　导电排结构

4 结论

双枪熔焊法经过几年来在几种焊接实例上的成功应用，证明是一种具有创新性、实用性的焊接方法，有效地解决了焊接生产中铜、铝等导热系数大或中厚度普通材料的一次熔透难题，尤其适用于现场焊接及结构不适合于其他焊接方法的零件焊接及零件焊接修复等领域。如果配合适当的专用焊接工装，可进一步扩大在不同焊接材料、不同焊接结构的应用范围。

带有剩磁的零件电子束焊焊缝定位方法

张文彬

航天六院 7103 厂

摘　要　当前的液氧煤油发动机应用的新材料较多：高强不锈钢 S-03、S-06、高温合金 GH202，它们在前面工序时，组合件易残余剩磁，特别是有异型面的零件。在光学对中系统中，这个剩磁会使电子束偏离焊缝，影响焊接质量。通过打点定位方法做到了焊缝准确定位，消除了焊偏、未熔合等焊接缺陷，提高了焊接质量。

关键词　电子束焊　剩磁　焊缝定位

1　引言

作为高能束焊接中的电子束焊，其能量密度高、焊接热输入量少，焊缝深宽比大，接头变形小等特点，在型号生产中发挥重要作用。在大、中型组合件焊接中，由于受前面工序以及零件型面影响产生的剩余磁场的干扰，使得无法准确定位焊缝，最终导致焊缝焊偏。使用打点定位法，解决了剩磁干扰下电子束准确定位焊缝的问题，对于顺利完成生产任务和在此类状态下获得高质量的电子束焊缝具有重要意义。

2　技术方案

2.1　常用的电子束对中方法

1）直接对中法：通过真空室的观察窗直接观察，也可借助光学系统，以精确地测量电子束焦点和位置，实现电子束与焊缝的对中。这种对中系统适用于小真空室及小功率电子束焊目测对中，因为距离较远时会影响对中效果，而大功率电子束焊接时蒸发的大量金属蒸气会污染光学镜片。

2）装置电视摄像头观察对中：此种方法使操作者观察得清晰又舒适，缺点是焊接的金属蒸气污染光学系统和干扰图像的清晰程度，同时存在杂散磁场的干扰。

3）电子反射法：用一个功率很小但电压与焊接电压相同的小能量电子束流，进行垂直于焊缝的往复扫描。把工件反射的电子束接入示波器，显示在荧光屏上。由于金属表面发射电子的能力与接缝不同，就显示出脉冲波形。这种方法的定位精度通常可以达到 0.025 mm；缺点是形成焊缝后无法使用。

2.2　剩余磁场与偏移量的关系

1）当剩余磁场的强度为 1×10^{-4} T 时，偏移量为 0.3～0.4 mm；当剩余磁场的强度为 2×10^{-4} T 时，偏移量为 0.5～0.6 mm；当剩余磁场的强度为 3×10^{-4} T 时，偏移量为

0.7~0.8 mm；当磁场强度大于 3×10^{-4} T 时，由于设备运动系统响应时间无法满足完成高质量焊接的要求，必须用去磁设备去磁，但去磁后仍无法满足 1×10^{-4} T 的磁场强度要求，有时甚至会造成反向充磁。

2）电子束焊由于穿透能力强，焊缝深宽比大，焊接前对接头加工、装配要求严格，以保证接头位置准确，间隙小而具有均匀电子束焊缝形状。如图 1 所示，焊缝自上向下宽度均匀，称"平行焊缝"。由于剩磁的干扰，磁场容易造成焊道偏离焊缝、未熔合等缺陷。

图 1　平行边焊缝

3　实用范例

3.1　实用范例 1

1）发生器：如图 2 所示，发生器材料为 S－03，δ2.5 mm＋锁底 1.5 mm。工装为三爪卡盘；焊机型号为 LARA52、LARA52－L。

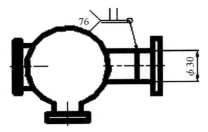

图 2　发生器示意图

此零件在电子束焊工序前有一道在电子束路径上的氩弧焊缝，且存在一个异形面，电子束焊接前，经过去磁工序去磁后，仍有 $1 \times 10^{-4} \sim 2 \times 10^{-4}$ T 的磁感应强度，经过小束流模拟焊接后，显示束斑偏离焊缝处最多达 0.4~0.5 mm。

2）现采用打点定位法，首先在无残余磁场处，使用小功率束流打点校正光学系统十字叉线。再以一个既能留下痕迹又不损伤零件表面的小功率束流每隔 10 mm 打一个点，将此点的 X 轴位置坐标与原点的位置坐标记入坐标系中，再用数控程序将这些坐标点连接起来，并在程序中输入焊接参数，执行程序，得到闭合的熔合好的焊缝。

3.2　实用范例 2

1）上端组件：端面焊缝，如图 3 所示。材料：S－06（1♯）＋GH202（2♯），δ23 mm＋锁底 7 mm。焊机型号：GENOVA98 型真空电子束焊机。工装材料：LY12。

焊前产品去磁，焊后在整个工件上残余的局部磁感应强度达 5×10^{-4} T，法兰处剩余磁感应强度达 $2 \times 10^{-4} \sim 3 \times 10^{-4}$ T，且去除不尽。当时认为此处磁场距离较远，影响较小。

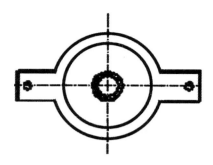

图 3　上端组件端面焊缝结构示意图

2）上端组件圆周焊缝：GH202＋GH202，δ8.5 mm＋锁底 1 mm。接着将图 3 工件与 3 号件进行焊接，焊接后目测检查在两个法兰处有焊偏造成未熔合缺陷。最后通过打点定位法对这两处进行补焊。补焊后消除缺陷。X 光检测合格，如图 4 所示。

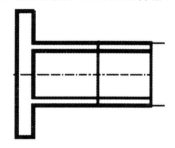

图 4　上端组件圆周焊缝结构示意图

3.3　喷管铜钢焊缝补焊

1）焊缝结构如图 5 所示。焊机型号是 GENOVA98。此工件焊接时受外壁（S－06 钢）和异型面（法兰、接管嘴）的杂散磁场干扰，并且异种金属接触和受热时热电势造成磁场干扰，不能准确定位偏移量。

2）补焊时由于已经形成熔钎焊的接头，往铜侧偏移量太小时会造成焊缝中熔点高，导热慢的钢熔化过多。形成外观较差的焊缝，并且焊缝易产生裂纹。当偏铜量过大时会造成焊接接头熔合不好，接头易开裂。所以补焊要准确定位，尽量消除磁偏吹干扰，达到补焊消除电子束焊接缺陷的目的。

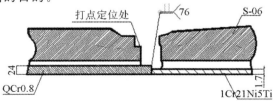

图 5　喷管焊缝结构示意图

3）采用打点定位法每隔约 20 mm 在外壁上使用小功率束流打一个点（此点对工件外壁无损伤，并且被外环盖住）。然后改变坐标使得十字交叉线居于此点的中心，坐标改变量就是剩磁引起的偏移量。因为是大型工件，零件装在焊接工装上后，由于工装和产品同轴度的误差，整周存在机械误差。磁误差和机械误差相互叠加后便得到了总的误差偏移量。然后将此偏移量作为坐标值输入程序中，加上焊接参数后，执行焊接程序，即可保证焊接过程中，电子束斑落在焊缝上。这样便达到既能消除未熔合、裂纹、气孔等缺陷，又能获得良好的外观焊缝成形的目的。

4　结论

1）通过以上三种不同材料、不同类型的带有剩磁干扰影响电子束焊准确定位的例子可以发现，采用打点定位法对于在光学系统中进行电子束的准确定位是一种比较实用的方法。

2）针对现在特种材料或特殊结构的产品，通过一定的理论知识，再与实际操作经验有机结合，解决了一些难题，并在实际工作中加以验证和不断完善，突破焊接的瓶颈环节，保证焊接质量满足产品要求，促使电子束焊接在航天产品中得以充分运用。

参 考 文 献

[1] 中国机械工程学会焊接学会.焊接手册.3 版.北京:机械工业出版社,2007.

[2] 李亚江,王娟,刘鹏,等.特种焊接技术及应用.北京:化学工业出版社,2004.

[3] 刘金合,胡特生,等.高能密度焊.西安:西北工业大学出版社,1995.

抑制 TIG 焊接 5A06 刚性结构凝固裂纹方法的研究

马俊

航天六院 801 所

摘　要　5A06 刚性结构件 TIG 焊，常见的缺陷主要是凝固裂纹。本文通过研究刚性结构件容易出现凝固裂纹缺陷的机理，分析凝固裂纹这种焊接缺陷产生的各种原因，从中甄别出产生凝固裂纹的主要因素，寻找抑制焊接 5A06 刚性结构容易出现凝固裂纹的方法，从而达到提高刚性结构件焊缝质量的目的。

关键词　5A06 焊接　凝固裂纹　刚性结构

1　引言

铝合金具有优异的物理性能和力学性能，铝合金不但具有高的比强度、断裂韧度、疲劳强度和耐腐蚀稳定性，同时还具有良好的成形工艺和焊接性，因此成为航天工业中应用最为广泛的一类有色金属结构材料。

焊接结构中主要应用的是变形铝合金，并且应用最广泛的是非时效强化的铝合金（即 5A06 防锈铝）。5A06 焊接性能良好，焊接系数可达 90%，但在刚性结构熔焊时具有较大的裂纹倾向。按产生的机理来分析，这种常发生在焊接熔池结晶时的裂纹称为凝固裂纹，属于热裂纹。熔焊时产生这种裂纹既有合金系统方面的因素，也有焊接工艺方面的原因。

2　技术难点

5A06 TIG 焊接时焊缝金属和近缝区发现的裂纹主要是焊缝金属凝固裂纹。凝固裂纹是焊缝热裂纹一种普遍形态，也是焊接中经常遇到的一种缺陷。宏观可见的凝固裂纹，其裂口均有氧化色的特征，表面无光泽。从微观上看，凝固裂纹大部分是沿着焊缝树枝状结晶的交界发生发展的。属于沿晶断裂。实践表明，存在宏观裂纹时，其中必有微观裂纹。而存在微观裂纹时，外表不一定显现宏观裂纹。近缝区产生的裂纹往往是微观裂纹，而且常常不一定发展为宏观裂纹。

最常见的情况是沿着焊缝中心长度方向开裂。有时裂纹在焊缝内部分布在两个树枝状晶体之间。5A06 焊接时产生凝固裂纹的原因有以下几个方面。

2.1　合金元素的影响

焊缝合金中 Mg 元素的缺失是 5A06 焊接时产生凝固裂纹的最重要原因。虽然 5A06

中 Mg 元素的含量达到 5.8％～6.8％，但是在焊接过程中由于过热或过烧，Mg 元素会被大量烧损熔化，金属过热温度越高，Mg 元素的烧损程度也就越严重，从而造成焊缝局部"贫镁"，凝固裂纹倾向也就随之增大。

2.2 合金元素偏析与低熔点共晶体的影响

5A06 属于典型的共晶合金，因为散热快，在焊接时冷却速度很快，使合金在固相和液相之间来不及平衡扩散。先凝固的固相中合金元素较少而液相中却含有较多的合金元素，产生偏析，以至于在较少的平均浓度下就出现共晶体，当易熔共晶体成薄膜状展开于晶界上时，会使晶界分离，导致凝固裂纹的出现。易熔共晶体的存在是焊缝收缩时受拉应力产生凝固裂纹的重要原因。

2.3 焊接变形以及应力的影响

5A06 的线膨胀系数较大，比钢约大 1 倍，凝固时的体积收缩率也比较大。经过加热、熔化、凝固易产生较大内应力，结晶区间大的共晶型的铝合金凝固裂纹的倾向较大。当工件结构刚性大，焊缝又是在较大拘束条件下焊接时，产生较大的焊接应力也是促使凝固裂纹产生的重要原因之一。特别是在补焊条件下，更容易产生凝固裂纹。

2.4 冷却速度的影响

通常情况下，冷却速度越大，变形速度或应变增长率也越大，越易于促使产生凝固裂纹。因此，低温下焊接时就有必要采取预热措施。企图用提高焊接线能量的方法来降低冷却速度，以便降低凝固裂纹倾向会适得其反。从降低冷却速度角度考虑，提高线能量是有利的，但是增大线能量却对凝固组织形态不利。但也不宜采取提高焊接速度来限制线能量，而应该是尽可能降低焊接电流。

3 技术方案

由于焊缝的合金系统及其具体成分，对焊接凝固裂纹的产生有根本性的影响，所以合理选定焊缝的合金系统成分并配合适当的焊接工艺参数来控制焊缝金属的凝固裂纹的产生具有实际意义。

3.1 调整焊缝合金系统成分

调整焊缝合金系统成分的影响应从抗裂的角度考虑，TIG 焊接 5A06 时，采用不同的 Al-Mg 合金焊丝可以获得不同 Mg 元素含量的焊缝，焊缝便具有了不同的抗裂性能。Al-Mg 合金焊接时应采用含 Mg 元素量超过 5％ 的焊丝，所以 5A06 焊接时，应采用含 Mg 元素量较高的焊丝为好。

焊接过程中，母材和填充金属中的各种成分在高温电弧下蒸发成为蒸气。沸点越低的物质越容易蒸发，从表 1 中看出金属镁的沸点较低。因此在熔池形成过程中最易蒸发。有用元素的蒸发造成合金元素的损失，影响焊接质量。

Al－Mg 合金焊缝凝固裂纹倾向最大时的成分 Xm 是在 Mg 2％ 左右，焊缝合金中 Mg 元素的含量少于 2％ 时，焊缝具有较大的凝固裂纹倾向。这是由于在焊接过程中，焊缝合金中的 Mg 元素因高温而被严重烧损导致"贫镁"。

由于"贫镁"造成焊缝强度明显偏低而产生凝固裂纹。但是，焊缝合金中 Mg 元素的含量太高则会导致焊缝合金的塑性和耐腐蚀性下降。因此，焊缝合金中 Mg 元素的含量必须控制在一个合适的范围内（5.8％～6.8％）。

表 1　合金元素的沸点　　　　　　　　　　　　　　　　℃

物质	沸点	物质	沸点
Zn	907	Ni	2 459
Mg	1 126	Si	2 467
Mn	2 097	Cu	2 547
Al	2 327	Ti	3 127

3.2　焊丝添加微量元素

由于铝及非热处理强化铝合金从固态到液态无同素异构转变，在无其他细化晶粒措施的情况下，易形成较大的晶粒。在焊接热循环的作用下热影响区的性能的变化、焊材中元素的烧损及母材与焊缝成分的差异等，导致焊接接头的力学性能和耐蚀性低于母材。

为了达到细化晶粒、防止凝固裂纹、提高焊缝力学性能和耐腐蚀性的目的，常采用变质处理，即向填充金属或基体金属添加含有变质剂元素 Ti 和 Ti＋B 等微量元素，可显著降低凝固裂纹敏感性，如用填充金属中含 0.1％～0.3％ Ti 元素的 5B06，特别是在对有缺陷的焊缝补焊时其抗裂性效果尤为明显。

3.2.1　变质剂的作用

所谓变质处理，是指利用向溶液中添加少量元素或其化合物的方式，来控制凝固过程而改变凝固组织，从而达到细化晶粒的方法。变质剂的作用有两个方面：1）作为新相核心，增加晶核数目；2）吸附于某一晶面上阻碍晶面的成长，同时也有助于新相成核。

变质剂一般分为两种类型：第一类，形成弥散状态的难熔物质（金属或化合物），其作用主要在于增加新相核心数目。第二类，多为表面活性物质，其作用在于阻止微小晶粒的成长和聚集，也能促进新相成核。

钛在铝合金中的变质作用是由于形成了 Al_3Ti，它与铝在晶格构造上是相似的，在二元铝合金中加入少量的钛，可促使形成细的三元共晶，从而可以改变组织的尺寸和形状。

3.2.2　细化晶粒对提高抗裂性的作用

晶粒数目愈多，同样的变形量由较多的晶粒来承担，变形比较均匀就不至于造成应力集中，因而金属能承担较大的塑性变形而不断裂，表现出良好的塑性。另外由于细化晶粒的晶界曲折多弯，有利于阻碍裂纹的传播，若裂纹要穿越晶界则需要消耗较多的能量，所以韧性得到提高。

3.3 焊丝的选用

铝合金焊丝选择常需要考虑的要素有：1）抗裂性；2）强度；3）耐蚀性；4）稀释率；5）颜色。因为 5A06 刚性结构焊接的主要问题是凝固裂纹，所以首先必须选择具有良好抗裂性的焊丝。

铝及铝合金的焊丝一般分为两类：同质与异质焊丝。5A06 刚性结构焊接则采用的是异质焊丝 5B06，主要目的是提高合金的抗裂性，因为 5B06 含有变质剂元素钛，见表 2。

表 2　5A06 焊接用焊丝化学成分　　　　　　　　　　　　　　　　%

元素 牌号	Mn	Mg	Cr	Ti	Cu	Zn	Be	Fe	Si
5B06	0.5～0.8	5.8～6.8		0.1～0.3	0.1	0.2	0.001～0.006	0.4	≤0.4
5A06	0.3～0.6	5.8～6.8		0.02～0.1	≤0.05	≤0.2	0.001～0.005	0.4	≤0.4
5356	0.1	5.0	0.1	0.1				0.4	≤0.25

3.4 选择合理焊接工艺参数

焊接工艺参数影响凝固过程的不平衡性和凝固的组织状态，因而影响凝固裂纹的产生。采用热能集中的焊接方法，可防止形成方向性强的粗大柱状晶，因而提高抗裂性。根据实践经验，使用相对小的焊接电流，可以减少熔池过热从而减少 Mg 的烧损，有利于提高焊缝的抗裂性。焊接速度的提高，会增加焊接接头的应变速度，增大裂纹的倾向。由于大部分铝合金的凝固裂纹倾向都比较大，所以，焊接时即使选用了合适的填充金属，在熔合比大的时候，凝固裂纹的倾向也必然会增大，所以增大焊接电流对抑制凝固裂纹也是不利的。

3.5 5A06 凝固裂纹防止的主要工艺措施

（1）热能集中的焊接方法

采用钨极、氦氩混合气体保护焊方法的主要特点是：氦弧的电弧电压高；电弧功率大；温度高，热能集中；焊缝窄且熔深大。这比用纯氩气保护时焊接电流可以减少 30% 以上，从而减小了焊缝的热影响区，提高了焊缝的力学性能。

（2）降低焊接应力和焊接变形的方法

焊接应力和焊接变形是密不可分的因果关系。焊接过程中产生应力的主要原因与温度梯度、焊接材料的厚度和结构刚度等有关，板材越厚，结构刚度越大，夹紧力或紧固力越大，内应力也越大。应力的存在，易使焊接区产生凝固裂纹。故应该尽量降低对焊缝过分的拘束。

（3）焊前预热和焊后缓冷的方法

焊前预热，是预防和控制焊接应力和凝固裂纹的有效措施。这种方法可以防止因温差造成的焊接应力，焊后缓冷同样可以达到减少焊接残余应力的效果。

4 实用范例

过去某些型号中的 5A06 金属膜片贮箱上的法兰和封头经常有焊接凝固裂纹发生，需要经过补焊来排除裂纹。由于 5A06 经过多次焊接加热后会引起焊缝组织晶粒粗大，导致焊缝力学性能的下降，从而影响焊缝质量。通过对 5A06 TIG 产生凝固裂纹机理的深入认识，经过反复实践摸索出了一些抑制凝固裂纹产生的方法。

4.1 采用热能集中的氦氩混合气体保护自动 TIG 焊

用胎具化夹具固定焊件，焊件由变位器带动旋转。采用计算机控制自动焊接。送丝量、保护气体流量、焊接电流、弧长以及焊接速度由计算机软件控制。这种工艺条件下的焊缝均匀美观、焊件变形少、残余应力小，对控制产生凝固裂纹非常有利，焊接参数见表 3。

表 3　焊接参数

焊接材料	焊缝厚度/mm	保护气体	气体流量/(L/min)	焊接电流/A	焊接电压/V	焊接速度/(mm/min)	焊丝牌号	焊丝直径/mm	送丝速度/(mm/min)
5A06	3.5	He+Ar	3+7	138	17	175	5B06	2.0	1 050

4.2 采用柔性夹具，降低焊缝拘束力的措施防止产生凝固裂纹

由于贮箱法兰、封头和壳体是刚性较大的结构件，焊接后焊接残余应力造成的变形比较严重。所以如何正确控制焊接夹具对焊缝的拘束力就显得尤为关键。

实践表明，如果当焊缝完全处于刚性拘束状态时，焊缝金属极易出现凝固裂纹。采用拘束力可调的胎具固定焊件，并且严格控制壳体和法兰、封头之间的配合间隙。刚性拘束贮箱壳体，柔性拘束法兰、封头，并采用反变形的措施克服焊接残余应力造成的凝固裂纹。

4.3 采用焊前预热、焊后缓冷消除焊接残余应力的措施限制凝固裂纹的产生

焊前预热、焊后缓冷也是防止焊接凝固裂纹的有效方法，预热和缓冷的温度参数见表 4。

表 4　预热和缓冷的温度参数

焊接材料	加热方式	焊前预热温度/℃	焊后缓冷加热温度/℃
5A06	电加热	80~100	100~120

焊前预热的温度不宜过高，过高的预热温度会使焊接接头造成氧化，从而影响焊缝的焊接质量。

5　应用效果

通过大量的焊接工艺试验，以及铝合金金属膜片贮箱焊接生产实践的效果检验。采取上述措施后的焊缝质量得到明显提高。这种焊接技术已经被证明对抑制 5A06 焊接中常见的凝固裂纹缺陷效果明显。目前这种焊接技术已成功应用在神舟、探月及各种型号武器装备铝合金金属膜片贮箱的生产上，并为其他后续型号的铝合金金属膜片贮箱研制提供了可靠的焊接技术支持。

6　结论

1）焊缝的合金系统及其具体成分，对焊接凝固裂纹的产生有根本性的影响。大部分铝合金属于共晶型合金，5A06 属于典型的共晶合金。当合金中存在偏析、杂质以及化学成分发生变化时凝固裂纹倾向增大。

2）由于存在低熔点共晶体，焊缝冷却时产生的收缩、剪切应力是产生凝固裂纹的重要原因。

3）易熔共晶的作用，不仅要看其熔点高低，更要看它对界面能的影响。易熔共晶成薄膜状凝固裂纹倾向增大；若成球状凝固裂纹倾向最小。

4）合理匹配焊接工艺参数、采用热能集中的焊接方法、降低刚性结构拘束度，可以降低凝固裂纹的发生率。

参 考 文 献

［1］陈伯蠡．金属焊接性基础．北京:机械工业出版社,1982.
［2］中国机械学会焊接学会．焊接手册．北京:机械工业出版社,1992.
［3］邹增大．焊接材料、工艺及设备手册．北京:化学工业出版社,2001.
［4］李永安,等．实用焊接技术手册．北京:水利电力出版社,1985.
［5］史美堂．金属材料及热处理．上海:科学技术出版社,1980.
［6］水野政夫,簑田和之,阪口章．铝及铝合金的焊接．许惠姿,译．北京:冶金工业出版社,1985.

铜合金内胆的成形与焊接

毛顺正　杜文新　解占新

航天七院 7105 厂

摘　要　低温锁柜内胆是我厂承制的某型号产品的重要零件，本文以铜合金内胆为研究对象，分析了其结构特点、加工难点及弯曲、焊接加工变形的主要原因，重点对零件防变形装夹、工艺流程、焊接方法进行改进和优化。该方案经实践证明切实有效。

关键词　内胆　变形　装夹　焊接

1　引言

内胆是某型号产品的重要零件，该零件材料为铜合金 H62-Y，由于零件形状复杂，壁薄，焊缝长，尺寸精度及焊接质量要求高，加工时若采用一般工艺流程和常规焊接方法加工，加工变形及焊接性能难以可靠控制。本文以内胆结构的工艺性、变形控制及焊接方法进行了针对性工艺攻关，并获得成功。

2　背景介绍

该内胆为矩形壳体结构，壁厚最薄处 2 mm，由壳体、加强筋、散热块组成（如图 1 所示），根据其结构特点，设计上拆分成左、右两部分进行加工。

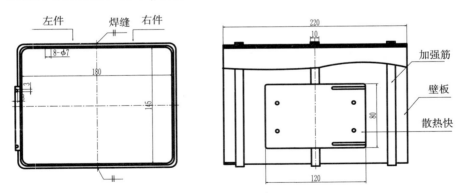

图 1　内胆结构图

主要技术指标：

1）外形尺寸 220 mm×180 mm×145 mm，壁板厚 2 mm，公差 IT14。

2）平面度≤0.2 mm。

3）焊缝无渗漏。

3 技术难点

3.1 结构复杂

该零件采用两块外形不同的薄铜板分别铣削、弯曲后拼接成内胆主体，再由外部多处较厚铜板加工成加强筋依次拼焊成形，结构较为复杂。由于弯曲处厚度不一致，其弯曲收缩率不同，难以控制弯曲变形。

3.2 零件壁薄易变形

零件材料采用铜板 H62－Y，由于铜材具有较高散热性，且焊缝较长，焊接过程中材料受热不均易产生变形。

3.3 焊接质量要求高

该零件要求满焊，焊缝无渗漏。在我厂现有设备条件下，对铜板 H62－Y 一般采用气焊工艺，气焊焊后变形较大，极易导致最终的校形开裂，难以保证产品质量。

4 技术方案

4.1 零件拆分

由于零件外形较大、形状复杂，整体成形难度大、造价高，适合分体成形。我们首先将零件按不同弯曲厚度进行再拆解，然后逐一弯曲。拆分件为：内胆左、内胆右、加强筋，共三部分。

由于零件整体厚度不一致，壁薄处为 2 mm，壁厚处为 5 mm，其弯曲收缩率也不同，分别为 0.46 和 2.09，采用分体弯曲方法可有效控制弯曲形状，保证弯曲质量。

4.2 防焊接变形工装设计

合理设计防变形定位装夹工装是减小焊接变形、提高腔体及焊接质量、获得高尺寸精度的前提。

零件采用铜板 H62－Y，具有较高散热性，热量不易聚集，且由于焊缝较长，焊接过程中材料受热不均产生变形，由于变形较大，在后续的校形过程中，焊缝极易出现开裂现象，难以保证焊接质量。

鉴于以上情况，防变形工装的设计成为重要的工艺技术问题，结合一些常规装夹方式的优点及零件的结构特点，设计制作了防变形垫板（如图 2 所示）及卡揽（如图 3 所示），该工装通过防变形垫板与弓形夹对焊接零件的夹紧（如图 4 所示），以大面贴合定位方式，控制零件各向移动及转动，解决了零件焊接过程中因受热变形出现移动及减小焊后变形的问题，从而保证零件外形尺寸。

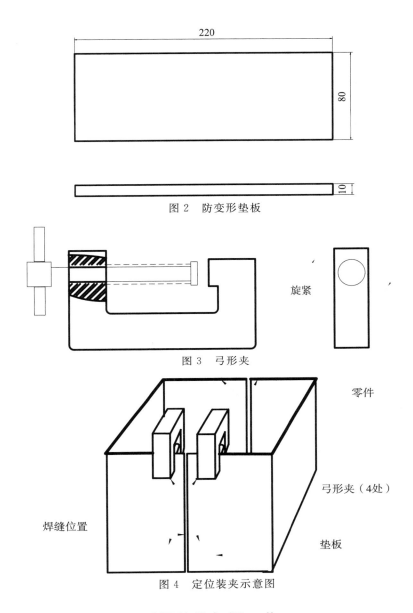

图 2　防变形垫板

图 3　弓形夹

图 4　定位装夹示意图

旋紧

零件

弓形夹（4处）

焊缝位置

垫板

4.3　改变焊接方法，用氩弧焊替代气焊工艺

按焊接典型工艺要求，铜板焊接通常采用气焊添加银焊丝的焊接方法，由于该零件为厚度 2 mm 薄铜板，且焊缝较长，采用气焊，焊接过程中散热快，焊件受热不均，易变性，焊接难度大，无法保证焊接质量。经过其他外协单位的几次焊接，均未达到合格要求（见表1）。经过反复观察、思考，我们认为：导致焊后变形、焊缝质量差的原因主要是气焊加热慢、时间长，零件受热面大、温度不均造成的。通过工艺攻关，最终，我们尝试采用氩弧焊焊接替代气焊，这样就可以解决气焊加热慢，零件受热面大的缺陷，但采用氩弧焊焊接铜板的工艺在我厂还从未尝试过，焊接方法、技术参数、焊接性能等都是未知数，我们首先按通用焊接工艺参数进行焊接试验，未到焊接质量要求；其后我们采用预热焊接

方法进行尝试，仍然未达焊接质量要求，但每一次试验都有更进一步提高，通过数十次焊接方式的大胆尝试和工艺试验以及工艺参数的不断完善，终于获得成功。

采用氩弧焊焊接薄铜板的工艺方法，通过减小零件受热面积，提高局部焊接温度，控制焊接时间，使焊缝在短时间内迅速完成熔合，有效地解决了焊接后严重变形的问题，从而保证了零件外形尺寸及焊接质量，大大提高了生产效率。

表 1　2012 年不合格品调查情况

项目内容＼厂家	X 厂	Y 厂	Z 厂	总计
加工数量/件	2	2（试件）	2（试件）	6
合格数量/件	0	0	0	0
一次交检合格率/％	0	0	0	0

4.4　优化焊接工艺参数

在有效解决零件焊后变形的基础上，我们对焊丝及焊接参数进行了再优化，通过对几种焊丝化学成分的对比，通过焊接试验及对焊缝抗拉强度、抗疲劳弯曲、熔合性等指标的技术检测，最终选定了采用漆包线 QZ－2，通过化学退漆及表面清洗处理后作为焊丝。经过数十次的改进、完善，逐步确定了最佳焊接工艺参数，制订了完整的焊接方案。试验件焊接理化检测报告见表 2。

表 2　试验件理化检测报告（编号：1h2012－23－J）

焊丝＼试件	试件 1	试件 2	试件 3	抗疲劳性	结论
丝 H62	391 MPa	360 MPa	366 MPa	较好	较适合
丝 QZ－2	390 MPa	361 MPa	375 MPa	好	适合

4.4.1　使用焊机及焊丝

氩弧焊焊机 WP300。

焊丝牌号 QZ－2，直径 $\phi2$。

采用焊丝 QZ－2，在保证焊接强度的前提下，使焊缝保持较高塑性，有效避免校形时产生的冷作硬化现象，进一步保证产品质量。

4.4.2　焊接工艺参数

电流 I：160～200 A。

电压 V：35 V。

气流量 Q：9～10 L/min。

钨极直径 D_w：$\phi3$ mm。

喷嘴直径 D_z：$\phi10$ mm。

5 技术实施效果

通过多途径的工艺控制，保证了内胆零件的加工、焊接质量，生产效率提高了200%，合格率由原来的0提高到100%，大大提高了生产效率及产品合格率，使我厂承制的某重要型号产品急任务生产得以顺利进行，圆满完成。

通过研制生产，内胆各项检测参数达到了设计指标要求，检测结果见表3。

表3　内胆检测结果统计表

投产数量/件	合格数/件	合格率/%
4	4	100

6 结论

综上所述，通过对内胆成形与焊接工艺方法改进，采取拆分成形、工装定位及氩弧焊接等防变形控制措施，解决了薄铜板加工变形不易控制的难题，零件外形尺寸、气密性等满足设计要求；通过优化焊接工艺参数及采用QZ-2焊丝的方法，有效避免了焊缝易开裂的问题，提高了焊缝的力学性能，产品质量得到有效保证。同时，这些技术对其他领域类似薄壁铜合金件加工也具有一定借鉴意义。

小直径薄壁铝合金管焊接技术

肖怀国

航天七院 7304 厂

摘　要　本文主要针对小直径薄壁铝合金管的焊接问题展开了研究，对气孔、裂纹、透料、应力等问题产生原因进行了分析，对焊接过程中措施的有效性和适应性进行了验证，验证结果表明方法有效，措施可行，提高了产品质量。

关键词　小直径　薄壁　焊接缺陷　措施　质量提升

1　引言

滑油管是某型号发动机传输滑油的关键零件，为提高产品性能，工艺在原外观和打压检查的基础上增加了射线和着色检查，并且管内不允许透料，使焊接难度加倍，加之管路异形不易操作，焊接缺陷多，使得该零件的焊接成为了技术上的瓶颈。

本文通过对材料焊接性能和缺陷的分析，采取针对性措施，在操作方法和工艺措施上进行了研究和改进。

2　存在的问题

2.1　现状

滑油管零件（见图 1），是由直径 $\phi 12$ mm、壁厚 1 mm 的铝导管经弯曲后两端焊上带螺纹的管咀组合而成，呈插入式搭接环形角焊缝；其壁薄、管径小、360°环形缝、结构异型等特点均给操作带来困难；统计前期焊接质量合格率仅为 37%，完全是以数量保质量的生产模式，耗工耗时，严重制约生产进度。

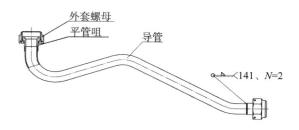

图 1　滑油管零件结构示意图

2.2 检测要求

该焊缝均按 QJ2865－1997 Ⅱ级标准进行外观、射线、着色检查，再经 2.0 MPa 的气密性检测，由此对表面和焊缝内部焊接缺陷作出判断。

2.3 主要焊接缺陷和难点

根据焊缝接头构成（见图 2），其缺陷和难点归纳如下：

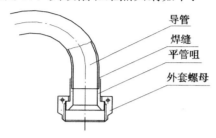

导管
焊缝
平管咀
外套螺母

图 2　焊缝结构示意图

1）焊缝存在气孔；

2）容易产生裂纹；

3）管内极易透料：为了保证滑油的畅通性，管内不允许有透料现象；

4）要求最大限度减小焊接应力：在总装过程中滑油管需承受一定程度的校正，以及在产品运行过程中的振动，给零件带来极大考验（曾有焊缝熔合线处断裂的事件发生），所以要求最大限度减小焊接应力。

3 材料的焊接性分析

3.1 零件的材料

该零件设计选用材料为 Al－Mg 合金，牌号为 5A02－O（LF2M）。

3.2 材料的焊接特性

铝合金具有熔点低、热膨胀系数大、易氧化、高温强度低等特点，焊接时存在以下主要困难。

（1）铝的氧化

铝在常温下表面就能被氧化而生成一层致密的氧化膜，其熔点可达 2 050 ℃（而纯铝只有 660 ℃）。焊接过程中，难熔的氧化膜容易造成夹渣，同时氧化膜吸附的一定量的结晶水致使气孔产生，所以焊前将其要清理干净。

（2）气孔

液态铝合金溶解氢的能力强，高温下熔池溶入大量的氢，熔池很快凝固，气体来不及析出而形成气孔；焊接时应加强保护。

（3）热裂纹

铝的热膨胀系数比钢大1倍，而凝固收缩率比钢大2倍，焊接时会产生较大的焊接应力。当成分中的杂质超过规定范围时，在熔池凝固过程中形成较多的低熔共晶，二者共同作用产生热裂纹。为了防止热裂纹，焊前应进行预热。

（4）塌陷

铝合金熔点低，高温强度低，而且熔化时没有显著的颜色变化，因此焊接时，常因温度过高无法察觉而导致塌陷。为了防止塌陷，应熟练掌握焊接技术并控制好参数。

4 滑油管焊接缺陷成因分析

4.1 气孔的成因分析

（1）气孔来源

气孔是铝合金焊接的常见问题，产生气孔的原因有很多，主要有以下四方面：

1）母材和焊丝化学成分所致；

2）焊缝及周边的油污、水分、氧化膜等所致；

3）环境的温湿度，空气中的水分所致；

4）与保护气体的纯度、焊枪保护效果、零件结构、操作手法等因素有关。

（2）气孔产生的机理

气孔产生的机理如图3所示。

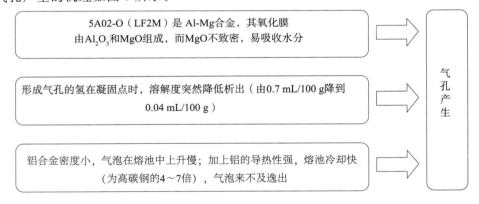

图3 气孔产生机理图

4.2 裂纹的成因分析

（1）导管加工对产生裂纹的影响分析

由于管子是采用手工弯制，易产生局部压痕、褶皱、划伤等缺陷；负载时，在该处产生应力集中，形成裂纹源。

（2）焊丝对产生裂纹的影响分析

原零件焊接时采用的是铝锰焊丝，牌号 LF21M，该焊丝与母材成分差异较大，使焊缝的抗裂纹的特性下降。

（3）裂纹的性质及成因

5A02－O 为共晶型铝合金，母材成分对焊接裂纹有本质上的影响；该零件的焊接有产生应力腐蚀裂纹（见图 4）的可能。

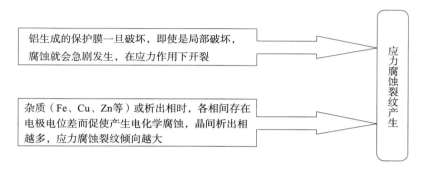

图 4　腐蚀裂纹产生机理

4.3　透料成因分析

由于导管和平管嘴均为壁厚 1 mm，直径 ϕ12 mm 的铝合金管，其壁薄、管小的特性造成焊接难度大。一方面，零件瞬间被加热，零件小热量集中，多余热量会直接导致管内透料；另一方面，操作上如果速度过快焊缝会未熔合，速度稍慢管内就会透料，造成畅通检查不过关。

4.4　应力成因分析

经分析，应力主要由四个方面构成：

1）由于管子是采用手工弯制的，在弯制成型后管内难免会存在一些残余应力；

2）全封闭焊缝本身的特性就是应力集中和不均匀性；

3）焊缝高低、宽窄不一致造成应力加剧；

4）焊缝的补焊造成应力叠加。

5　技术方案

5.1　焊接气孔控制

（1）环境控制

环境的温湿度对铝合金的气孔影响很大，越干燥的环境越能有效减少气孔的产生，经试验，当环境湿度控制在 60％时，气孔仍然较为严重，当环境湿度被控制在 40％以下时，效果就明显改善。在工艺控制上要求室内温度≥15 ℃，湿度≤40％。

（2）焊前准备控制

零件和焊丝表面处理后入 120 ℃ 烘箱保温 0.5 h，彻底烘干；焊接前用刮刀清理坡口及 15 mm 范围的氧化皮；并要求零件在表面处理后 8 h 内施焊。

（3）操作手法控制

该滑油管焊缝呈环状，保护气体会随圆管边缘分散开，造成保护不良，焊枪的喷嘴角度至关重要，可上下呈 90°、向右偏 15°～20°持枪，让喷嘴始终对熔池进行良好的保护；添丝时焊丝的端面不能离开氩气保护范围，以免扰动保护气流，影响保护效果。

5.2 裂纹控制

裂纹在焊缝中是绝对不允许存在的，根据分析结果，将原工艺采用的铝锰焊丝（牌号 LF21M），改为 5A02 焊丝，使化学成分最大可能地接近母材，以减少裂纹的产生。

操作上整条焊缝一次焊成，避免中途熄弧、起弧。为便于操作，起弧点应选在管子的最小夹角前 10 mm 位置，在图 5 中就应选在内角向前位置起弧，可避免焊接过程中导管摆臂影响人的操作。

5.3 管内透料控制

为了保证滑油的通畅性，工艺明确规定管内不允许有透料现象，而 1 mm＋1 mm 铝合金在操作上又难以保证这一点；经探索，总结了一套较为有效的方法：

1）设计焊接专用工装（见图 5），既可夹持零件实现 360°旋转，又可提高散热均匀性。

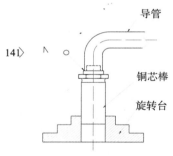

图 5　焊接专用工装示意图

2）改进匀速旋转为差速旋转，速度则根据操作者的要求适时控制，始焊段零件温度低，速度要慢一些，随着零件温度不断升高，速度也要随之加快；在未透料前将熔池向前移动。

5.4 焊接应力控制

为减小接头不等强、控制焊接应力的产生，采取如下措施：

1）采用小线能量进行焊接。

2）减少补焊概率，尽量做到一次合格，因为补焊既影响焊缝成型又形成应力叠加。

3）控制焊缝宽度和余高，余高不超过平管嘴 0.8 mm 为宜；焊接中平管嘴往往会先熔化，操作不当平管嘴壁会烧缺，将焊缝增宽，操作时应注意观察熔池变化，随时变动速度和电弧位置来控制。

6　效果验证

通过改进工艺措施和操作方法后，对后续加工的零件进行了质量跟踪，改进前后对比见表 1。

表 1　工艺措施和操作方法改进前后零件加工合格率对比

项 目	改进前	改进后第一次	改进后第二次	改进后第三次
合格率	37%	90%	96%	97%

7　结论

通过对小直径薄壁铝合金管零件焊接气孔、裂纹、透料等缺陷产生的机理进行分析，选用合适的焊丝；运用化学和机械清理两种办法来清理氧化皮，零件和焊丝表处后入 120 ℃烘箱保温 0.5 h，并严格要求在 8 h 内施焊，焊接前用钢丝刷或刮刀清理坡口及 15 mm范围的氧化皮等工艺措施，有效控制了焊接气孔、裂纹的生成。

制作了焊接的专用工装，避免了在同一焊缝多次熄弧引弧，减少焊接能量的输入，采用小电流焊接，运用操作技巧，减少补焊率，实现减少透料产生和对应力的控制；使滑油管最终焊接一次交检合格率达到 97%以上，这说明对小直径薄壁铝合金管焊接所采取的方法与措施是有效的。

参 考 文 献

［1］　周振丰 . 焊接冶金与金属的焊接性 . 北京：机械工业出版社,1998.
［2］　游建颖 . 焊工 . 北京：中国劳动社会保障出版社,2002.
［3］　俞尚知 . 焊接工艺人员手册 . 上海：上海科学技术出版社,1991.

平面缝隙阵列天线氮气保护

茹国宪

航天八院 802 所

摘　要　针对平面缝隙阵列天线结构复杂、壁薄、多腔、精度要求高等特点，在多年实践中总结出了炉温均匀性控制、工装设计和钎焊工艺参数控制等技术，能够显著提高平面缝隙阵列天线的钎焊质量。

关键词　平面缝隙阵列天线　氮气保护钎焊　钎焊工艺

1　引言

平面缝隙阵列天线（以下简称平板天线）具有增益高、副瓣低、体积小、质量轻、抗干扰能力强等优点[1]，广泛应用于现代导弹制导系统。我国从 20 世纪 70 年代开始进行平板天线的研究，在理论分析、设计方法、实验研究、加工工艺等各方面做了大量卓有成效的工作[2]。

与抛物面天线相比，平板天线具有以下优点：效率高，可达 45％～55％，抛物面天线仅为 30％～40％；副瓣电平小，仅为 $-25 \sim -20$ dB，抛物面天线为 $-10 \sim -20$ dB；质量轻，约为抛物面天线的 1/5～1/3；旋转角大，可实现天线伺服系统 50°大转角旋转，抛物面天线伺服系统仅为 40°[3]。

作为制导系统的核心部件，平板天线的性能对导弹的战术指标有着重要的影响。平板天线具有多层、空腔、薄壁等特点，零件精度要求高，同时由于天线微小型化特点，平板天线要求辐射阵面、馈电网络、功分/和差网络高度集成一体，各波导间及波导层间必须封装良好。因此，平板天线的制造存在着很大困难，其高精密成形和高精密焊接是实现天线高技战术要求的关键。

氮气气氛保护钎焊是在钎焊过程中充入纯度大于 99.99％的氮气对钎焊环境进行保护的一种钎焊手段，相对于真空钎焊，具有设备简单、生产成本低、加热速度快等优点，在铝合金器件的钎焊中具有广泛的应用[4-5]。

本文以某型号 3A21 材料平板天线的氮气保护钎焊为例，介绍了在炉温均匀性控制、钎焊工装设计、钎剂配方和工艺参数选择等方面的经验。

2　技术难点

平板天线通常由辐射板、馈电腔、功分/合成网络等部件钎焊而成，其显著特点是多层、空腔和薄壁，且焊后要求各部件的平面度均小于 0.1 mm、总厚度公差 $\delta \leqslant 0.2$ mm 等指标。平板天线钎焊的难点主要体现在以下方面：

1）炉温均匀性要求高。铝钎焊的温度范围比较窄，若钎焊温度控制不当，工件要么局部温度过高产生过烧，要么局部温度过低导致钎料不流动，从而造成钎焊失败。因此对加热区的炉温均匀性要求就非常严格，一般不能超过±3 ℃，需要采用合适的装置对炉温均匀性进行控制。

2）装夹困难。平板天线由多层薄壁板叠合而成，在钎焊中如果装夹不牢，会出现钎焊变形、焊缝脱开等问题；且局部区域有悬空部位，在钎焊时因受热变形悬空部分会塌陷，导致焊后平面度差，进而影响电性能，因此平板天线的钎焊装夹设计是减少钎焊变形、保证天线性能的关键。

3）对钎剂的性能等要求较高。常规钎剂存在熔点偏低，去氧化膜能力不强，钎料流动性差等缺点，影响了钎焊质量，需要根据钎焊要求，对钎剂配方进行改进。

4）钎焊工艺参数需精确控制。平板天线钎焊时的钎焊温度、保温时间等工艺参数对保证焊透率及控制钎焊变形具有重要影响，必须通过大量的工艺试验确定最佳的工艺参数。

3　技术方案

3.1　炉温均匀性控制

钎焊温度的精确控制是铝合金钎焊中首要的关键性工艺问题。国内普遍采用传统的控温精度很低的经验控温法[4]，通过控制炉温和加热时间有时辅以肉眼观察的方法来间接控制工件温度。由于炉腔尺寸较大，各个部位的温度相差较大，难以对工件温度进行直接、准确的监测，影响了产品的钎焊质量。

针对钎焊过程对温度均匀性要求较高的特点，为准确地反映工作区域内的温度情况，以热电偶为测温器件，设计制造了专用测温设备进行温度检测，并根据测温结构对炉温设置进行调整，以满足钎焊时的温度曲线。

炉温均匀性测试设备的结构如图1所示，由热电偶、数字电位差计和测温架组成，在测温架上设定若干个测温点并放置热电偶，由电位差计测得测温点的温度，比较各个测量点的温度与设定温度的差值，即可得出测量区域的温度均匀性。

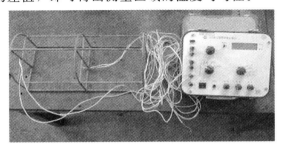

图1　炉温均匀性测试设备

在热电偶方面，目前常用的热电偶如表 1 所示，由于铝合金钎焊的温度在 600～650 ℃，综合各种热电偶的优缺点，可选用镍铬-镍硅作为热电偶的材料。

表 1　常用热电偶特性比较

热电偶类型	常用测量范围	价格	精度	化学稳定性
铂铑-铂	1 000～1 300 ℃	昂贵	高	容易变质
镍铬-镍硅	1 000 ℃ 以下	便宜	较高	较稳定
镍铬-考铜	600 ℃ 以下	便宜	一般	容易氧化

在电位差计方面，可选用 UJ33D－2 型数字电位差计，将热电偶两端的电动势直接转化为可直接读取的温度数据，测温范围为 0～800 ℃，分辨率达到 0.1 ℃，满足测量要求。

测温架的尺寸需根据钎焊区域进行设计，一般取 280 mm×280 mm×350 mm。在两侧面及中间截面的接点处均设置固定装置以方便放置热电偶，最多可设置 21 个测温点，可以按照工件大小和形状选定测温点位置和数目，保证了测温架的通用性。

采用炉温检测设备对钎焊工作区域的温度实行检测，如工作区域的温度高于或低于钎焊时的工作温度，可调整炉温设定值以满足当时的温度要求。

3.2　螺纹压紧钎焊工装设计

传统钎焊工装通常采用碳钢加高温弹簧，或者采用依靠工件自重的方式，对工件进行压紧。这两种工装均难以保证各点压力分布均匀，尤其是中心点受力不够，容易造成钎焊后焊缝不均匀、不致密、漏焊；在钎焊工装材料方面，较多采用比热较小的碳钢，但碳钢容易氧化脱落和变形，造成焊后工件表面不平整，影响了工件的平面度。

针对平板天线的特点，采用螺纹压紧工装，如图 2 所示，在一块平板上按零件结构加工螺纹孔，再用螺柱穿过螺纹孔对需要压紧的面进行挤压的方式进行施加压力，这种方法可根据需要对各点上的压力进行调整，使得每条焊缝的间隙能够满足要求。试验表明，螺纹压紧工装能够保证焊缝光滑、均匀、致密，并且高度容易调节，保证了工装的通用性。

图 2　平板天线螺纹压紧工装

工装材料方面，采用不锈钢材料，减少了工装的氧化，提高了工装的利用率，并在产品与工装板之间放置石墨块，由于石墨块在高温情况下不变形，不会对产品表面产生影响，保证了产品的平面度要求。

3.3 钎剂配方改进

钎剂的优劣对钎焊质量有着关键性的影响，对于铝合金硬钎焊来说，钎剂要满足以下条件：

1) pH 值应呈弱碱性，如果 pH 值呈酸性，则产品在焊后容易腐蚀，但钎剂的碱性过强，也会影响到其活化作用；

2) 钎剂的熔点不得超过 565 ℃，以（560±4）℃为最佳，钎剂的熔点越高，从钎剂熔化到钎料熔化的升温时间会越短；

3) 钎剂要有较强的去氧化膜能力和较长的有效活化时间，保证钎料的流动性。

铝合金钎焊中主要使用从市场上购置的氟铝酸钾钎剂，但实践中发现该钎剂存在熔点偏低，去氧化膜能力不强，钎料流动性差等缺点，造成产品钎焊质量不高，需要在原钎剂的基础上，通过添加相应的 KOH，KCl 和 KF 等化学物质，对其性能进行改善。

由于原钎剂的 pH 值呈酸性，可添加 KOH 调整钎剂的 pH 值，使钎剂呈偏碱性；添加 KCl 和 KF 增加钎剂的去氧化膜能力，延长钎剂的有效活化时间。但是如果上述化学物质添加过多，会增加 K^+ 的含量，造成钎剂熔点升高，因此可根据钎剂的 pH 值和熔点确定上述物质的初始配比，然后通过钎焊工艺试验检验钎剂的应用效果，并不断调整配比，直至最终确定最佳的钎剂配方。

试验表明，钎剂中 $K^+/Al^+=1.92$ 时，呈偏碱性（pH$\approx$7.5），钎剂熔点可以控制在 558~564 ℃之间，满足钎焊温度要求，改进前后的钎剂对比如表 2 所示。

表 2　钎剂改进前后性能对比

	组成 K^+/Al^+	pH 值	熔化温度/℃	有效活化时间
改进前	1.81	弱酸性	550~555	约 2 min
改进后	1.92	弱碱性	558~564	约 3 min

采用改进前后的钎剂，制作 3A21 材料试片，进行平面铺展试验和钎料流动性试验，钎焊温度为 620 ℃。平面铺展试验在大气中进行，钎料用量为 $\phi1.0$ mm×10 mm，钎剂以粉末状直接覆盖在钎料上面，以测定的钎料铺展面积来评估钎料对母材的润湿性；钎料流动性试验在氮气保护条件下进行，为装配方便，将垂直板变成弓形置于底板上，如图 3 所示，钎料用量 $\phi1.5$ mm×50 mm，以测定钎料沿接头的流动长度及观察钎缝表面成形质量来评估母材在该条件下的钎焊性。

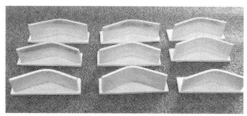

图 3　钎料流动性试验

试验结果如表 3 所示。

表3 钎剂改进前后工艺试验结果

	铺展面积/mm²	流动长度/mm	钎缝表面质量
改进前	240	120	成形差，有气孔
改进后	300	150	光滑连续，无气孔

从表3中可以看出，钎剂配方调整后，钎料的铺展面积和流动长度及钎缝的表面质量均有较大的提高。

3.4 钎焊工艺参数优化

在钎焊过程中，钎焊温度和加热速度对钎焊质量有很大影响。由于平板天线各层平板之间厚薄比、平面和波导壁之比相差悬殊，以及天线材料和工装材料的热容量不同，导致钎焊过程中各点温度不均匀，引起焊件芯部和边缘钎料熔化不均匀，外部熔蚀，芯部不熔，钎透率不合格。所以采用"定温、快速加热、短时间钎焊"的工艺措施，让焊件在不同温度下保温一定时间，当温度达到一致快速加热，短时间内完成钎焊过程。

在钎焊速度方面，加热速度越快，获得同等钎焊质量所需钎剂量越少，生产效率也越高；而加热速度越慢，停留时间越长，钎剂活性越差，越容易失效。根据钎焊炉的加热速度，生产中一般采用15～30 ℃/min的加热速度。

在钎焊温度和钎焊时间方面，采用钎料流动性试验进行对比试验，研究在不同钎焊温度和钎焊时间下钎料的流动性及焊缝的质量情况。试验表明，工件为6063材料时最佳钎焊温度为605～612 ℃，钎焊时间为3～6 min；工件为3A21材料时最佳钎焊温度为618～625 ℃，钎焊时间为3～6 min。

4 实用范例

4.1 试验设备

南京年达炉业科技有限公司氮基气氛保护钎焊炉，炉腔尺寸为400 mm×400 mm×650 mm，加热功率为66 kW，其结构模型如图4所示。

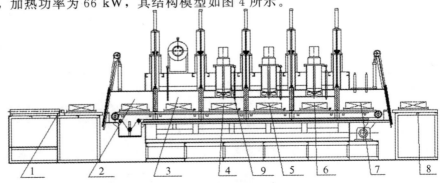

图4 氮基气氛保护钎焊炉结构示意图

1—前推料机构；2—静态室；3—第一预热室；4—第二预热室；
5—第一钎焊室；6—第二钎焊室；7—强冷室；8—出料台；9—搅拌风机

4.2 试验对象

某型号 $\phi 203$ mm 平板天线，工件材料 3A21，其结构模型如图 5 所示。

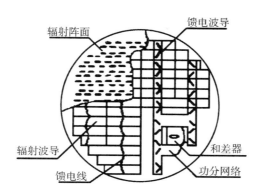

图 5 平板天线结构示意图

4.3 试验过程

1) 焊前清洗。零件和钎料进行焊前清洗，按铝及铝合金化学腐蚀典型工艺，进行有机溶剂除油、金属清洗剂去油、化学去油、化学腐蚀、干燥等操作，清洗后的工件应用干净油纸包装，并在 24 h 内完成钎焊。

2) 装配。零件和钎料在干净工作台上进行组装，装配时按照工件钎焊结构，采取台肩、劈铆、销钉等方法固定，然后放置钎料，钎料需与焊缝紧密接触，再加钎剂，钎剂需完全覆盖钎料及焊缝。工件装配后，将其放在测温架内部，用纯铝丝捆扎以防止工件在钎焊过程中滑动。

3) 钎焊。钎焊先后在钎焊炉的第一预热室、第二预室、钎焊室和冷却室进行，钎焊工艺曲线如图 6 所示。

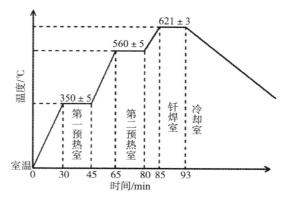

图 6 平板天线钎焊工艺曲线

4）焊后清洗。将钎焊后的工件用 10％～15％ 的柠檬酸溶液煮洗 10～15 min，用清水冲洗干净；再用超声波清洗仪清洗 5～10 min，用清水冲洗干净；在清理焊剂过程中，在不损伤产品条件下，允许用钝头竹片刮、铲等机械方法。

4.4 产品质量检测

按以下要求对焊后平板天线的性能进行检测：

1）焊缝饱满、光滑、均匀连续；

2）腔体内无残余物；

3）总厚度公差 $\delta \leqslant 0.2$ mm；

4）平面度小于 0.1 mm。

为检验焊缝质量，可取试验件进行采用线切割解剖处理，如图 7 所示。

图 7　平板天线焊缝线切割解剖处理

5　结 论

平板天线氮气保护钎焊技术的研究，综合采用了炉温均匀性控制、优化钎焊工装、改进钎剂配方和调整钎焊工艺参数等手段，保证了平板天线的高质量钎焊，生产合格率达到 99％ 以上，为日益广泛应用的平板天线制造提供了技术保证。

参 考 文 献

[1] 江燕．平板缝隙阵天线工艺研究．电子机械工程，2000，6：58-61．

[2] 谢义水，张光元，刘秀丽，等．毫米波平板缝隙阵天线工艺设计与制造．电视技术，2008，48(12)：87-89．

[3] 高山林．波导隙缝阵列平板天线的精密加工技术．制导与引信，2004，25(2)：47-52．

[4] 徐胜，徐道荣．铝及铝合金钎焊技术的研究现状．轻合金加工技术，2004，32(1)：1-4．

[5] 张启运，庄鸿寿．钎焊手册．北京：机械工业出版社，1998．

热管焊接问题剖析与改进

陈育德

航天八院 812 所

摘　要　为了克服传统热管堆焊密封工艺的固有缺陷，本文在分析了传统热管堆焊密封工艺优缺点的基础上，提出了热管堵头封焊工艺，并进行了相应的工艺试验研究。通过试验确定了热管堵头封焊各工艺参数和堵头形式，并证明采用堵头封焊同样可以达到热管的高气密性要求。采用堵头封焊工艺可以有效地缩短焊接时间，提高热管焊接生产效率和焊接质量，延长热管的使用寿命，并为自动封焊打下技术基础。

关键词　热管　封焊　手工氩弧焊

1　引言

　　热管是封闭的管壳中充以工作介质并利用介质的相变吸热和放热进行热交换的高效换热元件。热管作为卫星的重要控温元件，其制造过程复杂且技术难度高。其中热管管壳封焊是热管制造过程的一个重要环节，其焊缝质量直接影响热管的使用性能。为保证热管中工质充装后的密封效果，热管管壳焊接后的焊缝质量要满足航天工业行业强制性标准 I 级焊缝的要求，焊缝的气密性（漏率）要达到 1×10^{-8} Pa·m³/s。另外，热管截面形状复杂并具有大量的毛细槽道，热管壁厚也只有 $0.8 \sim 1.5$ mm，这些都增加了焊接操作的难度。

　　目前国内热管封焊都采用手工氩弧焊堆焊方式，不仅效率低而且焊后热管内部热影响区较大，影响热管的使用性能[1-2]。本文对传统手工氩弧焊堆焊方式进行了分析，总结出目前热管封焊的技术的难点和关键点，进行新的堵头焊接形式和工艺参数研究，提高了热管封焊焊缝质量和热管的使用性能。

2　技术难点

　　一般的卫星用热管由管壳（热管型材）、管芯（充液管）和工质（液态氨）组成。卫星用热管实物如图 1 所示，热管结构示意图如图 2 所示。

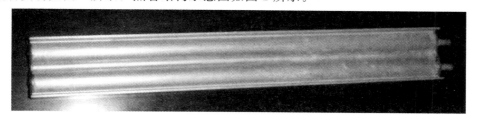

图 1　卫星用热管实物图

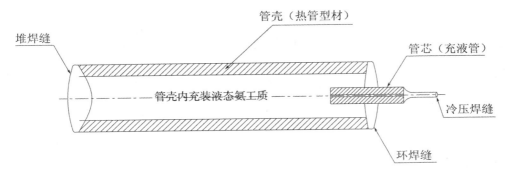

图 2　热管结构示意图

　　为了使热管在同等条件下传热能力更大、质量更轻，目前国内各型号卫星都开始大量用"Ω"形槽道热管逐步取代旧式的倒梯形槽道热管。但"Ω"形槽道热管的截面形状复杂，热管对气密性又有非常高的要求，这给热管封焊提出了非常大的难题。图 3 所示为常用槽道热管截面图。

（a）梯形槽道热管

（b）"Ω"形槽道热管

图 3　常用槽道热管截面图

　　传统热管封焊都采用手工氩弧焊堆焊方式，焊接一次合格率大约在 80% 左右。堆焊首先要空烧热管一圈，熔化掉热管端口复杂的"Ω"形槽道，然后施行堆焊密封。根据管径的不同，堆焊层数为 4 到 8 层不等，大口径的"Ω"形槽道热管的单孔单边堆焊时间超过十几分钟，严重影响热管的生产效率。同时由于热管焊接时间长，焊接热影响区较大，热影响区组织过热导致晶粒粗大，容易发生晶间腐蚀，降低了热管的使用寿命。另外，在堆焊过程中，电弧很容易因为操作人员手的抖动而打到热管内壁，使热管焊缝周围内壁过烧并形成一层氧化膜，这层氧化膜改变了热管两端内部与传热介质的接触状态，降低了热管的等温性能，也降低了热管的使用寿命。

3　技术方案

　　选用 30 mm×29.1 mm 的双孔"Ω"形槽道热管（截面尺寸如图 4 所示）进行试验，

热管长度为 500 mm。

　　本文首先对堵头形式做了摸底试验，根据 30 mm×29.1 mm 双孔"Ω"形槽道热管截面形状，同时考虑在实际施焊时堵头安装定位的方便，设计了如图 5 所示的台阶式堵头（有大、小两种）。两种堵头的焊缝形式如图 6 所示，为了保证热管产品的平面度要求，焊接后焊缝表面要修锉平整。

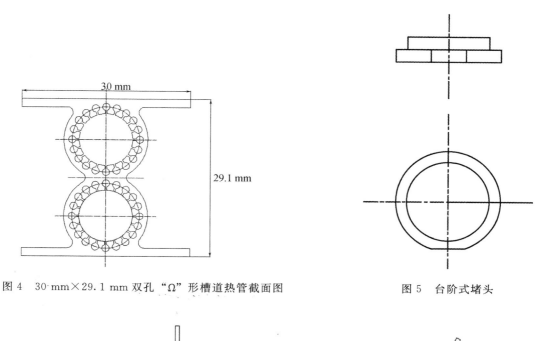

图 4　30 mm×29.1 mm 双孔"Ω"形槽道热管截面图　　　　图 5　台阶式堵头

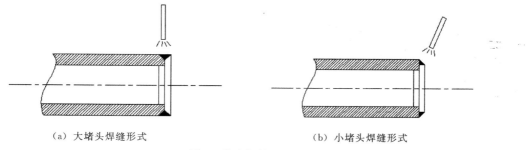

（a）大堵头焊缝形式　　　　　　　（b）小堵头焊缝形式

图 6　堵头焊缝形式

　　之后在摸底试验的基础上，经过改进设计了如图 7 所示的改良型堵头，为了方便热管工质的充装，又设计了如图 8 所示的充液管堵头。双孔"Ω"形槽道热管的一个单孔最后形成如图 9 所示的焊接密封形式。

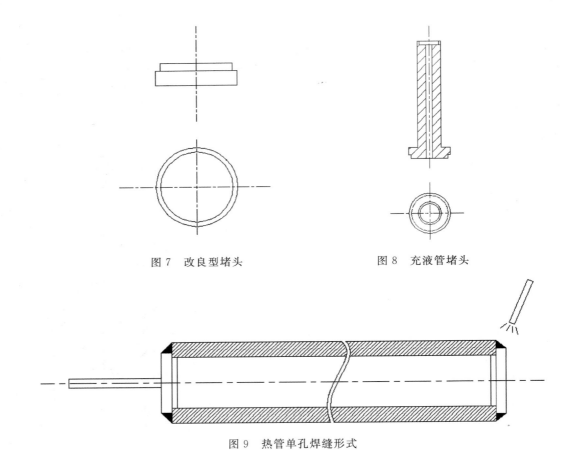

图 7　改良型堵头　　　　　　　图 8　充液管堵头

图 9　热管单孔焊缝形式

4　结果分析

　　摸底试验焊接了 12 根热管的一端，大小堵头各 12 个。焊后各焊缝按照航天工业行业强制性标准 I 级焊缝要求进行 X 射线探伤和氦质谱仪检漏。经探伤 12 根热管焊缝全部焊透，表面外沿有略微的突出现象，焊缝内部无裂纹、气孔和夹渣。检漏结果如表 1 所示。

表 1　摸底试验检漏结果

编号	1 号孔漏率/（Pa・m³/s）	2 号孔漏率/（Pa・m³/s）	备　　注
D1	3.2×10^{-10}	3.0×10^{-10}	大堵头
D2	$>1 \times 10^{-8}$，漏	$>1 \times 10^{-8}$，漏	大堵头
D3	$>1 \times 10^{-8}$，漏	$>1 \times 10^{-8}$，漏	大堵头
D4	$>1 \times 10^{-8}$，漏	$>1 \times 10^{-8}$，漏	大堵头
D5	$>1 \times 10^{-8}$，漏	3.1×10^{-10}	大堵头
D6	$>1 \times 10^{-8}$，漏	4.0×10^{-10}	大堵头
X1	3.0×10^{-10}	2.7×10^{-10}	小堵头

续表

编号	1号孔漏率/（Pa·m³/s）	2号孔漏率/（Pa·m³/s）	备 注
X2	2.5×10^{-10}	2.3×10^{-10}	小堵头
X3	2.7×10^{-10}	2.5×10^{-10}	小堵头
X4	2.5×10^{-10}	2.3×10^{-10}	小堵头
X5	3.0×10^{-10}	$>1 \times 10^{-8}$，漏	小堵头
X6	2.8×10^{-10}	2.6×10^{-10}	小堵头

从检漏的结果可以看出，采用大堵头密封热管端部很难满足热管的高气密性要求，采用小堵头基本能满足热管气密性要求。这可能是因为大堵头的焊接形式是在热管工作面焊，需要的熔深较大，而且为了满足热管的平面度要求，焊接完热管工作面需要修锉平整，这样焊缝的余高被修锉掉导致焊缝气密性较差。然而小堵头的焊接形式是在热管端面焊，虽然在焊后也需要进行修锉，但修锉掉的高度不大，焊缝的气密性较好。因此在小堵头的基础上又设计了改良型堵头和充液管堵头。

采用上述形式堵头，本文进行了 10 根双孔"Ω"形槽道热管的两端封焊。焊后各焊缝按照航天工业行业强制性标准Ⅰ级焊缝要求进行 X 射线探伤和氦质谱仪检漏。之后所有试验热管按正规产品生产步骤进行充装和耐温试验。经探伤 10 根热管焊缝全部焊透，表面圆整、光滑、高度均匀，焊缝内部无裂纹、气孔和夹渣。检漏结果如表 2 所示。经耐温试验，10 根试验热管均未发现泄漏现象。

表 2　正式试验检漏结果

编号	尾端		充液管端	
	1号孔漏率/（Pa·m³/s）	2号孔漏率/（Pa·m³/s）	1号孔漏率/（Pa·m³/s）	2号孔漏率/（Pa·m³/s）
G1	4.2×10^{-10}	4.3×10^{-10}	4.3×10^{-10}	4.4×10^{-10}
G2	4.3×10^{-10}	4.2×10^{-10}	4.3×10^{-10}	4.5×10^{-10}
G3	4.0×10^{-10}	4.2×10^{-10}	4.4×10^{-10}	4.2×10^{-10}
G4	4.3×10^{-10}	4.4×10^{-10}	4.6×10^{-10}	4.8×10^{-10}
G5	4.1×10^{-10}	4.2×10^{-10}	4.9×10^{-10}	4.8×10^{-10}
G6	4.4×10^{-10}	4.3×10^{-10}	4.6×10^{-10}	4.3×10^{-10}
G7	4.5×10^{-10}	4.4×10^{-10}	4.4×10^{-10}	4.7×10^{-10}
G8	4.6×10^{-10}	4.4×10^{-10}	4.6×10^{-10}	$>1 \times 10^{-8}$，漏
G9	4.2×10^{-10}	4.5×10^{-10}	4.3×10^{-10}	4.5×10^{-10}
G10	4.1×10^{-10}	4.2×10^{-10}	4.5×10^{-10}	4.8×10^{-10}

从正式试验的探伤、检漏和耐温试验的结果可以看出，采用堵头进行热管两端封焊，焊缝一次合格率达到 97.5%，焊缝表面成型美观，气密性也符合热管设计要求。

另外，采用堵头形式封焊，热管单孔焊接时间从原来的十几分钟缩短到 2～3 分钟，大大提高了热管焊接的生产效率，焊接时间的缩短减少了焊接热能量的输入，改善了焊接热影响区晶粒大小，提高了焊缝质量。同时采用堵头封焊形式，可以有效地避免焊接过程中电弧打到热管内壁，提高了热管的等温性能和使用寿命。图10为传统堆焊方式和堵头封焊方式的焊缝切口对比。从图中可以看出传统堆焊的焊缝切口处有大约 10～15 mm 的氧化区，而堵头封焊的焊缝切口光亮无氧化。

 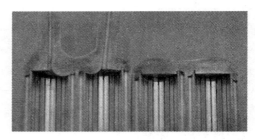

（a）传统堆焊方式　　　　　　　　　　　　（b）堵头封焊方式

图10　传统堆焊方式和堵头封焊方式的焊缝切口对比图

最后，传统手工钨极氩弧焊的焊缝质量受人为因素的影响比较大，焊接质量不够稳定，采用堵头焊接工艺避免了堆焊方式难以实现自动焊的缺陷，为将来发展自动封焊技术奠定了基础。

5　结论

本文通过热管堵头封焊工艺试验研究，得出了以下结论：

1）小堵头角焊缝形式的密封性能比大堵头对接焊缝形式要高很多。

2）通过改良型堵头和充液管堵头进行热管封焊，焊缝一次合格率达到 97.5%，焊缝成型美观，同时气密性也符合设计要求。

3）采用堵头封焊工艺，大大提高了热管焊接生产效率，焊接时间的缩短减少了焊接热能量的输入，改善了焊接热影响区晶粒大小，提高了焊缝质量；同时可以有效地避免焊接过程中电弧打到热管内壁，提高热管的等温性能和使用寿命。

4）采用堵头封焊工艺为将来发展自动封焊技术奠定了技术基础，目前堵头封焊工艺已全面应用到各型号热管的生产制造中。

参 考 文 献

[1]　王菊茹,王丽红,魏广权.T91 和 P9 取热管异种焊接.机械研究与应用,2011(03):163－167.
[2]　龚敏.如何提高钢轨铝热焊焊接质量.科技信息,2011(15):455－492.
[3]　蔡新平,丁荣.铝合金脉冲 MIG 焊工艺实验研究与分析.应用能源技术,2011(05):6－9.
[4]　鲁祥.高速动车组铝合金车体加工工艺.机车车辆工艺,2011(01):17－19.

发动机壳体的氩弧焊技术

黄耀忠　潘丽华

航天八院 806 所

摘　要　随着预研和批生产任务量不断增加，原手工焊接加工模式下的低效、不合理环节明显阻碍产能与质量提升。为改善作业条件，提高生产效率和产品质量，设计制造了半自动氩弧焊装置及焊接变位器，通过试验研究，制定出半自动脉冲氩弧焊工艺方案及过程控制措施，焊缝成型美观，质量符合设计指标；批量生产中一次性焊接合格率超过99%，表明改进的工艺技术与装备具有切实的可靠性和稳定性，从而实现了氩弧焊工艺方法的升级，为稳步提高发动机焊接结构的加工水平奠定了坚实基础。

关键词　火箭发动机　氩弧焊　半自动氩弧焊装置

1　引言

钨极氩弧焊（TIG）是火箭发动机焊接生产中主要工艺方法之一，对于保证产品质量和力学性能产生了重要影响。发动机的主体多为薄壁长筒体结构形式，弹翼支耳座、电缆罩支座等外部零件沿壳体母线方向排布，焊接接头采用双边对称搭接角缝形式。壳体材料为低合金超高强钢 30Cr3SiNiMoVA（简称 30Cr3），外部零件为中碳调质钢 30CrMnSiA 及低合金钢 20CrMnTi，焊接区域母材壁厚 2.1～6.0 mm，其中喷管壳体接头区壁厚大于 8.0 mm。焊缝质量要求符合 QJ175-93 I 级，控制壳体上熔深为母材壁厚的 15%～40% 之间，保证熔深的前提下要求搭接接头的微观组织、性能不均匀性不会严重降低壳体耐压能力。为确保焊接质量，制定了严格的手工氩弧焊工艺过程控制措施及保障措施[3]，同时对焊工操作水平和适应能力提出较高要求。随预研、批产型号数量不断增多，任务当量快速增加，原手工焊所暴露出的效率低、精度差、质量稳定性差等问题迫切需要改进。

2　技术方案

对生产现场低效、不合理环节进行剖析发现，一方面手工氩弧焊自身特点使得其焊接速度较慢，另一方面作业条件差（较多部件预热 245 ℃ 左右施焊）、部件变位依靠手动实现也是造成加工能力低下的重要原因，如图 1 所示。为此，设计改进一套半自动焊接装置，实现自动化焊接作业替代一部分手工焊工作量；同时，解决当前手工变位精度低、耗费时间长等问题，设计并制造一套焊接变位器，进一步提高半自动焊接功效。

（a）喷管体手动翻转变位 　　　　　　　　（b）弹翼主接头预热 245 ℃焊接

图 1　手工氩弧焊加工过程

2.1　半自动焊接装置设计要求

1）适用于 XX-12 型号弹翼主接头和 XX-13 型喷管体尾翼座组合件等外部零件的直缝焊接加工；

2）便于操作，对于操作工的技术门槛限制较低，具有焊接工艺规范参数动态调节及视力防护装置；

3）能够优化焊接工艺方法，可应用脉冲 TIG 进行焊接，提高焊接接头质量并减小焊接变形。

2.2　喷管体变位器设计要求

可实现 XX-13 型厚壁喷管体与尾翼座等外部零件保护性装夹、定位和焊接变位，同时也适应于其他型号相似回转体结构形式；工件拆装简便，只需一名焊工即可实现焊接和变位工作，不再需要额外人员辅助；既可用于手工焊接，又能配合半自动焊机使用，适应脉冲自动焊需求。

3　方案实施

3.1　半自动焊接装置改进与制作

对原用于卷板纵缝焊接的一台闲置半自动氩弧焊小车进行改进，设计、制造一套适用于旋压壳体及中等尺寸回转体特征的承载机座和焊接小车行走机构，并配置一套肯比 MASTERTIG AC/DC 3500 型焊接电源，从而组成完整的半自动氩弧焊装置。

结合产品结构形式特点优化设计，兼顾焊接操作需求，制造了弧形承载机座；另外，行走机构采用了齿轮齿条啮合传动方式提高小车行走精度，并且设置了垂直于导轨方向的定位轮，从而保证小车行走平稳，避免对焊接过程及焊缝质量产生不良影响。设计图与实物如图 2 所示。

（a）机座设计图

（b）机座与行走小车

（c）半自动焊整套装置

图 2　半自动氩弧焊装置设计图与实物

　　进一步改进该套焊接装置，焊枪具有 3 个自由度，可以实现两个方向平动的同时能够在 120°范围内旋转，从而为焊接作业提供了最佳的位姿，能够适应多种形态外部零件的搭接角缝焊接要求；另外，操作面板与工艺参数调节旋钮触手可及，单人即可完成所有焊接操作和过程中动态调节任务；此外，行走小车上添置了护目遮光板，操作者无需佩戴防护面罩，透过该板即可清晰地观察，有利于在焊接过程中自如地进行微调操作，如图 3 所示，其他功能及参数见表 1。

（a）焊枪倾角可调

（b）操作与微调

（c）添置的护目镜

图 3　半自动氩弧焊装置细节图

表 1　半自动氩弧焊装置性能参数

焊接电流 I/A	电弧弧压 U/V	额定功率 P/kW	焊接速度 v/（mm/s）	焊接行程 L/mm	焊接方式		保护气控制
5~350	0~45	15	0~15	0~1 200	连续焊	脉冲焊	提前送气延时停气

3.2　喷管体变位器制作

　　依据总体方案要求，设计焊接变位器如图 4 所示，其主要功能通过三根主轴实现。

　　1）轴 1 的功能：前托架和后托架定位轴 1 的位置，后托架由螺杆和后托架底座支撑，螺杆高低可调，方便调节工件至水平位置；通过前后堵盖、轴 1 和紧定螺母将工件定位，实现工件绕轴 1 转动，在转至合适的焊接位置之后，拧紧螺钉将轴 1 锁住。

2）轴 2 的功能：将底盘定位在底架上；通过滚珠实现底盘带动工件绕轴 2 转动，与轴 1 配合，调节至合适的焊接位置；通过工件和底盘的自重实现阻尼转动，保证焊接时工件稳定。

3）轴 3 的功能：通过垫高块，实现工件垂直底盘放置，方便拆装；与轴 2 配合使用，找到适合焊接的位置。

变位器利用装配端盖保护喷管体，避免装配、变位过程损伤且拆卸方便；另外，可灵活调节每个外部零件的焊前空间位向，将不利位向接缝转变至平角焊位置，兼顾了外部零件封闭焊缝加工需求；既可与半自动氩弧焊装置配套实施脉冲焊接，又能单独应用于手工连续电流焊接，变位器功能及实物如图 5 所示。

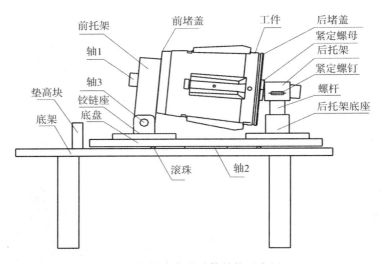

图 4　焊接变位器总体结构示意图

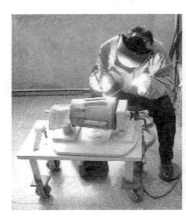

（a）平角焊

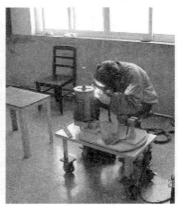

（b）圆周方向短缝焊接

（c）拆装便捷

图 5　焊接变位器功能及实物

4 实用范例

4.1 半自动脉冲氩弧焊技术试用

4.1.1 焊缝成型质量

利用改进的半自动氩弧焊接装置、变位器进行喷管体尾翼座组合件以及燃烧室壳体弹翼主接头的脉冲 TIG 焊接工艺试验。经无损检测无裂纹、超标气孔等缺陷，焊缝质量符合 QJ175-93 I 级，壳体母材上熔深为壁厚的 23%～30%，背面余高不超过 0.20 mm，且焊缝成型美观，焊趾过渡平滑，如图 6 所示。

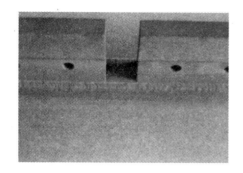

　　(a) 手工 TIG 焊接的主接头　　　　　　　　　(b) 半自动脉冲 TIG 焊接的主接头

图 6　手工焊与半自动脉冲焊接头成型效果对比

4.1.2 收益对比

通过半自动脉冲氩弧焊工艺试验，发现新工艺方法的应用能够有效缩短焊接加工时间，改善作业条件，降低劳动强度，更为重要的是脉冲焊实现了焊接质量的显著提高。改进前后的相关数据对比如表 2 所示。

表 2　技术改进前后数据对比

方法名称	××-12 主接头		××-13 喷管体组合件	
	焊接时间/（min/件）	作业人数	焊接时间/（min/件）	作业人数
手工焊	5.2	1	45	2
半自动脉冲焊	2.8	1	15	1

4.2 批产使用状况

通过工艺可行性验证后，半自动脉冲氩弧焊技术成功应用于××-12 燃烧室和××-13 喷管体批量生产中，如图 7 所示。

批产中共计完成 250 套××-13 型号喷管体组合件累积 2 000 条焊缝的半自动焊接加工，质量稳定，一次交付合格率达到 100%。劳动强度显著降低，生产效率大幅度提高，同时优化了××-12 氩弧焊焊接工序，减少了焊工个体性差异对焊接质量的影响。半自动

（a）半自动脉冲焊接喷管体　　　　　　（b）半自动脉冲焊接弹翼主接头

图 7　半自动脉冲焊生产应用

脉冲氩弧焊技术体现出良好的可靠性和稳定性。

5　结论

1）半自动焊接装置及焊接变位器的技术改进和应用，有效提高了生产效率，减轻劳动强度，实现工艺方法的升级。

2）半自动脉冲氩弧焊技术可靠，加工质量稳定，降低了人为因素对焊接质量的影响。

3）为提高焊接过程可靠性，满足未来产品材料和结构形式发展需求，应进一步降低过程中的焊工个体差异影响，逐步升级实现自动化、智能化焊接，从而保障质量和技术水平的不断提高。

参 考 文 献

[1]　崔忠圻.金属学与热处理.北京:机械工业出版社,1993.

[2]　中国机械工程学会焊接学会.焊接手册(材料的焊接).北京:机械工业出版社,2001.

[3]　王勇,潘丽华,黄耀忠,等.火箭发动机外部零件的 TIG 焊接技术及应用.2010 年航天可靠性学术会议论文集,2010,261-265.